翱翔的信天翁：

唐·伊德技术现象学研究

杨庆峰 著

中国社会科学出版社

图书在版编目 (CIP) 数据

翱翔的信天翁：唐·伊德技术现象学研究/杨庆峰著. —北京：
中国社会科学出版社，2015. 11
ISBN 978 - 7 - 5161 - 6260 - 6

Ⅰ. ①翱…　Ⅱ. ①杨…　Ⅲ. ①伊德—技术哲学—研究
Ⅳ. ①N02

中国版本图书馆 CIP 数据核字 (2015) 第 123627 号

出 版 人	赵剑英
责任编辑	王　琪
特约编辑	马　明
责任校对	张依婧
责任印制	王　超

出　　版	中国社会科学出版社
社　　址	北京鼓楼西大街甲 158 号
邮　　编	100720
网　　址	http://www.csspw.cn
发 行 部	010 - 84083685
门 市 部	010 - 84029450
经　　销	新华书店及其他书店

印　　刷	北京市大兴区新魏印刷厂
装　　订	廊坊市广阳区广增装订厂
版　　次	2015 年 11 月第 1 版
印　　次	2015 年 11 月第 1 次印刷

开　　本	710×1000　1/16
印　　张	15.25
插　　页	2
字　　数	258 千字
定　　价	56.00 元

序

唐·伊德　石溪大学哲学系教授

庆峰在中国第一部关于我的作品的解释性作品中采取了我的信天翁比喻并且较好地使用了这一比喻。我在《追踪技科学》(2003)中最先使用了这一比喻,用它来说明所有美国小学生需要读的著作《老水手的诗韵》①。在那个故事中水手射中并且杀死了伴随他航行的信天翁——杀死信天翁被看做带来厄运的行为。因此,为了惩戒,船长将鸟的尸体绕在水手的脖子上。在其中的章节"如果现象学是信天翁,后现象学是否可能?"中,我一直在反思,这30多年来非常错误地将现象学看做"主体论者"与"反科学"的类型哲学的观念。为了除去我自己的信天翁,我开始转向对古典现象学的修改,这种修改出于对科学技术——或者技科学长久反思的历史上。庆峰采用了我的信天翁并且又一次激活了它,让它"飞翔"了起来。

他进入我的作品的方法是独特的:他选择了我的思想中作为原初动力和早期思想的起点,即关于听觉现象和人类倾听的体验、听与声音。这一点是正确的。在中期,我的第一部现象学著作是1976年的《聆听与声音——声音的现象学》,2007年再版。书中我首先使用了一些例子,第二版中使用了更多的例子来进行分析。但是,这一中期生涯实际上还更加具有创造力。1977年,我出版了我最知名的著作《实验现象学》,此书再版于2012年,题目调整为《实验现象学:多重稳定性》。后来,"多重稳定性"成为后现象学的一个标志。之后不久,我的《技艺与实践:技术哲学》(1979)出版,这是技术哲学领域第一部被引用的英语类著作。

我第一次到中国是2004年,在沈阳的东北大学。当时和安德鲁·芬伯

---

① 注:Rime来源于法语,文学界多采取"诗韵"的译法,所以这里也采用同样的译法。

格、兰登·维纳一起,我们三个人分别面向中国听众做了关于西方技术哲学主题的讲座以及报告。随后,2006 年在北京大学、2007 年在上海社会科学院(还去了两个地区的其他高校)。我又一次面向大学听众作了报告。作为回报,我的几本书被翻译成汉语出版。但是庆峰首次对我的作品全集做出系统的解释,为此我表示感谢与敬意。

在结束这个序言之前,我希望强调一下我的学术生涯从现象学中发生转向的结果。后现象学是从 20—21 世纪 STS 学科(科学—技术研究)实践中获得的。我以前的技科学研究团队,在纽约州立大学石溪分校举办科研讨论会(1998—2012)。我们做了知名的跟随"经验转向"的技科学方面的案例研究。这一实践有助于发展出既有关技术也有关人类身体性的物质性的维度。把这一维度放入交互关系本体论的框架之中,这意味着仅有"关系现象"成为焦点。因此后现象学放弃了主体—客体思考而成为实践性的。而且,正如我以前所发现的,如果我实践现象学,我发现了多重稳定性(与今天许多科学相似的)。这与发现本质的胡塞尔恰恰相反。而且,作为技科学研究中的累积性作品,这一点已经变得明白起来:西方关于科学与技术的宏大叙事非常有缺陷——在我近期的著作中,它已经在多重或者多元文化方向中被加以校正。

Preface

Qingfeng in this first interpretation of my works in a book in Chinese, has taken my metaphor of the Albatross and turned it to good use. My original use of this metaphor was in *Chasing Technoscience* (2003) and refers to a literary piece all American elementary students were required to read, *The Rime of the Ancient Mariner*. In that story a sailor shot and killed an albatross which was trailing his ship – this was considered bad luck and so the captain had the bird's corpse tied to the sailor's neck. In my chapter, "If phenomenology is an albatross, is post-phenomenology possible?" I was reflecting on my then thirty year experience with the difficulty of overcoming a badly mistaken notion of phenomenology as both a "subjectivist" and "anti – scientific" type of philosophy. To rid myself of this albatross, I had turned to the modifications upon classical phenomenology which had emerged out of an equally long history of reflections upon science and technology – or technoscience. Qingfeng has taken my albatross and re – animated it as again "flying".

His approach to my work is unique: he sees its primary motivation and development arising out of my earlier and signature work on auditory phenomena and the human experience of hearing, listening and sound. It is true that mid – career, my first original work in phenomenology was *Listening and Voice: A Phenomenology of Sound* (1976), reprinted in a larger second edition, *Listening and Voice: Phenomenologis of Sound* (2007). And I had used some examples of technologies in the first, and more in the second editions. But this mid – career period was actually more widely productive. In 1977 I published my best known book *Experimental Phenomenology*, also re– published as a second edition, Experimental Phenomenology: *Multistabilities* (2012). And, multistability has become one hallmark of postphenomenology. Then, soon after, my Technics and Praxis: *A Philosophy of Technology* (1979) was published and often cited as the first English language book in the philosophy of technology.

Then, regarding China – my first trip to China was in 2004, to Northeastern University in Shengyang. Together with Andrew Feenberg and Langdon Winner, the three of us did seminars and lecture s introducing Western philosophy of technology topics to a large, all China audience. Then again in 2006 to Beijing, Peking University, and 2007 to Shanghai, The Academy of Social Sciences (and also to several other universities in both regions) I again did lectures to university audiences. As a side result, several of my books have been translated and published in Chinese, but Qingfeng is the first to do a systematic interpretive book on my overall opus. For that I am grateful and respectful.

Before ending this preface I would like to underline a few outcomes from the turns in and from phenomenology which my career has taken. First, postphenomenology has taken its shape from the practices of many of the 20th – 21st century STS (science – technology studies) disciplines. In my prevous Technoscinece Research Group with its research seminar at Stony Brook (1998 – 2012), we did case studies of what is known as the "empirical turn" sort which science studies follows. This practice helped develop sensitivities to "materiality" both with respect to technologies, but also with respect to human embodiment. Put in a freamework of an inter – relatonal ontology, this meant that only relational phenomena are focal. Thus postphenomenology abandons "subect – object" thinking and becomes praxical. And, as I discovered earlier, if I practiced phenomenology, contrary to Husserl who found essences——I found multistabilities (which today are familiar to many sciences as well). And, as work accumulated in science – technology studies, it has become apparent that the Western master narrative about science and technology is badly flawed – in my recent work it has been modified in a multi – or pluricultural direction.

Don Ihde, Distinguised Professor of Philosophy, Emeritus, Stony Brook University

目　　录

前　　言

时间：2004—2013 年

地点：中国沈阳、中国上海、丹麦哥本哈根、美国纽约

事件：与伊德四次打交道

2012 年 10 月 16 日，当我和朋友匆匆来到提前预订好的丹麦一家名叫 Kong Arthur 的酒店准备参加第二天召开的 4S 会议时，已经近半夜 12 点了，匆忙洗漱完毕就赶快睡下。我们根本不会想到第二天会发生怎样戏剧性的事情。由于时差的缘故，凌晨 3 点多就醒来了。好不容易熬到吃早餐的时间，于是就以最早用餐客人的身份开始了新一天的生活。大约 8 点的时候人渐渐多了起来，这个时候我们已经心满意足了，品尝了所有的叫不上名字的面包、果酱和点心，准备收拾一下去会场。突然一个意想不到的事情发生了：我仿佛看到唐·伊德（Don Ihde）教授，他竟然在我斜对面的桌子上坐了下来。但是我不敢确认。对我来说，尽管见过两面，但还是不敢确认那人是否就是我印象中的伊德教授，我把猜想告诉了朋友。她一听来了兴趣，说要确认有一个绝佳的办法，因为他肯定不是一个人来参会，他的后现象学圈子还有一个非常重要的人——荷兰特温特大学的维贝克（P. P. Verbeek）教授，他是伊德后现象学思想在欧洲推广的重要力量，而她已经和维贝克联系过若干次，而且从网页上看到过他的照片。于是，我们来了兴致，准备验证一下彼此的猜测。很快，一个小伙子坐在了伊德的对面，然后两个人开始边吃边聊。此时一切猜想得到了验证，我们会意地微笑。于是过去打了个招呼，彼此真正认识了一下，不仅和伊德，还有维贝克，后来一起去了会场并参加了后现象学组的讨论会。这次会议见到的伊德显得苍老，有点老态龙钟的样子。这让我想起了近十年来与他视域融合的三次场景。

　　第一次见面是 2004 年，在东北沈阳。我还是一个刚参加工作的学生，去沈阳东北大学参加一个中国自然辩证法研究会技术哲学专业委员会的年会，这是我第一次参加技术哲学研究的专业学术会议。此次会议邀请了三位国外学者：伊德教授、安德鲁·芬伯格（Andew Feenberg）教授和兰登·维纳（Lander Winner）教授。这让我很兴奋，因为对于刚刚出校门、正在研究伊德的技术哲学思想的我来说，能够见到他本人非常高兴。这次见面是从一个很远的距离上看到的，我坐在会场靠后的地方，而他在主席台上做报告。初次的印象是：这个美国学者有意思，长得很白。这次见面很短，只是单向度的，由于是大会报告，所以他做完报告后没有多少提问时间，我只是听了一下，而且半懂不懂，甚至现在记不起他那场报告的题目。

　　第二次见面是三年后的 2007 年，在上海。我已经完成了三篇关于伊德哲学的研究文章，可以说对他的思想有了较多了解。2007 年上海社会科学院哲学所邀请他来讲学，这对我来说无疑是个很好的机会，能够面对面地与他交流，于是带着疑问到上海社会科学院宜山路哲学所去听讲座。此次报告因为是小圈子的，所以听报告的人并不多。伊德带来的报告是《关于科学解释》，并且我还提前拿到了讲稿。这个题目让我多少有点失望：一方面是因为自己研究他的技术哲学思想，而科学解释这个题目离技术有点远；另一方面我期望能够听到他的人—技术的意向关系理论，但是并没有遂愿。这次报告我听得比较认真，并且最后还提出了一个问题。这次报告让我感觉到他的哲学思想将技科学（technoscience）① 作为研究聚焦点。后来受上海社会科学院的邀请，一起和伊德教授共进晚餐。在进餐过程中，我隔着一张桌子近距离地看到了伊德。这次的印象很深刻：他比较健谈，有很多不错的想法。但是，这个时候，我对他的研究比较多，而且有了自己的看法，他的现象学有太多的美国实用主义色彩，这让我不是很认同。我有点感觉：他不能算是纯粹意义上的现象学家。

　　第三次见面已经是五年后的 2012 年，在丹麦的哥本哈根。几个人一

---

　　① 伊德曾在《扩展的解释学——科学中的视觉主义》（1998）一书中回顾了技科学（technoscience）产生的背景：在这本书第三章所涉及的匈牙利的第一次会议时一次文化冲击让伊德本人开始反思 20 世纪 80 年代以来曾经关于科学的理所当然的理解。这导致他开始重新在"技科学"的视角下反思科学与技术及其关系。根据这一看法，到 2007 年，他对技科学的看法已经比较成熟。

起坐着地铁到会场，路上大家面对面站着慢慢地聊着，一直到会场。会议中，听他讲与照相机暗室有关的知识论引擎的思想。会议后酒店用餐期间和他聊起了对他理论的一些看法。这期间见面尽管很短，但是我对伊德有了更多的认识。

第四次的见面是 2013 年 6 月。时隔一年之后在纽约见到了伊德。此时的他已经退休，享受自己的退休生活。在他的纽约公寓中，我和他聊了很多。围绕对他的思想进行研究以来的所有困惑以及自己所关注的问题展开了讨论。这次对话让我意识到：截至 2013 年，他对自己的理论所产生的影响是非常满意的。在美国，他所在的学校——纽约州立大学石溪分校已经形成了固定的技科学研究小组的工作坊和沙龙活动，每年不定期会有一些访问学者到他那里；在欧洲，他也拥有了一批铁杆粉丝，与欧洲的学术关系日渐密切，荷兰的特温特大学成为他的后现象学思想的重点研究基地，甚至有这所学校的一批博士生来参加他的工作坊；在中国，关于伊德技术哲学的研究者也越来越多，有不少学生加入，对他的研究也触及各个方面。谈话最后，我们提到了 2013 年 10 月在圣地亚哥召开的 4S 会议。他兴致勃勃地表示肯定要去，而且是携带夫人，并准备做关于听觉技术（acoustic technology）的报告。①

今天想来，对于他的理论研究我已经走出了原先的盲目追求阶段。目前，我们与他的理论的开路先锋维贝克建立了比较稳定的联系，也在技术现象学研究中开启了不同的研究路径：基于空间、物、图像的分析。但是，还是有必要对伊德的技术哲学思想做出自己的分析和认识。这一研究并非思想述评，经过近十年的时间，这方面的成果已经非常成熟，这要感谢很多同行，他们做出了很多贡献；也并非对他某一个问题的研究，这方面的成果相对较为分散，这是对某人思想研究过程中必然会出现的现象。在我印象中，人—技术意向关系理论、技科学思想、工具实在论等是伊德思想研究较多的着力点。

然而，如何展开伊德技术哲学思想的研究是我一直头疼的事情。2004—2007 年，我曾经对伊德充满了信心，认为他开启了技术哲学新面貌，即给予我们后现象学这样的体系；但是 2007 年以来，这种信心逐渐

---

① 因为身体原因，伊德缺席了这次会议，我也没能听到他关于听觉技术的报告。从他整个思想的脉络发展看，似乎展示了一个辩证循环，回到了早期关于听觉体验的研究。

消减，因为他的后现象学越来越让我感到失望，里面有着太多的经验性分析，相比之下，甚至远不如他对人—技术关系的阐述让人着迷。这种失望状况一直持续了五六年的时间。随着 2012 年再次见到伊德之后，开始反思自己以前的看法是否过于简单？是否存在偏见？于是借助到达特茅斯学院访学的机会，又开始重拾这一兴趣。这次重新启动主要得益于两件事情。

第一，找到了伊德对于利科尔哲学研究的博士论文。2013 年一次偶然机会借到了伊德的博士论文《利科尔的解释学研究》。仔细阅读完他对保罗·利科尔（Paul Ricouer）的研究著作之后，脑海里产生了一个念头：如果模仿伊德研究利科尔的方式来研究伊德是否能够对伊德有一个比较好的交代？于是按照伊德研究利科尔的方式切入伊德本身成为这本著作的主要方式。

1964 年伊德完成了他的博士论文，这篇论文被他看做继德瑞克·瓦萨娜（Dirk Vansina）1962 年首个研究利科尔哲学的成果①之后的第二个研究成果，应该说这是令他骄傲的地方。这篇论文也得到了利科尔本人的首肯，并于 1971 年出版。② 伊德这部著作的核心是勾勒利科尔本人解释学的现象学的发展线索及其问题所在，这也为他后来对解释学改造奠定了

①　我们找到了这篇写于 1962 年、出版于 1963 年的文章。Dirk F. Vansina, "Schets, Orientatie en Betekenis Van Paul Ricouers Wijsgerige Onderneming", *Tijdschrift Voor Filosofie*, Vol. 25, 1963, pp. 109 - 182。这部作品分为三个部分：（1）利科尔哲学概览；（2）利科尔诗学或者本体论的某些视角；（3）利科尔未完成哲学的意义。在第一部分中主要是对利科尔所有的著作进行了分析，其分析角度更加偏重揭示利科尔对意志的现象学分析及其超越。

②　1983 年英国学者 David E. Klemm 出版了《保罗·利科尔的解释学理论——一个建构性的分析》，这位作者比伊德要小 14 岁，这部作品主要阐述了利科尔在解释学传统中的地位、利科尔解释学思想发展、利科尔的解释学理论、文本与理解中的宗教维度、文本意义的占有与真理的追问。这本书的目的是 "建构利科尔本人未能意识到的可能性，即在哲学解释学中定义神学解释学独特的东西"。（David E. Kelmm, *The Hermeneutical Theory of Paul Ricouer: A Constructive Analysis*, Lewisburg: Lewisburg Bucknell University Press, 1983, p. 9）这一点在文中有充分的体现：突出利科尔解释学的神学解释学特征，为实现这一任务，作者围绕什么是基础神学、神学式思维等问题展开讨论。通过六章内容的分析与解释学自身的循环对应起来。"返回起点并不是一个封闭的圈，通过占有意识，作为构成的自我的解释学意识是一个对自我有限性的意识，是对存在理解的意识。"（p.15）可以看出，这部著作更多的是聚焦在利科尔哲学解释学文本自身的特征解读上，应该是一个比较内史性的研究。对照一下，伊德的这部著作主要从现象学发展的角度看待利科尔的解释学，所以 "现象学的解释学" 成为伊德作为理解利科尔的哲学特征，从整体布局看，伊德的研究还是比较注重其从现象学过渡到解释学的演变逻辑。这是两部著作的极大不同。相比之下，伊德研究还是停留在浅层次，并没有进入解释学之中。

基础。"我已经聚焦在解释学的现象学发展的主要线索上。"① 那么他究竟用什么样的方式开展了对利科尔哲学的研究呢？

首先，他用"解释学的现象学"这一名称来概括利科尔的哲学特征。他将现象学的发展大体理解成经历了三个阶段：第一阶段是由胡塞尔（E. Husserl）所开辟的先验现象学，这也包括了海德格尔（M. Heidegger）的生存论现象学。第二阶段是由梅洛—庞蒂（Maurice Merleau-Ponty）所开辟的身体现象学，也包括了马塞尔（Gabrel Marcel）所开启的肉身理论。第三阶段就是由利科尔所发展的解释学的现象学，"以一种特殊的方式提出语言问题，保罗·利科尔通过把现象学转向了语言为中心的方式开启了追问知觉主义者强调关键点的路径"②。于是聚焦语言就产生了解释学的现象学。这一阶段由伊德揭示出来。如此，在伊德技术哲学研究中，所面临的第一个问题是：如何概括伊德技术哲学的根本特征？所以这样一来就需要找到一个合适的概念来概括伊德的现象学思想。"后现象学"能够作为这一概括，这一概念能够将他所关注的问题、他的现象学转向以及他对现象学的理解都概括在内；但是我们并不直接希望使用这个概念，主要原因是这一概念无法概括出伊德与现象学之间的复杂情感。出于这方面的考虑，我们更愿意选择"信天翁"③ 这样一个比喻作为伊德整体思想的概括。在海面上飞翔的信天翁给人们带来了什么？这是非常吸引人的问题。同样对于伊德来说，现象学这只信天翁能够给他带来什么？这是整个研究过程中所关心的问题。这个比喻好过"后现象学"这样一个描述，而且从心底我不喜欢"后现象学"这个概念，"后"总是有马后炮的嫌疑在内。

其次，伊德通过解释学的现象学思想的内在演变描述了利科尔解释学

---

① Don Ihde, *Hermeneutic Phenomenology*: *The Philosophy of Paul Ricoeur*, Evanston: Northwestern University Press, 1971, p. xx.

② Ibid. , p. 4.

③ "信天翁"比喻是美国文化的产物，信天翁意味着运气。在美国的学校中，很多学生都读 *Ryme of the Ancient Mariner*，在其中有一个故事，讲的是一个水手杀死了信天翁，其他人把死去的信天翁的尸体环绕在他的脖子上作为惩罚。伊德本人比较接受这一比喻。此外，Robert C. Scharff 也曾经使用过这一比喻来形容伊德对于现象学的坚持。他在《伊德的信天翁：对技科学体验现象学的坚持》（2006）中描述了这种坚持。"然而，最近伊德把现象学看作他的信天翁（CT 131 – 144, 128 – 130）：他不能去掉它。然而他补充道，当现象学正确反对旧的错误知觉以及扩展到关注人—技术的关系，他需要去掉它。"（Evan Selinger, edit. , *Postphenomenology*: *A Critical Companion to Ihde*, New York: State University of New York Press, 2006, p. 131）

的现象学的演变。在这部研究作品中，伊德借助利科尔的三部作品《自由与自然》《可错的人》和《恶的象征》描述了这一演变线索。这样的描述应该是比较成功的，并且得到了利科尔本人的赞同。在利科尔看来，伊德通过这三部作品寻求到了他思想中的两个连贯性：其一是在《自由与自然》和《可错的人》之间的连续性；其二是早期结构现象学与后期解释学的现象学之间的连贯性。因此，我们的研究也必须做到这一点。在后面的研究中，必须要揭示伊德技术哲学思想的演变。从伊德自身思想的演变看，至少要揭示出两点：其一是伊德如何从纯粹现象学过渡到后现象学的？如果说信天翁的飞翔路线能够代表伊德的思想演变，那么在 20 世纪 70 年代到现在的这段历史背景下，伊德的思想转变是如何完成的就成为一个主要关注的问题了。其二是关注对象的演变。伊德早期的关注点是与知觉有关的听觉，20 世纪 70 年代他的关注点就集中在声音与听觉上。正如我们所看到的，在那段哲学历史上，除了伊德，海德格尔、德里达（Jacques Derrida）等人都研究过声音和聆听的行为，但是为什么伊德没有顺着这条路走下去，走入意识哲学的内部，而是发生了近 180°的转向，转到了技术、工具和身体等一系列方向上？这种转变是如何完成的？其中有着怎样的关联？都需要在研究中加以分析。

　　最后，伊德借助利科尔的四部主要具有转折意义的著作完成了解释学的现象学研究，这一研究是成功的。正如上面所显示的，伊德借助这三部著作勾勒出利科尔哲学的总体演变，但后来他又增加了一部著作——《弗洛伊德和哲学：关于解释的文集》来完善他的分析。他通过《自由与自然》展示了利科尔早期结构现象学的特点，而实质是解释学潜伏的阶段。在《可错的人》中，他揭示了利科尔如何在康德式的限制内提升现象学，"《可错的人》从康德式的限制上开始作为它将结构现象学的问题提升到更高的阶段。康德（I. Kant）成为利科尔对现象学做出自我限制的符号。将康德作为限制概念是利科尔使用康德剥离了表征着胡塞尔现象学内在维度的先验伪装的象征符号"①。通过《恶的象征》，他指出利科尔宣布了典型的转向。"《自由与自然》和《可错的人》当中的抽象性质与意志有关的体验的可能性条件被突然放弃；相反，开始绕道进入一种不

---

① Don Ihde, *Hermeneutic Phenomenology: The Philosophy of Paul Ricoeur*, Evanston: Northwestern University Press, 1971, p. 459.

关心结构而是关心宗教式的忏悔体验和受难体验的神话学。《恶的象征》提出从语言—历史角度追问实际的和具体的西方文化的符号和神话。利科尔开始研究历史上人的生存论痛苦，他们在比喻和故事中表达着自身。"① 如此，通过《恶的象征》的分析，伊德揭示出利科尔哲学是解释学的现象学这一关键。"首次彻底而明确地解释学的现象学练习开始于《恶的象征》。体验通过表达而被阅读到——在这个例子中，通过对遍布古代到现代西方人意识发展过程中的恶的忏悔中发现了痛苦的表达。"② 通过对《弗洛伊德和哲学：关于解释的文集》的分析，伊德揭示了利科尔转向了语言哲学。"简言之《弗洛伊德与哲学》有两个方面：第一个是彻底的、挑剔的、有些冗长的关于弗洛伊德哲学和他的思想历程的再解释……这个关注点强调了《弗洛伊德与哲学》的第二个方面。无意识的地位和意义与解释问题联系在一起——尝试处理符号式和间接式语言的心理分析是解释的一种类型。因此，关于弗洛伊德（Sigmund Freud）分析的前后，利科尔增加了直接处理他对解释学关注的部分内容。"③ 如此，后续的研究也尽量去做到这一点，通过伊德的代表性著作的选取来描述这种转变的内在性以及连贯性。对于伊德来说，标志性的著作也有《聆听与声音：声音现象学》（1976）和《技术与实践：技术哲学》④（1979）。前者成为标志不仅是因为伊德"做"现象学思想的成熟，以及在这部著作中将声音现象给予系统的分析，还是因为伊德对声音的现象学分析中蕴藏着后期思想转向技术、工具和身体的迹象；后者成为转向技术研究的标志。"《技

---

① Don Ihde, *Hermeneutic Phenomenology：The Philosophy of Paul Ricoeur*, Evanston：Northwestern University Press，1971，p. 81.

② Ibid.，p. 95.

③ Ibid.，p. 132.

④ 波士顿科学哲学系列之一。"技术哲学"在全世界范围内的情况主要是：在欧洲，技术哲学历史发展较早，如1877年新黑格尔主义者卡普发表《技术哲学》一书，海德格尔的技术反思影响到了技术哲学领域；在美国，1962年《存在与时间》英文本出版，1969年左右，这个词仅仅表现为应用哲学。同一时期，加拿大学者邦格指出技术哲学的对象、范围及问题不清楚；但是后来拉普在1981年出版《分析的技术哲学》一书。1981年，拉普和杜宾（美国哲学与技术协会创始人）一起举办了德国与美国哲学家的专业会议，1983年成立了美国哲学与技术协会。也正因为如此，才形成了伊德所说的欧洲—美国语境的技术哲学，后来荷兰的加入更加扩展了这样一个语境。所以从这个简短史看，伊德之所以1971年开始使用"技术哲学"概念，与当时美国哲学的背景有关，他看到了学科发展的未来趋势。在这本书中，伊德对"实践"的理解是物质性因素。"事实上，物质主义的秘密就是实践的概念。"（Don Ihde, *Technology and Praxis*, Dordrech：D. Reidel Pub. Co.，1979，p. xxiv）即强调技术使用这一对象。

术与实践：技术哲学》（1979）标志着我转向技术。我宣称科学实践具身化在技术中，而且是一个预备性的科学工具的现象学，对我而言已经成为符号性的轨迹。"① 然而，另外一部著作所具有的转折意义是伊德本人所没有充分意识到的，这就是《扩展的解释学——科学中的视觉主义》（1998）。对伊德本人而言，这只是他将扩展的解释学运用到科学解释活动中的一个尝试。但是，对于我们来说却意味着一个转折点。其意义并不在于他从科学图像的角度充实和论证了自然科学的解释学特性，尤其是工具化的解释学特性；更为重要的是从图像技术及其问题的研究中深入下去所触及的是交互体验，这才是图像技术给我们带来的需要面对的东西。

伊德对利科尔哲学的研究还揭示了利科尔的哲学背景、哲学目标的概念和分析方法等问题。其他研究者对利科尔的研究主要是从研究对象展开，如意志论的本质分析；而伊德对利科尔的研究更加偏重在方法论的变迁揭示上，揭示了利科尔如何运用解释学方法展开意志研究。伊德的哲学方法恰恰源于此处。我们也会在研究中加以涉及，但这不是重点。正如上面所表述的，我们的研究主要包含着两个方面的内容：首先对伊德的技术哲学思想做出概括，这一概念实际上已经被公认为后现象学，但是我们需要对这种公认看法做出反思；接着勾勒出伊德后现象学思想的演变历程，这一演变从研究对象和研究方法的内在逻辑表现出来，希望通过这一研究能够为伊德的思想做出一个大致而准确的把握。

第二，重新挖掘了伊德所称的"分水岭"对于他自身的意义。伊德深刻地意识到海德格尔离开世界的那一年（1976）是他思想演变的分水岭。② "1976 年：海德格尔之死。他死的伟大甚至到今天还以'海德格尔的幽灵'形式出现。经常是被看作技术哲学的奠基者，他几乎是 20 世纪早期坚持讨论技术问题的众多欧洲哲学家的唯一一人。我使用他的死亡时间作为新技术与旧技术的分水岭。海德格尔以多种方式从旧的技术如手工技艺和新的技术如产业技术互相比较的角度分离了技术，石桥、壶、农夫的鞋子、希腊神庙和他著名的锤子代表了第一类；莱茵河水磨、钢桥、原

① Don Ihde, "Response, The Body as Image Interpreter", *Philosophy of Technology*, Vol. 25, 2012, p. 266.

② 伊德的这种看法能够从 1976 年出版的《聆听与声音——声音现象学》中看出来，在第二章的分析中我们已经阐述了在本书中如何隐含着后来的相关主题。在一次访谈中，当我问他是否有足够称为"分水岭"的著作时，他表示没有，因为他的所有著作都是内在关联的。

子弹、现代农业都是现代技术的例子。现代技术是大生产的、巨型的、机械的，即那些 20 世纪早期的产业技术。我坚持把 1976 年看作我的思想的分水岭，尽管他关于技术的作品大多数产生于 50 年代。"① 之所以是分水岭，可以从两个方面加以理解。

从研究方法上看，他开始从现象学的意向分析转入解释学方法。当然是从传统注重语言的解释学方法走向注重物质和身体性的扩展解释学方法。在聚焦技科学这一主题上，他所使用的方法更多的是解释学的，当然是扩展了的解释学。之所以如此，是和他对利科尔的研究分不开的。后来他曾多次返回到伽达默尔和利科尔那里找寻到哲学根据。这更加验证了伊德对现象学和解释学的不同程度的倚重。"……然后，《扩展的解释学：科学中的视觉主义》（1998）成为科学哲学转入新的解释学实践类型的转型框架。它聚焦在这个问题的讨论，也指向了物质化的解释学。"②

从研究对象上看，他开始从声音现象走向技术现象，为其技术哲学的发展奠定了基础。1976 年之前，他因为"做现象学"的需要，曾一度研究声音现象，尤其是注重"听音乐"的现象学分析。为了完成这一目标，他尤其借助海德格尔的生存论观念对声音现象展开分析。1976 年之后，他顺应美国技术哲学正在形成的大趋势，将技术作为其分析对象，经过近 40 年时间的努力，走出一条以技科学为主题的后现象学道路。但是，后现象学是一个静止的路标，无法显示伊德思想所经历过的变迁以及这种变迁中不变的东西。事实上，我们前面所提到的"信天翁"无疑是一个非常好的动态比喻。我们可以想象这样一幅图画：大海时而平静，时而大浪涌现。信天翁在大海上时而高飞，时而掠过海面。这些都是变动的一切，但是不变的是信天翁搏击翱翔的决绝意志。我们终究还是想找寻到合适的词语描述其思想的变动，终于在 2012 年他与众多后现象学追随者围绕《扩展的解释学：科学中的视觉主义》讨论与回应中找到了一丝迹象。对于伊德而言，变化的是他所选取的诸多现象，包括声音、技术、工具、身体等，不变的是从非理论的角度——工具和具身（embodiment）角度去诠释科学技术现象，为解释学实践寻求更为丰富的活力源泉。这一切都是视

① Don Ihde，"Can Continental Philosophy Deal with the New Technologies?" *Journal of Speculative Philosophy*，Vol. 26，2012，p. 324.

② Don Ihde，"Response，The Body as Image Interpreter"，*Philosophy of Technology*，Vol. 25，2012，p. 266.

域不断显现自身的结果。

　　要更为准确地理解伊德的技术现象学，必须结合伊德如何理解技术，只有这样才能够更准确地把握住我们所要研究的问题。对于伊德而言，是技术现象而非技术作为他的研究对象。技术即现象所给我们呈现的是从哲学走向经验技术的过程，呈现的是对技术哲学的伊德式理解，"技术哲学需要不断更新自身，就像技术不断改变自身一样"①。更准确地说，他的技术哲学并不是哲学的，而是技术化的哲学。

---

　　① Don Ihde, *Heidegger's Technologies: Postphenomenological Perspectives*, New York: Fordham University Press, 2010, p. 139.

第一章　信天翁：纠结的现象学情结

伊德对现象学有着一种复杂的、难以说清的纠结情感：一方面他依赖现象学，希望从中找寻到合适的方法，他所有的出于各种理由的对现象学的改造都说明了这一点，让现象学使用起来更为顺手；另一方面他不断想逃离现象学，希望走出属于自身的后现象学之路。这样说不算错，他没有将现象学作为自己的执着事业，甚至后来轻易地抛弃了纯粹现象学而构建出自己的后现象学体系。2003 年他用"信天翁"的比喻来说明这种复杂的感情，对于伊德本人来说，现象学就是他的"信天翁"，这只"信天翁"给他带来的是运气和无休止的争论。在 1976 年之前，现象学始终是他产生新思想的源泉。1976 年以后他发生转向以及"后现象学"的创立是伊德本人 60 岁以后学术生涯最核心的内容。他本人运用这一视角完成了对胡塞尔、海德格尔等经典现象学家技术思想的分析，也运用这一视角和同时代的技术哲学家如芬伯格展开交流，更借助这一视角将许多技术哲学的新秀整合在一起，甚至形成了一股后现象学运动的潮流。但是后现象学却备受争议。所以首先我们需要通过"信天翁"这样一个伊德非常喜欢的比喻来切入分析伊德思想的整体脉络以及后现象学特性的构成情况。

第一节　伊德技术哲学思想发展的脉络

对于伊德来说，"后"是一个非常好的方式。借助这一概念，他完成了对形而上学的批判，胡塞尔、海德格尔就成为后现象学语境中的阐述对象；借助这一概念他又完成了自身技术哲学体系——聚焦在技科学的后现象学的建构，并且颇受关注。"因此，我们已经启程并且向着扩展的后现象学奔跑。"① 但是一个学者的思想并非无源之水，所以还需要从源头找寻后现象学思想的迹象。

首先需要简要了解一下伊德眼中的 20 世纪 60 年代的美国哲学状况。在很多部作品中他多次提及和梳理了美国技术哲学从发生到成熟的历程，最为系统的分析表现在《海德格尔的技术：后现象学视角》（2010）。在导论中，他集中分析了美国技术哲学 60 年代以来的如何从整体哲学中发展出来脉络：1962 年，《存在与时间》在美国出版英文版激发了对海德格尔哲学及其技术思想的讨论；1962 年美国技术哲学研究协会杂志《技术与文化》掀起技术哲学的大讨论，历经 30 年，形成了技术哲学良性发展的特殊氛围。在这样一个大背景下，就可以转入伊德的技术哲学发展路径这个问题。

伊德技术哲学的研究路径发展经历的阶段已经有多位学者加以阐释，最常见的看法是三阶段说。如罗伯特·C. 斯卡夫（Robert C. Scharff）（2012）做了如下描述：

"正如本书②副标题所写的那样，伊德现在是一位后现象学家——一位聚焦在技科学生活的变革的现象学家，他并不是孤军作战。就像他解释的那样，他的职业包含三个阶段：第一阶段，他将自身理解为'做现象学'——也就是说将胡塞尔和海德格尔（在某种程度上包括了利科尔和梅洛—庞蒂）作为主要思想资源，而且反对北美主要哲学潮流对于现象学的重要敌意。第二阶段，随着他对人—技术关系兴趣的增长，'做现象学'表现为特殊的技术哲学家的路径。接下来我将要进入他最近的'后现象学'阶段，这一点甚至在他早期阶段也体现出了作为后现象学家来思考着技术问题。正如他所表明的，在现象学和技术问题上，他是经验化的、唯物主义者而不是形而上学和理念论者。"③

这一段文字对伊德思想所做的划分应该说是大体不差的。我们几乎可以从他的著作得到验证。2006 年他在回应同事和学生的时候自嘲自己的

① Evan Selinger edited, *Postphenomenology: A Critical Companion to Ihde*, New York: State University of New York Press, 2006, p. 268.
② 这里的"本书"主要是指唐·伊德的《海德格尔的技术：后现象学视角》（2010），该书由福坦莫大学出版社出版。
③ Robert C. Scharff, "Don Ihde: Heidegger's Technologies: Postphenomenological Perspectives", *Continental Philosophy Review*, Vol. 45, 2012, p. 298.

著作可能会被区分为"早期伊德、中期伊德和当前伊德"。早期伊德即"现象学的伊德，其主题是现象学和分析哲学的比较研究，'做现象学'，尤其是知觉研究"[1]；中期伊德，即技术哲学的伊德；当前伊德偏重于技科学研究，进入后现象学的时期。事实上也是如此。20 世纪 60 年代他集中在胡塞尔现象学与分析哲学的比较研究，所发表的作品现象学味道还是比较明显的；70 年代开始转向科学与技术问题并逐渐形成技科学研究共同体；2000 年以后开始普遍采用"后现象学"这一概念作为其哲学的内在特征的表达。

从相关作品的内容看，他最早发表的《解释学的现象学：保罗·利科尔的哲学》（1971）是关于利科尔现象学思想的研究著作，这一研究并没有涉及技术问题，只是对利科尔现象学的解释学思想内在演变历程的研究，这为他的物质化解释学的方法奠定了基础。后来所发表的著作中，他开始有意识地运用解释学方法，并发表了一系列作品。如《含义与意义》（1973）、《现象学对话》（1975）、《聆听与声音：声音现象学》[2]（1976）、《交叉学科的现象学》（1977）和《实验的现象学：导论》（1977），至少从题目上看，都是现象学方面的研究著作。1976 年海德格尔去世，伊德时年 42 岁。《聆听与声音：声音现象学》这本书是非常重要却经常被国内学者所忽略的著作，之所以忽略的理由是：这本书是早期的著作，无论是从方法上还是对象上与伊德的最大贡献——后现象学、技科学——无关。学界对这一著作的忽略使得我们丢失了其中隐含着的一个关键问题：从声音现象出发，伊德为什么没有走入纯粹现象学领域而是转入了经验性的技术研究中？这本书让我们想到了一本极为相似的书，这就是德里达的《声音与现象》（1967）。德里达的这本书是对胡塞尔现象学中符号问题研究的专著，出版时德里达 37 岁，当然这本书也是德里达解构思想的重要体现，从这本书，我们发现德里达开始进入胡塞尔的现象学中。此外，马里翁（Jean-Luc Marion）从"上帝之音"发现了翻转意向性，即我思所意向的对象最终指向了我。这两个人都是从声音现象进入纯粹现象学之中。有意思的是，伊德的这本书却是其远离胡塞尔的明显标志。随后，伊德

---

① Evan Selinger edited, *Postphenomenology：A Critical Companion to Ihde*, New York：State University of New York Press，2006，p. 268.

② 该书出版于 1976 年，由俄亥俄州立大学出版社出版。

80 年代发表的作品，如《描述》（1985）、《现象学后果》（1986）。这些
依然是明显的现象学研究方面的著作，用他自己的话说，真正开始从事现
象学的实际研究。"因此，第一次在文章中 ［后来收入《含义和意义》
（1973）］，然后在《聆听与声音：声音现象学》（1976/2007a）和《实验
现象学导论》（1977），我从事着被自己看作实际的现象学研究项目。"①
当然这个特点慢慢开始发生转变。

到了 90 年代，他的作品已经重点关注技术问题，尤其是人—技术的
意向关系分析。如《技术与生活世界：从花园到地球》②（1990）、《工具
实在论：科学哲学与技术哲学的界面》（1991）、《后现象学：后现代语境
中的文集》（1993）、《技术哲学导论》（1993）、《扩展的解释学——科学
中的视觉主义》（1998）。这段时间的作品重点在刻画人—技术的意向关
系。当然，他所谓的技术主要还是遮蔽在科学阴影之下的技术，或者说是
在科学研究过程中所涉及的工具之类的东西，如仪器、实验设备。这个转
变并非是没有缘故的，之所以如此，因为他受到了当时科学的社会学研究
的影响。20 世纪 70 年代以来一直到 90 年代，科学社会学家拉图尔等非
常关注科学活动中的非理论因素，即物质的因素，这一研究思想逐渐受到
了很多学者的关注。考虑到这样一个情况，也就理解了伊德在 80 年代以
后受到这些学者的影响。当然，在这个阶段伊德所关注的技术还并不是当
前代表着创新以及走在前沿的技术成果。从这一阶段的研究方法来看，现
象学方法开始减弱，我们更多看到的是人类学方法和社会学方法的应用。
此外，他开始组织并形成了一个固定的研究群体——技科学研究群，90
年代中期开始有很多学者加入这个研究群体中。这一时期主要围绕较为广
泛的话题展开如医疗实践中的专家程序、广播的现象学研究和历史研究、

① Don Ihde, "Introduction: Postphenomenology Studies", *Human Studies*, Vol. 31, 2008, p. 3.
② 这本书主要是在乌托邦式和敌托邦式的技术解释中寻求第三条路径的尝试。它的产生过
程经历了大约六年的时间，正如作者在序言中描述：1984 年他在巴黎的时候开始了构思工作；
随后 1985 年在澳大利亚、1988 年在意大利，最后 1990 年由石溪分校赞助，由印第安纳大学出版
社出版。这是印第安纳系列（The Indiana Series）第一辑著作之一。第一辑共出版了三部著作，
另外两部之一是《杜威的实用主义技术》，L. A. 哈克曼，此书已经由韩连庆翻译；另外一本是
《海德格尔与现代性的遭遇：技术、政治与艺术》（M. E. 齐曼）。这本书包含了三个项目分析：
项目 1（技艺现象学）专门对人—技术的意向四重关系给予论述；项目 2（文化解释学）专门技
术嵌入文化的方式，如多重稳定性等现象得到了分析；项目 3（生活世界的形式）主要是对某些
技术有关的问题作出分析，如图像技术。

移动技术、神经学中的图像技术、日本的宠物和看护机器人等。相关研究作品都在 2006 年左右出版。

到了 2000 年以后，他发表了作品如《技术中的身体》（2002）、《追踪技科学：物质化的母体》（2003）、《后现象学与技科学》（2009）、《海德格尔的技术：后现象的视角》（2010）。这些作品的题目非常明显地表明他开始有意识地提出他自身哲学的后现象学特征，开始有意识地运用后现象学的哲学视角来分析先验哲学家的思想。

可以说，上述这些著作是他学术生涯中标志性的作品，足以勾勒出一个轨迹，显示了伊德如何蹚出一条从现象学到后现象学之路的过程。这可以在以后的研究中加以展现。目前需要面对的是：揭示他与纯粹现象学的关系，只有这样才能够理解他与现象学之间的复杂情感以及转变之所以发生的可能性原因。

第二节　伊德与纯粹现象学

正如前面已经指出，现象学就像一只信天翁，给伊德带来了运气和争议。那么他是如何对待这只信天翁的呢？这就是本节所要揭示的问题。有一种常见的观点是：伊德"忠于"现象学。[①] 这种观点多少有些美化了伊德。事实上，伊德对待现象学的方式无疑受到了 19 世纪 70 年代美国整体哲学氛围的影响，而且这种影响可以从他对待经典的现象学家那里看出来，这影响一直到 1976 年，也就是他的分水岭。

一　20 世纪 50—70 年代以来美国的美国哲学与现象学境遇

1976 年被伊德作为自身思想的分水岭，这一说法充分传达出一个基本的信息：这一时期所发生的事情影响到了伊德，使得他的哲学兴趣、研究方法和对象开始出现转变的可能。可以说 19 世纪六七十年代的美国哲

---

① "忠于"的说法来自伊德的博士生 Evan Selinger。他指出："尽管伊德使用许多标签来概括他哲学追问的特征，尽管他反对传统现象学中的基础主义事业，尽管他排除了历史上现象学话语的许多忠实传统，他总是保持了忠于现象学精神这一点。"（Evan Selinger edited, *Postphenome-nology：A Critical Companion to Ihde*, New York：State University of New York Press, 2006, p. 9）此外，还有 Scarff 也采用了这种观点。"忠于"观点从一个方面概括了伊德对于现象学的态度；此外，卡尔·米切姆认为伊德将现象学作为一种方法来分析独特的人与技术的关系，这是从实用主义理解的一种表现。

学氛围以及对待现象学的态度肯定也影响了年轻的伊德。总体上看，这段
时期，美国整体的哲学氛围并不是十分有利于现象学的发展。主要表现在
以下四个方面。

（一）20 世纪 70 年代美国哲学开始出现"实用主义复兴"的争议现
象。以罗蒂（Richard Rorty）为中心产生了极大的争议。罗蒂从对本质主义
和基础主义提出的猛烈批判开始，高举实用主义的大旗，极力整合分析哲
学与大陆哲学之间的分裂。实用主义复兴的氛围使得伊德在其早期阶段的
思想中也有所体现：他也从事过一段时间的比较研究，试图找寻到现象学
与分析哲学、现象学与实用主义之间的对话路径，比如伊德从现象学的体
验概念入手，运用实用主义的经验概念加以改造；1990 年左右，他负责主
编出版的技术哲学印第安纳系列丛书第一辑就开始介绍杜威（John Dewey）
的实用主义技术哲学观念，这一做法也说明了当时实用主义所产生的影响。

（二）这段时期是美国科学哲学经历转折的时期。1962 年托马斯·库
恩（Thomas Samuel Kuhn）发表了《科学革命的结构》，这标志着科学哲
学从逻辑实证主义进入历史主义，"历史转向"成为科学哲学中的一个重
要特征，其后所出现的"社会学转向"更推动了科学哲学的衰落，其势
头如日落西山，愈加暗淡。以法国的拉图尔（B. Latour）、英国的布鲁尔
（David Bloor）和科林斯（Harry Collins）、美国的哈拉威（Donna Har-
away）等为代表的科学社会学开始崛起并极大地影响了科学和技术哲学
的研究方法和方向；在这一过程中，伊德也开始有意识地阅读拉图尔的科
学社会学相关著作并吸收其社会网络方面的东西。

（三）这段时期的第一代美国现象学家处于"充满敌意的气氛"之
中。1962 年美国哲学界成立"现象学哲学和存在主义哲学协会"，这是美
国哲学界现象学研究组织化的明确标志，值得美国哲学界高兴。但是也有
令他们难过的事情。"因为第一代现象学家已经去世：1959 年阿尔弗雷
德·舒兹（Alfred Schütz），2 年后约翰·怀尔德（John Wild）、卡尔恩斯
（Dorion Cairns）、古尔维奇（Aron Gurwitsch）相继去世。尽管这些思想家
经常遭受充满敌意的学术气氛，但是他们的影响是持久和深远的，不仅通
过他们的作品还有通过他们的学生。"① 伊德对美国现象学的总体情况并

---

① Don Ihde and Richard M. Zaner, *Dialogues in Phenomenology*, Boston: Martinus Nijhoff Pub-
lisher, 1975, p. 1.

没有给予详细的说明，但是我们通过"遭受充满敌意"这一描述可以感受到至少第二次世界大战以后美国现象学发展的处境状况。事实上现象学在美国的传播有个过程：最早将现象学介绍到北美的是法伯（Marvin Farber）和卡尔恩斯；随后是怀尔德、古尔维奇等人继续引进现象学。在这一过程中，怀尔德在现象学普及到美国的过程中起到了重要作用。"这一时期在美国现象学运动中发挥最大作用的是怀尔德。他在这一时期吸收了胡塞尔后期的'生活世界'理论和梅洛—庞蒂的知觉现象学，从而推进了存在主义现象学在美国的发展。"① 卡尔恩斯于1931—1932年就学于胡塞尔，在1934年发表了博士论文《在发展中的胡塞尔哲学》；古尔维奇将现象学引入美国，他曾在弗莱堡听过胡塞尔、海德格尔的课，之后因纳粹的出现而去了法国和美国，为现象学在美国的传播起了极其重要的作用。他主要是沟通现象学与格式塔心理学的人物，也被看做格式塔现象学在法国的重要解释者。随后是流亡美国的胡塞尔的德国学生，如阿尔弗雷德·舒兹等人；第二代现象学家就是在他们的影响之下成长起来的。而这些人相继去世，使得美国现象学发展遭遇了冬天，第二代能否起来决定了美国现象学发展的未来状况。所以，我们也不难理解为什么伊德对纯粹现象学保持着理性而克制的态度。70年代，美国现象学家斯皮尔伯格（Herbert Spiegelberg）是非常具有代表性的一位。根据波赛特（Philip J. Bossert）在纪念斯皮尔伯格的文集中的看法，"我们的领导者为数不多，但是赫尔伯特·斯皮尔伯格很明显是他们其中的一位"②。

（四）这段时期是美国第二代现象学家与其他美国哲学代表思潮发生碰撞的时期。70年代美国现象学家的状况还有一个变化：敌意氛围逐渐减弱，与分析哲学、实用主义的对话开始进行并升温，"最近一些年，现象学风格的哲学家开始把他们的注意力从知识论等问题转向后者的问题集合，并且在分析哲学中很多一致的话题中找到了自我"③。第二代现象学家主要同当时的潮流对话，如与分析哲学、实用主义展开对话。在美国现象学与生存哲学学会的带领下，这种对话持续进行。当时学会主要是在詹

① 韩连庆：《现象学运动在美国的发展》，《哲学动态》2004年第9期。
② Don Ihde, *Phenomenological Perspectives: Historical and Systematic Eassays in Honor of Herbert Spiegelberg*, Boston: Martinus Nijhoff Publisher, 1975, Perface.
③ Don Ihde and Richard M. Zaner, *Dialogues in Phenomenology*, Boston: Martinus Nijhoff Publisher, 1975, p.2.

姆斯·M. 艾迪（James M. Edie）和德雷福斯（Hubert Lederer Dreyfus）、斯皮尔伯格等人的领导下。当时伊德只是一个刚出学校的学生，所以在这一大的趋势下，他对现象学与分析哲学的对话产生了浓厚的兴趣，并通过语言和经验来寻找利科尔与奎因（W. V. O. Quine）思想的相似之处，①这一做法说明他更多的兴趣是围绕胡塞尔之后的现象学展开探讨。因为胡塞尔现象学过于浓厚的先验性阻碍了与美国当代哲学思想的对话，而现象学后来的发展阶段不断摆脱着这种先验性使得对话成为可能。伊德的这一兴趣最终体现在《解释学的现象学：保罗·利科尔的哲学》（1971）这部作品中。这部作品为我们展示了现象学的关注点经历了先验意识、身体再到解释学的变化，而作为现象学解释学的代表人物——利科尔自然受到伊德的关注。

　　所以，上述四个方面的概括充分表明了 20 世纪六七十年代美国哲学界的复杂情况：从哲学整体氛围看，实用主义复兴和科学哲学的兴盛主导了整个哲学圈；从现象学发展角度看，美国现象学家正经历着更替，第一代学者已逝，第二代力争其地位。两相对比可以发现：现象学还是处在一个比较艰难的处境中，可以说是在夹缝中生存的情况。年轻的伊德可以算是第二代向第三代过渡的人物，因为他的现象学导师斯皮尔伯格的引导使得他走进了现象学，并使他置身于这样一个碰撞、冲突的大环境之中。在这样一个环境中，他接受了现象学方法，并将其与实用主义、分析哲学相融合。1966 年他主要是在现象学和分析哲学之间展开比较研究，经过 10 年，开始有意识地分析科学技术。他的整个哲学思想的演变是美国学界整体哲学氛围与现象学之间的关系的一种缩影。从整体上看，他的作用是将现象学加以改造，保留了方法特征，改造了某些先验范畴。这应该说是在第二代美国现象学家传播现象学观念之后开始主动反思现象学的表现了，而这些表象更加从他对现象学诸代表人物的反思体现了出来。

---

① Don Ihde, "Some Parallels Between Analysis and Phenomenology", *Philosophy and Phenomenological Research*, Vol. 27, 1967, pp. 577 – 586.

二 对胡塞尔、海德格尔、梅洛—庞蒂等传统现象学家的评价

在早期著作中，伊德涉及了诸多传统现象学家，如胡塞尔、海德格尔①、梅洛—庞蒂、利科尔等人，他对这些人关注的方式与其对现象学所理解的三个阶段划分有着很强的联系。在他看来，胡塞尔和海德格尔等可以被看做知觉主义者的现象学。"在这一意义上，胡塞尔式的和生存论的现象学都是知觉主义者的哲学。"②"所有的现象学在某些深层意义上是知觉主义者的"③；梅洛—庞蒂则是注重身体知觉的现象学；而利科尔则是解释学的现象学的重要代表人物。从总体上看，他已经显示出了某种批判，而且这种批判性甚至也表现在后来的一些作品中。

（一）胡塞尔与海德格尔

伊德使用知觉概念来概括其对胡塞尔、海德格尔和梅洛—庞蒂等人现象学的理解，并将它们作为知觉主义者来对待。他对胡塞尔的现象学曾经给出过正面的描述，如"胡塞尔的先验现象学是极端的形式，先验唯心论继续强调诸如自我学、意向性和意识结构等一系列概念。思维主体保持着核心地位"④。应该说这一描述还是符合胡塞尔所给予我们的印象的。在后来的相关著作中，他还将胡塞尔看做第一现象学，将海德格尔看做第二现象学。"为了我的目的，我认为这两位现象学奠基者的现象学研究属于同一种思想风格，尽管他们都是从不同的问题出发的。胡塞尔将被作为所谓第一现象学的指导；而海德格尔将被作为第二现象学的指导。"⑤那么什么是第一现象学？"第一现象学由胡塞尔创立，主要是出于方法和研究领域的工作。作为方法，胡塞尔式现象学由高度专业化的语言和智力机

---

① 伊德对海德格尔一直比较依赖，从声音现象分析中的方法论到后来专门对海德格尔的技术哲学进行了间断性的研究，说明海德格尔成为其重要的研究对象，但是在多大程度上海德格尔的思想影响着伊德，这一问题仅仅体现在前期对声音现象、人—技术关系的研究中，后期这种影响随着自身后现象学视角的成熟越来越减弱。

② Don Ihde, *Hermeneutic Phenomenology*：*The Philosophy of Paul Ricoeur*，Evanston：Northwestern University Press, 1971, p. 4.

③ Don Ihde, *Technology and the Lifeworld*：*From Garden to Earth*，Bloomington：Indiana University Press, 1990, p. 41. 所以从这里可以看出 20 多年来，伊德对现象学的理解还是比较偏重知觉主义的。

④ Don Ihde, *Hermeneutic Phenomenology*：*The Philosophy of Paul Ricoeur*，Evanston：Northwestern University Press, 1971, p. 3.

⑤ Don Ihde, *Listening and Voice*，Athens：Ohio Unversity Press, 1976, p. 17.

器构造的结果。悬置、现象学还原、加括号和各种属于都可以看做逐步逼近特定体验流的方法。"① 第二现象学开始于第一现象学终止的地方。"它的目标是解释学的和生存论的哲学。"② 二者的最大区别是："第一现象学和第二现象学的距离和关系主要是通过每一个的预备结果显示出来。第一现象学经常产生对体验的复杂性和丰富性的较早欣赏；但是追求那种丰富性的第二现象学识别了在我们思维的传统中所沉淀下来的本质性地嵌入到体验自身的历史和时间的东西。……在胡塞尔那里，本质、结构和在场的现象学导致了存在的现象学和历史现象学，在海德格尔那里导致了解释学的现象学。"③ 忽略这种差异，伊德认为胡塞尔和海德格尔很相近。"从历史上看，海德格尔的《存在与时间》和胡塞尔的《危机》是很相近的著作并不偶然。其中，两位作者指向了两个现象学的交互点。"④ 可以说他早期对待胡塞尔和海德格尔的观点主要表现在《聆听与声音：声音现象学》这部作品中，正如他所说，在那个阶段他的主要目的并不是挖掘现象学的历史，而是在过去基础上"做"现象学。在对待声音现象上，他从胡塞尔走到了海德格尔。"我将以胡塞尔式的第一现象学开始追问聆听和声音现象，然后通过近似法朝着更有生存论味道的哲学前进。"⑤ 当然他对海德格尔的态度有着比较大的变化，2009 年他从后现象学的视角审视了海德格尔的现象学，这一评价相比早期更为成熟，至少没有再谈论过二者的相似性。

　　总体来看，对比胡塞尔，伊德因为海德格尔对技术格外关注而重视对他的研究。因为作为每一个技术哲学学者，都必须要直面海德格尔这一先验技术哲学家的思想并对之做出回应。纵观伊德的思想历程，并没有对胡塞尔的系统研究著作，更多的是对"意向结构分析""数学化的伽利略"等方法和对象的关注；但是对海德格尔的研究相对系统，最早体现为在《技术与实践》（1979）中将其作为技术哲学家来分析；历经 30 多年时间，所有历史的、总结性的研究都体现在《海德格尔的技术：后现象学视角》（2010）这部著作中，这部著作主要是论文集性质，如作者在致谢

---

① Don Ihde, *Listening and Voice*, Athens: Ohio Unversity Press, 1976, p. 18.

② Ibid..

③ Ibid., p. 20.

④ Ibid..

⑤ Ibid..

中指出的，前三章"海德格尔的技术哲学""技术超越科学的历史—本体论优先性"和"去浪漫化的海德格尔"都是 1979—1993 年的论文收集。但是纵观伊德对海德格尔的批判，有一些不尽如人意，以非解释学的方式批判着海德格尔。如他认为海德格尔技术哲学的局限在于对当代技术没有观照到，"我认为海德格尔的技术哲学在某些与当代技术领域有关的限制或局限"①，这纯粹是一种外在式的批判，通过指出海德格尔没有对未来的经验技术给予分析来完成批判。尽管海德格尔没有对具体技术展开分析，也不能对未来的技术形式进行剖析，但是他对技术内在发展的意向支撑给予了说明，而这需要具体的经验技术加以实现。当然，他对海德格尔有一点的评价是有道理的："海德格尔对于距离压缩的描述保留着淡淡的现象学。"② 撇开他的评价，他关注到海德格尔对于距离的分析就触及空间性这一维度，这是值得肯定的地方。

（二）梅洛—庞蒂③

从总体上看，伊德对胡塞尔采取了极端批判的态度，否定了海德格尔，但却在很大程度上接受了梅洛—庞蒂的思想。"我已经反抗着任何的'先验自我'，这一概念在胡塞尔现象学中扮演着无身体化的旁观者形象，开始追随梅洛—庞蒂转移到对具身性——与技术一道和通过技术所体现出来的——，这是对物质性敏感的体现。"④ 这种态度也成为他后来用具身性来取代胡塞尔意识概念的必然原因。带着这样一个观点，20 世纪 80 年代他参与了由罗蒂发起的从基础主义批判现象学家如胡塞尔和海德格尔的洪流。这一批判使得伊德逐渐形成了自身的将实用主义与现象学结合在一起的特点，他发表过多篇关于二者关系的论文，并且他的观点还得到了卡尔·米切姆的支持。这一整体的变化用他的话来说"离开"了现象学，

---

① Don Ihde, *Heidegger's Technologies: Postphenomenological Perspectives*, New York: Fordham University Press, 2010, p. 128.

② Ibid., p. 138.

③ 对于梅洛—庞蒂而言，强调"看""触觉"等感觉—知觉形式其目的是批判逻辑主义、形式主义。因为诸如黑格尔的哲学重在呈现逻辑演变的过程，理性主义哲学更是强调理性对于世界的真实把握，从而忽略了前理性、文字阶段知觉所获得的东西才是本真的。所以他之所以强调知觉也是从这个意义上而言的，即呈现给知觉（而非理性、知性）的东西才是原初的。需要把梅洛—庞蒂的思想与知觉研究区别开，后者与原初、根本的存在无关，只是从生物学角度探讨知觉如何可能的问题。

④ Don Ihde, "Introduction: Postphenomenology Studies", *Human Studies*, Vol. 31, 2008, p. 3.

当然是纯粹的现象学。伊德在很大程度上接受了梅洛—庞蒂所开启的身体理论。"后来最特别的表现在法国,胡塞尔的方法被那些对具体人的存在的整体感兴趣的哲学家所采纳。身体范式问题,曾经在马塞尔的'肉身性存在'观念中看到,通过梅洛—庞蒂的'活的身体'理论高度扩展,如此,现象学就成为生存论的。"这一思想资源导致了他进行具身关系分析的主要方向和他在《技术中的身体》这一著作中的对技术与身体问题的分析。而且,有一点是非常明确的,伊德将梅洛—庞蒂看做知觉主义者非常吻合这个人自己的哲学特点,尤其是当他的《知觉现象学》《可见的与不可见的》更是显示出这一特点来。"同时正确的是世界是我们看到的东西,我们必须学习看它——首先是在我们必须用知识匹配这一眼光,拥有这一眼光,说出我们是什么以及看是什么,因此采取行动。好像我们一无所知。好像我们始终拥有要学习的东西。"①

(三)利科尔

此外,他尤其关注利科尔的解释学思想。他之所以关注利科尔是因为受到了斯皮尔伯格的影响。"斯皮尔伯格可以追溯到我学术生涯的最初阶段。1960年他的《现象学运动》一书出版,很快我就发现了这本书,看后很快就确定了博士论文的题目。因为我已经对现象学存在兴趣,但是由于意识到时代的主调和分析哲学的统治地位,他对于利科尔分析的章节引起了我的兴趣——这是一个理性的、存在明显争议的哲学家,他应该成为欧洲所发生的和这儿所发生的桥梁。要感谢斯皮尔伯格,我完成了我的博士论文。"② 可以说他对解释学思想的重视导致了对利科尔哲学思想的研究,其直接成果是《解释学的现象学:保罗·利科尔的哲学》(1971)。在伊德看来,利科尔对语言、文本等问题的关注是其解释学思想的主要源泉。当然,后来利科尔对其影响也是可以看到的,不仅他后来所提出的物质化的解释学思想就是从反对利科尔关注"语言"开始的。更主要的是他将利科尔看做沟通欧洲哲学与美国哲学的桥梁,而这一桥梁的核心就是他接受了解释学思想的核心,即从历史和文化角度去解释语言,揭示出可能对象背后的必然根据。针对技术这一现象,解释学方法显然是适

---

① Merleau-Ponty, *The Visible and the Invisible*: *Followed by Working Notes*, Edited by Claude Lefort, Translated by Alphonso Lingis, Evanston: Northwestern University Press, 1968, p. 4.

② Don Ihde, "Herbert Spiegelberg Remembrances", *Human Studies*, Vol. 15, 1992, p. 395. 这是伊德第一次对斯皮尔伯格表示感谢。

用的。

（四）斯皮尔伯格

斯皮尔伯格不能算是一个纯粹的现象学家，但是他对美国现象学的发展影响很大，尤其他对伊德影响也是非常明显的，是伊德"做"现象学的启发者。1964 年伊德受到斯皮尔伯格的邀请来到华盛顿大学，成为客座讲师，并且部分参与后者的工作坊。在工作坊中，他学习到了"做"现象学的方法。"尽管分析哲学的研究范式以不同的方式'做'哲学，斯皮尔伯格的工作坊也是另外的、具有创造力的'做'现象学形式。因此，我要第二次感谢他。"[1] 1975 年伊德在《维特根斯坦的现象学还原》一文中专门说明了斯皮尔伯格关于维特根斯坦的现象学困惑对他的有益影响[2]；1992 年伊德在纪念斯皮尔伯格的会议上系统回顾了他所受到的影响，"从哲学上看，斯皮尔伯格是天才的哲学实践者。在他的许多书中，如《做哲学》和工作坊中采取的独特教学方法中明显表现出来。这儿有变更练习、现象学的看和使得我称为视觉主义者的方向变得既有力又不同于当前流派的关键分析"[3]。在后来研究中，伊德把这些方法运用到经验研究中。在他看来，斯皮尔伯格最主要的还是改变了胡塞尔现象学的方向。所以，在他的影响下，他对现象学的看法表现为"现象学是关键的描述活动，它是在使用细致的变更方法中进行的。它是充满了研究精神，打开了许多领域，就像工作坊中所显示的那样，它也是可检验的、交互主体的过程，是一个宽泛的人文科学"[4]。当然伊德对他还是做出了一点儿批评，如他没有预测到未来美国哲学界现象学所呈现的繁荣景象。

可以说，当伊德已经准备适应当时美国哲学对于现象学谨慎接受的趋势时，已经注定了他对待现象学主要人物的态度。对于胡塞尔，他坚决反对，用具身性取代意识是他引以为傲的地方；对于海德格尔，批判其浪漫主义色彩及其无用性，但是接受了他对工具意向性的分析；对于梅洛—庞

---

[1]　Don Ihde, "Herbert Spiegelberg Remembrances", *Human Studies*, Vol. 15, 1992, p. 395.

[2]　伊德认为，一般的比较研究都是处理彼此的差异点，而斯皮尔伯格主要探讨维特根斯坦与胡塞尔之间的某些逻辑关联，伊德在 1975 年的研究更深入一步克服斯皮尔伯格的局限，从现象学还原与《蓝皮书》的比较研究讨论维特根斯坦如何被胡塞尔现象学方法影响这一问题（Don Ihde, *Phenomenological Perspectives——Historical and Systematic Eassays in Honor of Herbert Spiegelberg*, Boston: Martinus Nijhoff Publisher, 1975, pp. 47 - 60）。

[3]　Don Ihde, "Herbert Spiegelberg Remembrances", *Human Studies*, Vol. 15, 1992, p. 396.

[4]　Ibid. .

蒂,他基本上是非常赞赏的,接受了其对身体的理解;对于利科尔,抛弃
了解释学的神学对象,而是聚焦在解释学作为方法的这一点上。而这些态
度都是受到斯皮尔伯格的影响,他的这位现象学导师的确起到了至关重要
的作用,引导他用美国式的方法来诠释现象学,对传统现象学方法展开批
判,最终导致了后现象学方法的形成。

三　伊德对于现象学方法的批判

批判必须基于理解,在展开现象学的批判反思之前,伊德对现象学方
法也做过比较多的研究,这一点主要表现在另一部早期作品《含义与意
义》(1973)中。这本书主要包含两个部分:感知和语言。在知觉部分他
讨论了三个现象:听觉现象、视觉现象和触觉现象。在语言部分他讨论了
神话、语言等现象。从这书的名字和其中的主题我们可以感受到浓厚的解
释学味道,甚至我们可以联想到卡西尔(Ernst Cassirer),这位新康德主
义者曾对语言和神话做出了符号主义的解释。在伊德这部作品中,他如何
从现象学角度理解感知与语言呢?尤其令人关注的是在这本书的导论部分
他对现象学还原这一方法做出了简化理解。在他看来,现象学还原包含三
个方面:(1)怀疑的解释,描述;(2)多重可能性;(3)寻求结构。

对于(1),他指出:"这一规则很容易说出来,但是很难产生效果。
现象学呼吁怀疑那种尝试到体验背后去的理论,呼吁对建构的怀疑,这一
建构用来解释这样那样的现象。"① 那么什么是怀疑呢?"这一规则是指导
性目标——它有着特殊的功能,能够得到得以开始的现象,它是一种指导
某人看的方法。这一描述性方法有着两个方面。其一,它引导某人的注意
力朝向在被追问的语境中呈现的东西;它呼唤某人注意到物自身。"② 对
于(2),他指出与第一存在相似的地方,即容易表述但是很难施行。"变
更的功能是进一步打开研究领域,阻止过快地结束。它的目标是以这样的
方式问题化体验,大多数体验理论可以看做体验的过分简单还原。"③ 对
于(3)他指出:"现象学不但寻求体验的丰富性,还有它的形成。它寻
求知觉的结构、语言的结构和生活世界结构。变更应该用它们的边界和它

---

① Don Ihde, *Sense and Significance*, Pittsburgh: Duquesne University Press, 1973, p. 16.

② Ibid. .

③ Ibid. , p. 17.

们的特征等术语逐步展示那些结构。"①

应该说他对现象学还原、想象变更等方法的概括过于简化，丢失了现象学本质还原和先验还原的区别，和索卡洛夫斯基（Robert Sokolowski）所论述的现象学还原是无法相比的，这种简化使得很多初学者无法把握到纯粹现象学方法，尤其是"现象学的看"的精髓。但是也就是在这一方法之下，他展开了相关的知觉和语言现象的研究。

四　改造传统现象学中若干概念

伊德对传统现象学中的若干概念还是比较关注的，在批判基础上延伸出他的后现象学的某些原则性观点。这些概念有的是方法论的，如变更，有的是与对象相关，如体验、身体。我们可以看一下他是如何对待这些概念的。

（一）意向性

在胡塞尔那里，通过对意识进行现象学还原，我们获得了这种意向性；在海德格尔那里，通过现象学直观，我们获得了这种意向性；在米切尔·亨利这里，通过"纯粹地看"，我们获得了这种意向性。在伊德的所有著作中，意向性主要是围绕人与技术的关系展开的，也就是技术意向性概念。但是如何获得技术意向性却是伊德所完全忽略的问题，更或者说他并没有去阐述工具意向性是如何被获得的。② 我们更多的是看到他如何去发挥和具体化意向性。主要表现为两个方面：一方面，伊德放弃了意向性概念中的"意"之维度，从意识转向非意识的因素；另一方面，伊德接受了意向性概念中的"向"之维度，突出了行为与对象之间的关系。

从前一个方面看，伊德有着从意识维度向非意识维度进行的转变。当然伊德并没有一下子转向"技术"这一非意向因素，而是有着一个过程。通过对其早期的作品如《解释学的现象学：保罗·利科尔的哲学》《含义

① Don Ihde, *Sense and Significance*, Pittsburgh: Duquesne University Press, 1973, p. 18.
② 国内学者在研究伊德工具意向性的问题上，主要偏重揭示工具意向的具体变更形式（张春峰，2011），这一认识中将"工具意向"看成既定的、自明的东西，而更多注重后现象学流派中的工具意向形式的演变历程；另一观点偏重意向性能否应用于技术，从含义—功能角度来为这种应用提供理论基础（韩连庆，2012）。可以看出尽管后者为前者的研究提供了一个理论基础，但是后者的追问是外在式，即对概念应用的合法性给予追问，而并非现象学式的追问方式：现象学式的追问方式是"以何种方式从技术物中直观到意向性"开始其问题的。

与意义》和《聆听与声音：声音现象学》的研究，我们发现了这种转变
历程：《解释学的现象学：保罗·利科尔的哲学》的研究让伊德熟悉了利
科尔的解释学核心——语言，也正是因此，伊德的反思从语言开始，但是
走向何方这个时候他还没有清晰的认识；但是这个过程并没有持续太长时
间。两年后，随着《含义与意义》的出版他开始将听觉现象作为研究的
对象，可以说从听觉现象切入成为他"做"现象学的选择。《聆听与声
音：声音现象学》是听觉声音现象研究的代表作。至于转向工具意向则
是 70 年代末期左右的事情了，如《技术与实践》中专门对工具意向做出
论述。在此书第三章"工具现象学：作为中介的工具"中专门讨论了工
具意向这一概念，"尽管使用了文本性变更，但是在这些例子中，存在着
工具引导性变更，工具中介可能被看做产生了不同于日常视觉的意向
性"①。这里尽管没有点明工具意向性，但是其所指就是工具意向。纵观
正文，没有对工具意向做出严格界定。但是有一点是值得注意的，伊德所
揭示的工具意向是双重结构的，他在人与世界的关系上提出了这样的模
式：人⇆世界。其中"上面的箭头，第一意向是与世界相关的体验的直
接性或者有关性；而下面的箭头或者反思性意向是从朝向被体验物的位置
方向的运动"②。简单来说，伊德在整个批判过程中，从语言走向技术是
一个受到自身经历影响的过程，是一个受到整个美国哲学氛围影响的结
果。尽管如此，这个过程在逻辑演变上缺乏必然的关联环节。而在我们的
看法中，从语言走向何处有着内在的逻辑制约，如走向前语言的图像是可
能性选择之一。而且这种走向并非是走向完全的自我否定的方面，而是体
现出内在的逻辑关联。

　　从后一个方面看，伊德接受了意向性概念中的"关系"表述。意向性
中的关系表达的是体验与对象之间的关系，体验是关于某物的体验，是指
向某物的体验。在阐述声音现象的时候他完全遵循了这种表达，在后期的
技术分析中，他从历史和文化的语境分析了技术构成过程，这些都展现了
他受到"关系"这一观念的影响。但是可惜的是，伊德的技术意向性理
解有着明显的外在主义和自然主义的特征，这一点将在后面的部分有专门
的论述。

---

① Don Ihde, *Technology and Praxis*, Dordrech：D. Reidel Pub. Co. , 1979, p. 34.
② Ibid. , p. 17.

（二）体验①

伊德并没有完全接受传统现象学中的体验概念，而是用"经验"这一实用主义味道十足的概念加以取代。

从体验哲学发展史角度看，这一概念在哲学中确立自己的地位主要与狄尔泰、胡塞尔、海德格尔与伽达默尔分不开。② 可以说，"体验"在现象学中有着独特的核心地位。这一概念进入美国哲学语境中就与实用主义逐渐融合。在这一融合过程中，皮尔士、詹姆士、杜威、奎因和罗蒂起到了极其重要的作用。这段历史就是体验概念的主体性内核为经验的客体性内容所填塞。

那么伊德从什么意义上来说继承了体验概念，并对之进行了实用主义的改造从而建构起技术现象学的体系？在前面已经指出，和德雷福斯相比，他更缺乏一种现象学的意蕴而多出了实用主义的色彩，而这种实用主义并不是纯粹古典意义上的，而是一种受分析哲学、现象学影响的实用主义。在充分意识到这一可能性的基础上，他用实用主义的"经验"概念开始改造着现象学、解释学中的"体验"概念，在美国的土地上，"体验"这一充满内在性的概念并不是受欢迎的，在心理学的历史上，行为心理学替代内省心理学、联想心理学就反映了这一问题。因此，我们看到，伊德的技术现象学体系更多的是关注这样一个问题：技术怎样建构起我们的"经验"③，是"经验"而不是"体验"。具体到伊德本人，我们必须意识到一个基本的事实：伊德属于实用主义的传统，其实用主义的背景并不是单纯的传统意义上的实用主义，而是一种综合性质的，换句话说，这种实用主义吸取了现象学、分析哲学的某些"反本质主义、反基

---

① 在《胡塞尔词典》中，专门有 experience 的词条。"胡塞尔通常用两个术语描述 experience，更通常的德语词 Erfahrung（字面意义是遭遇）还有 Erleben（通常被翻译为活着的体验）。"（Dermont Moran and Joseph Cohen, *The Husserl Dictionary*, London: Continuum International Publishing Group, 2012, p.115）。

② 关于体验概念史的考察，见拙著《现代技术下的空间拉近体验》（中国社会科学出版社2011年版）第一章第一节"体验在现象学中的地位"，这一章节细致阐述了体验概念的演化以及实用主义对其的改造。

③ 陈凡指出，伊德认为从70年代开始，他就将技术包含于实用主义现象学意义上的人类经验之中，描绘出一系列人与技术的关系，因而发展了"技术现象学"。参见陈凡等《实用主义视野中的技术哲学》，《科学技术与辩证法》2005年第4期。

础主义、反形而上学的特点"。①

　　（三）知觉（perception）②

　　伊德对知觉概念又爱又恨，爱的是这个概念是西方哲学的核心，他也不得不使用这样一个概念。"我将在广泛意义上使用知觉术语，利科尔经常把这称为表征理论，其中包含着感知的和想象的功能。"③ 恨的是，这个概念会遮蔽技术这一重要维度。

────────────

① 陈凡、庞丹、王健：《实用主义视野中的技术哲学》，《科学技术与辩证法》2005 年第 4 期。

② 知觉的内涵理解上，五种感知说（视觉、听觉、触觉、嗅觉和味觉）来自亚里士多德，并且一直影响到 18 世纪，比如在康德那里也可以看到亚里士多德的影响；其他感觉的研究情况如下：运动感（Platter，1583）、肌肉感（Hamilton，1846）、眩晕感（Wells，1792）、眼球运动（Wells，1792）。17—19 世纪视觉问题成为知觉研究的重点问题，如贝克莱就是其中之一。在这段时期，知识的来源自然就与视觉的研究联系在一起，也就产生了伊德后来所强调的照相机暗室比喻，通过这一比喻来解释知识的产生。此外，经验研究方法也在这个时期发展起来，诸如对颜色、大小等对象的研究成为主要的问题。19 世纪被看做工具的时代、革命的时代，在知觉研究上取得了明显的进展。如解剖学对视网膜、大脑的研究；还有一些工具都取得了明显成绩。此外，实验性的刺激控制方法也可以被使用。20 世纪初实验心理学继续获得发展，哲学上现象学方法取得突破，很多哲学家开始关注感知问题，如胡塞尔、梅洛—庞蒂等。20 世纪 80 年代以后，随着脑科学的发展，生理学及其心理学继续发展，使得认知研究尤其是机器认知取得明显突破。在这样一个研究过程中，发生了三次范式转换：第一次是感觉与器官对应，每一种感觉都对应每一种器官，如视觉与眼睛、听觉与耳朵、嗅觉与鼻子、味觉与舌头、触觉与皮肤，这一范式主要从古代一直延续到近代；第二次是感觉与大脑区域对应，随着大脑研究的深入，逐渐将感觉与大脑区域对应起来，这主要表现在 19 世纪左右，甚至黑格尔的思想也受到影响；第三次是感觉与大脑的功能对应，感觉是功能整合的结果，主要表现在 20 世纪中叶。这三次范式变迁表现为两个方面：（1）原理的变化，不同时期有着不同的对感知的物理基础的认识；（2）技术的变化，不同时期有着不同的技术作为支撑。最早的是观察，然后是解剖技术，当前是图像技术，尤其是大脑成像技术更加使得范式变迁成为可能。这三次范式变迁是感知史上的一个简单过程。那么在这一过程中，我们无法确定后面所要研究的交互感在其中的地位。但是，上述理解是自然科学、心理学意义上的。而在胡塞尔和梅洛—庞蒂那里，这一概念从现象学角度得到了更多阐述。"胡塞尔写了很多关于感知的研究（包括外感知和内感知），第五与第六研究是起点。他的《物与空间》（1907）一直到消极综合演讲，甚至谈论其感知的现象学理论。"（*Husserl Dictionary*，p. 237）胡塞尔的研究主要集中在感知行为的本质、被感知对象和感知意义，感知内容的本质、感知中时间的作用等问题。在现象学中，感知是其他意识行为，如想象、图像意识的原初基础。其中最基本的感知形式是对空间对象的感知、他们的属性以及与其他对象的关系。这一点在《物与空间》中得到了较多阐述。对梅洛—庞蒂来说，感知得到了不同的理解。"对于梅洛—庞蒂来说，感知被理解为通过身体主体的意义前反思的构成。在知觉现象学中，梅洛—庞蒂把知觉主体理解为活着的身体（lived body）或现象学身体，这与科学所分析的客观身体相反。"（Stephen Michelman，*Historical Dictionary of Existentialism*，Lanham：The Scarecrow Press，2008，p. 255）

③ Don Ihde，*Hermeneutic Phenomenology：The Philosophy of Paul Ricoeur*，Evanston：Northwestern University Press，1971，p. 3.

伊德通过对"感知"在现象学中的地位、感知与表达的关系等问题的分析开始了他对现象学的改造历程，一直到后现象学观念的确立。这一点可以通过他对梅洛—庞蒂的熟悉得到支持。在梅洛—庞蒂那里，感知是首要的原则。

在伊德看来，知觉是现象学中的首要性现象。正是在这样的理解上，伊德始终无法摆脱知觉情结。后来，他把科学理解为视觉主义的就是从这个意义上来说的。的确，在伊德那里，由于"知觉"（感知）在现象学所处的主导性地位作为事物自身，对技术的现象学阐述就是从知觉的层面上来解说技术。知觉依然处于伊德的思想深处，它作为一种研究技术、技术科学的永远无法摆脱的资源存在着（从他的思想演变过程可以看到）。可以说，他对现象学有着一种知觉化的理解。他认为由于知觉在胡塞尔、梅洛—庞蒂等人那里有着奠基性的、首要性的地位，现象学有着一种知觉化的特点。可以看出，伊德本人的这种理解和"感知"理论在现象学视野中的地位有关系。

感知（知觉）在现象学中的重要地位是非常明显的。对于胡塞尔来说，感知是奠基性的。"胡塞尔认为，感知是最具有奠基性的意识行为，所有的意识行为都可以最终回溯到感知上。"在梅洛—庞蒂那里，知觉并不仅仅表现为对象，而且是首要的现象，是科学和哲学的基础。"因为在他看来，知觉是科学和哲学的发源地。被知觉或被体验到的世界以及它的全部主观和客观的特征，是科学与哲学的共同基础。弄清这个基础是新的现象学的第一任务。"从这些基础上，伊德把"知觉"（感知）看做现象学的事实本身。

如果从这里出发，很容易得出一个结论：伊德对现象学做出的知觉化理解是恰当的。但是，这个结论的有效性却在若干相关事实和现象学历史的变迁面前变得可疑起来。

首先他对胡塞尔的知觉地位理解存在着问题。伊德已经看到，知觉是胡塞尔现象学中的首要性现象。那么，伊德的理解是否恰当？首要性的现象究竟如何理解？知觉在胡塞尔那里这个问题将在《伊德与解释学》一文中给予论证，这里只是提及这么一个特性。需要说明的是，以下的分析由于涉及现象学中的若干问题，知觉和感知是同一的。

到底处于怎样的地位呢？事实表明伊德对知觉在胡塞尔哲学中的地位的理解有些不妥。知觉尽管是"奠基性的"（胡塞尔）、"首要性的"（梅洛—庞蒂)。但是在胡塞尔那里,他有着为哲学和科学奠定基础的宏伟目标。如此知觉尽管是具有奠基性的地位,但却不能当作事物自身。在他看来感知行为是客体化、表象化行为的同一,是科学的内核。为科学寻找基础就是寻找客体化行为和表象化行为的基础,同时也是寻求感知行为的基础。如此,感知作为重要的现象是需要被奠基的对象。

关于感知在胡塞尔那里的地位问题,国内现象学学者倪梁康指出:"胡塞尔认为,感知是最具有奠基性的意识行为,所有的意识行为都可以最终回溯到感知上。"这个观念的分析来自一个基本的认识:整个意识行为由客体化行为和非客体化行为组成。客体化行为是认之为真,简单地说,是构造对象的能力。如果对客体化行为进行分析,就可以看到,感知在整个现象学分析中的地位。倪梁康的分析成为我们这里参考的主要依据。如果对他对感知的分析进行相反方向的分析,就会看到这一点。客体化行为由"表象"的行为类型和"判断"的行为类型构成;表象的行为类型由"符号"的行为类型与"直观"的行为类型构成;而"直观"的行为类型由"感知"的行为类型与"想象"的行为类型构成了。也正是从这个意义上,才把感知看做最具奠基性行为和第一性的行为。

基本上可以确定,对于胡塞尔来说,感知并不是事实本身。另外,我们也可以从现象学的关键性原则——反思中看到这一事实,即感知并不是胡塞尔现象学所关心的终极问题,它只是构成了最终关心的对象(行为)。

"在胡塞尔看来,'反思'不是'对象化',不是'外感知',也不是'内感知',只是一种特殊的行为而已。只有当人格(Person)没有完全丧失在行为进行之中时,反思才可能是一种交织,即一种完全非质性化的'关于……意识'与进行着的行为的交织。"

其次,在海德格尔所理解的现象学中,知觉的地位并不是处于终极的,也不是原初的。

作为客体化的东西,它是作为被分析的对象,作为被奠基的对象存在的。科学以客体化的方式(以之为真,也即感知,Wahrnehmung)、表象化的方式存在着。这些都是需要被奠基的东西。他以此在为基础,把科学看做此在在世的样式。他指出:"认识是此在在世的一种样式,认识在在世这种存在建构中有其存在者层次上的根苗。"①

　　尽管卡西尔不是现象学者，但是，我们也可以从他那里获取到一个能够加强这里论断的观念。在他看来，现象学中"表达"的地位要高过"感知"。"我们一般而言都保有一种假定，这一假定几乎是理所当然地和以为再无须进一步证明地认为，那大凡能直接地被吾人的认知所掌握的一切，皆是某些特定的物理性资料云云。而唯一能被直接地经验到的，乃是一些感性的被给予的内容，例如颜色和声响、触感和温感、嗅感和味感等。其他的存在，尤其是心灵方面的存在，它们虽然或可自这些基本的给予内容推论而知。但终究而言，亦正因此而为不确定的。然而，于现象学分析的观点下，上述假定根本完全是得不到支持的。无论自内容上去观察，还是自一发生的角度去观察，我们都无法提出合理的依据去把感性之知觉安置在一个比表达之知觉更为优越的地位上去。"②

　　如此简要的分析已经展示出这样一个论断：知觉是需要被奠基的现象，它有着一种属于自身的根基。为了说明现象学中，知觉所具有被奠基的地位。我们借助"表达"的一个历史分析来看清这个问题。

　　"表达"（Ausdruck）是我们这里所说的关键性概念。Ausdruck，英文词为 expression，法文词为 expression，日语为表现、表情。在国内现象学研究者倪梁康将 Ausdruck 翻译为表述或者表达。"'表述'以及它与'含义'的关系是胡塞尔在《逻辑研究》的第一研究中所探讨的中心问题。对'表述'的探讨不仅涉及'含义'，而且还关系到与'符号'、'被表述对象'以及其他等等。"我们知道他的《逻辑研究》发表于 1900 年。这是他早期的研究之一。在六项研究中，表述是第一研究，在以后的研究中，表述一直穿插在其中。

　　在胡塞尔那里，"知觉"（Perzeption）和"感知"（Wahrnehmung）实际上含义是相同的，"胡塞尔在理论上偏向于使用'感知'概念，这是因为，源于德文本身的'感知'一词习惯性地带有'真一'（Wahr）的词根"。

---

　　①　海德格尔：《存在与时间》，陈嘉映译，生活·读书·新知三联书店 1999 年版，第71 页。

　　②　恩斯特·卡西尔：《人文科学的逻辑》，关之尹译，上海译文出版社 2004 年版，第74 页。

（四）身体（embodiment）①

现象学是伊德的关键性背景。在现象学受到众多误解的今天，他依然没有放弃现象学的原则。他认为，自己更多的是从后期胡塞尔、海德格尔、梅洛—庞蒂的思想中汲取了养料。"相反，我更多跟随着梅洛—庞蒂，可能是后期的胡塞尔，他的身体的意义理论（sense of embodiment）。"尽管如此，但这并不意味着他完全遵循着传统的现象学。他对现象学做了一些基本的改造：用具身概念替代主体性概念。接下来，可以来看看他对传统现象学的理解并且所进行的改造。②

伊德把现象学传统看做主体性的。他承认自己从后期胡塞尔、海德格尔和梅洛—庞蒂那里汲取了大量的养料，但是他认为在这些人身上存在着极大的缺陷：过于注重主体性。来自现象学的苦恼被他称为自己的"欧洲苦恼"。伊德对现象学的主体性把握应该说是比较准确的。确切地说，现象学创始人所遗留下来的问题就是主体性。我们知道，胡塞尔离康德更

①　"身体"概念在德语中有着两个表达：其一是 Korper，指占据物理空间、服从于生老病死等自然律的物的、客观的身体；其二是 Leib，指活着的身体或具有活力的身体。前者容易理解，后者则需要更多的解释。"但是作为我所拥有的活力身体，活着的身体是我的体验的活着的中心。很奇怪的是，身体并没有被体验为与自我同一的，而是体验为某类'是我的'东西以及作为我的意志的器官。"（*Husserl Dictionary*，p. 51）在存在主义哲学中，身体概念得到了更多改造。他们在客观身体与活着的身体之间做出区分。"对于存在主义者来说，活着的身体与具身的意识是可替换的描述人类存在的概念。"（*Historical Dictionary of Existentialism*，p. 74）。所以我们从二者的论述中发现的共之处在于他们都在 Leib 这个意义上使用着"身体"概念（body）。伊德对身体概念的沿用应该说是受到了梅洛—庞蒂的影响。在这里我们有必要对梅洛—庞蒂的身体概念之源头做出阐释。"法国生存论者尤其是马塞尔（Gabriel Marcel）和梅洛—庞蒂（Maurice Merleau-Ponty）把身体提升到哲学关注的主体上。基于柏格森（Henri Bergon）的早期在《质料与记忆》中处理具身，马塞尔的出发点是这样一种洞见：人类身体被体验为静默的、前给予的知觉和行为非客观化背景而不是从属于意识的机械工具。这一观念被梅洛—庞蒂在《知觉现象学》中加以系统化。对于梅洛—庞蒂来说，活着的身体是前反思习惯的动力节点、为我们关于世界的知觉奠基的地基、把知觉传达为投射性的、解释性的活动而不是感觉事实的消极传感器或范畴化对象的纯粹精神活动过程。"（*Historical Dictionary of Existentialism*，p. 74）在梅洛—庞蒂看来，身体是不可还原的，是一种模糊不清的现象。所以，从这里的总结看来，伊德使用身体概念主要是通过如下方式完成的：（1）延续法国哲学传统，用身体替代意识概念；（2）采用美国实用主义哲学传统，用经验概念来充实身体，比如关注身体的技术构成，如赛博格身体；（3）抛弃了身体的先验规定，如不可还原、知觉的基础等。所以，伊德对身体概念的使用主要体现在 embodiment 这个概念中，即具身。另外，在中国哲学中，"肉体"更多的是指客观身体；"身体"更多的是指以"身"为本体，类似于活着的身体概念，但又不同于此。

②　有另外一种意见认为，伊德沿袭了将现象学理解为解释学的哲学传统。Paul Ricoeur, Patrick Heelan, Don lhde, Graeme Nicholson, Joseph J. Kockelmans, Calvin O. Schrag, Gianni Vattimo, and Carlo Sini., 见 http：//64. 233. 167.104/search? q = cache: KSwrrY 5cBYJ: www. phenomenoloQVcenter. ore/phenom. htm + Don + lhde + and + Husserl&hl = zh - CN，这里主要是从伊德本人的观点出发来看他的理解与改造。

近，在康德那里，纯粹理性是知识的源泉。

深受其影响的胡塞尔在意识问题上也从这个角度给予考虑。在胡塞尔那里，先验自我和纯粹意识是事物本身。"先验的主体"就成为现象学的主要标志。对这个问题的解决也成为后来的现象学者所关心的问题，如海德格尔、梅洛—庞蒂。海德格尔用此在（Dasein），梅洛—庞蒂用身体来取代了具有永恒性的先验主体。也正是在这个意义上，伊德克服了前人的问题，吸收了二者身上的因素，开始从新的角度来观照技术。

这种克服更多的是把主体从孤立、封闭中解脱出来，注重意向性因素。从这一点看来，伊德多少是对现象学中的意向性给予了发挥，这种发挥使他受益很大。对现象学中意向性因素的吸收使得他获得了新的不同于工具论的思考方式，工具论是以客体化的方式描述着技术：技术是人目的的显现，是人的工具。新的思考方式使得这种单一的描述开始变得丰富起来。他用具身替代了意识，把"意向性"具体到了身体与技术上，在关系中思考着技术，从而摆脱了从主体、客体的立场上思考技术的传统。① 对此，他把自己称作既是后主体主义者又是后客体主义者，我是个相对性论者，他开始从内部的相互关系和相互作用的术语来思考事物。

所以，也正是在这个基本的出发点上，伊德展开了他对技术与人的关系的理解。也正是在这个基础上，产生了他的关于技术与人的关系样式。② 这些样式包括：具身关系（embodiment relations）、解释关系（Hermeneutic relations）、背景关系（background relations）和他者关系（alterity relations）。人与技术的关联在这些关系中得以理解。这也是伊德所得意的地方，他认为借此可以摆脱传统的主客二分的二元论立场和现象学的主体论的一元论立场。

对相互作用与相互联系的重视使得伊德克服了前现象学主体的实体

---

① 他多次在公开场合谈到在现象学改造中，他用具身概念取代了胡塞尔的意识概念。但是尽管如此，他还是保留意向性这一重要概念，也正因为此，发展出具身意向性、工具意向性等概念。

② 在这个问题上，存在着分歧。国内有三种样式、四种样式的区别。关于伊德人与技术关系的三种样式，也有不同的论述。韩连庆在《技术与知觉》中提到，伊德的人与技术的三种关系样式是：调节（包括体现和淦释）、改变和背景。陈凡、曹继东在《现象学视野内的技术》中提到的四种关系样式为：体现、释义、背景和改变。国外有人概括为三种关系样式：体现关系、诊释关系和他者关系。关于这些关系的翻译上存在着若干问题，在现象学视野中的 embodiment 不能简单翻译为体现，而是身体、肉体。Alterity 翻译为改变则为不妥，应该翻译为"他者"更为合适。

性，对经验性的"身体"的重视则使伊德克服了现象学主体的超验性。这一改造是实用主义与现象学结合的必然结果。在实用主义中，经验性的东西是首要的，于是"身体"开始形成。对身体的关注也成为其现象学思想的主要因素。但是他对身体的理解经历了某种变化：最初是依赖于生物性的身体，然后超越文化性的身体，再到技术性的身体。

最初他认为身体是生物学意义上的。他指出："……我认为对于身体的强调必然是对人身体的强调；我同意昆虫的身体、猫的身体和狗的身体和人的身体有着很大的类似性，但是他们却也是不同的。……我们必然要理解我们是怎样通过我们的身体来经验世界……"

这个因素成为主要的原则贯穿在伊德的具体研究中，他的技术思想明显表现出这个因素的影响：身体的延伸。在早期时期，他提出了技术中介性知觉理论（technology-mediatecperceptions）。在这一理论中他认为技术是知觉的延伸，他借用梅洛—庞蒂的用盲人的拐杖、妇女帽子上的羽毛的例子来解释了他的理论。技术被看做身体知觉的延伸。"身体"则表现为生物意义的身体。

后来的思想发展使得他开始建构起新的身体理论：技术化的身体。他开始扬弃由胡塞尔和梅洛—庞蒂所提出的具有空间感、运动感、知觉能力和情绪的"身体"（生物学性）观点（这一点在早期并没有明显的表现）；接受了后现代主义者的身体理论—文化性的身体（身体是在文化中建构起来的），他指出后现代文化纬度中伊瑞斯·杨（Iris Young）、苏珊·波杜（Susan Bordo）的身体性经验中。但是，他改进了这一理论。在综合二者的基础上，他提出了第三个身体：由技术所塑造出来的身体，即技术化的身体。在他看来，这一理论充分显示了身体和技术之间有着一种相互作用的关系。在《技术中的身体》一书中，"赛博空间中的身体"就是从这个意义上来说的。

（五）现象学变更概念

在胡塞尔现象学中，变更概念非常重要，他用"想象变更"来描述变更理论，阐述如何从直观中获得本质。伊德在批判还原主义的时候借用了这一概念并对之做出了改造。他曾经在多部著作中提及"工具变更"概念的使用。比如在《技术与实践》（1979）、《技术与生活世界:从花园到地球》中就对变更做出了改造，通过改造变更，伊德完成了人与技术关系的四重建构，甚至可以说他通过四次变更得到了四种人—技术—世界的关系观点。

在《技术与实践》中他使用了工具变更这一概念，主要是在方法论意义上加以使用。"从第二章到第四章中，现象学变更将用来分析上面所说得东西。"① "到现在要指出的是，通过部分发展了的工具变更来分析光学的、工具化的连续体。"② 在工具变更方法的引导下，他揭示出使用工具的体验如何呈现为一个连续体。这一连续体是由"通过工具""与工具一道"来实现的，他通过放大镜展示了借助工具所获得的体验（具身体验），通过照片展示了通过工具所获得的体验（诠释体验）。

在《技术与生活世界：从花园到地球》中他从视觉角度勾勒出一般的模型。"我先前已经以一种比较具有建设性的方式注明光学技术中的视觉具身的某些方面。视觉通过这样的光学被技术化改变。但是一旦光学改变视觉可能清楚起来，这样变化的变化物和不变物就不清楚了……在现象学的相对框架内，这样地看至少最小地与直接或者裸眼看相区别。"③ 裸眼看世界的结构是：我看—世界。而通过光学技术看世界的结构是：我看——通过光学技术（如望远镜、眼镜等）——世界。这应该是原始的具身体验的意向结构。但是在我们通常的体验中，这种原始关系逐渐发生变更：我们的通常体验是，往往忽略了眼镜的存在，而且眼镜所给予我们的体验逐渐取代了原初的视觉体验。当然如果眼镜被取下来，原初的视觉体验立刻回来。那么这种变更后的意向体验解构就是：（我看—技术）—世界。所以伊德的工具变更就从这里开始。后面的三重关系的变更也是依次展开。如他在分析解释学关系变更的时候所指出的："通过继续进行我所从事的意向分析，每个人都会发现解释学关系变更这人—技术—世界关系的连续体。在人类朝向世界的实践语境内，解释学关系维持着一般的技术中介地位，但是它们也在人—技术—世界关系中改变着变量。比较性的形式如下。一般意向关系（人—技术—世界）；变更 A：具身关系［（我—技术）→世界］；变更 B：解释学关系［我→（技术—世界）］。"④

在分析他者关系的时候，他也使用到了变更概念。出发点是人—技

---

① Don Ihde, *Technology and Praxis*, Dordrech：D. Reidel pub. Co. , 1979, p. xxvi.

② Ibid. , p. 29.

③ Don Ihde, *Technology and the Lifeworld：From Garden to Earth*, Bloomington ：Indiana University Press, 1990, p. 72.

④ Ibid. , p. 89.

术—世界关系。

"变更可能按照如下形式。变更 1：具身关系 [（人—技术）→世界]；变更 2：解释学关系 [人→（技术—世界）]；变更 3：他者关系 [人→技术—（—世界）]。"①

这些都是通过工具变更后所得到的关系，但是这些变更的一个问题是：并没有对他最初所使用的"交互"一词做出清楚的阐述。后来这一变更概念以其他形式多次出现：

"也就是说我开始经历转向：在实践中现象学的核心概念史变更理论，在看待任何现象时，一个人必须把他放入它的可能性中，它的变更中。"② 他将这一概念运用到对技术物的分析上。"然而，多重稳定也被证明是许多具体现象，也包括技术物和技术本身的一个方面，因此尽管变更理论起到反对还原主义的作用，结果却产生了结构，尽管是多维结构。"③ 在此基础上产生了"工具变更"。"科学视觉论可以在早期摄影和成像过程中找到，他们发展了我称为'工具变更'的东西。一个人可以从'类似表征'的例子开始，逐渐进入更典型的建构过程中。"④

此外，他还对图像技术中所体现出的工具变更进行了说明。"就当前科学图像而言，一个人能想到与电磁波谱有关的图像，就像典型的天文宇宙学和医学影像显示的那样。从我这里看，这些例子，从普通的、超出人们感官范围的图像，都是从知识尤其是科学知识得以建立的以工具为中介的现象学变更。"⑤

通过上面的分析，可以确定：美国哲学整体的对待现象学的氛围深深地影响了伊德整个学术经历，他对纯粹现象学家以及他们所使用的范畴、现象学方法进行了多种的改造。尤其是他认为海德格尔的现象学是无用的这种观点也在一定程度上解释了他要离开传统现象学的原因。姑且不评价这种评判及其远离的合理性，仅在远离过程中，解释学成为他的拐杖。

① Don Ihde, *Technology and the Lifeworld：From Garden to Earth*, Bloomington：Indiana University Press，1990，p. 107.

② Don Ihde, "Introduction：Postphenomenology Studies", *Human Studies*, Vol. 31, 2008, p. 6.

③ Ibid. .

④ Don Ihde, "Thingly Hermeneutics/Technoconstructions", *Man and World*, Vol. 30, 1997, p. 375.

⑤ Don Ihde, *Heidegger's Technologies：Postphenomenological Perspectives*, New York：Fordham University Press，2010，p. 139.

第三节　伊德与解释学的关系

正如我们所看到，伊德受到了大陆哲学——现象学和解释学的很大影响。那么，伊德本人对于现象学和解释学所做的理解到底是在什么程度上符合现象学和解释学的事实本身？有必要对他与现象学和解释学的关系给予分析，也只有这样，才能对此问题有所领悟。① 法国的技术哲学家让—伊夫·戈菲在《技术哲学》中所做的关于伊德的评价与我们这里所要论述的有所接近。他指出："这位美国哲学家自称现象学论者，但其风格却是那种分析学派训练出来的典型。"② 也许要指出，当我们把伊德的背景给予分离时，这种分离的合法性就存在着问题。因为现象学和解释学并不是两个完全分离的东西，在海德格尔那里很明显地表现出来二者的融合。甚至国外把伊德看做对现象学做出了解释学的理解，这和海德格尔、伽达默尔、保罗·利科尔是一致的。我们以后的分析也将显示出：伊德对于现象学的理解和他对于解释学的理解是不可相分的。但是这一事实的指出并不妨碍我们对伊德与解释学的关系的理解。我们只是想更细致地看待他与他的背景之间的关系。当进一步贴近伊德背景时，解释学与现象学的差异还是多少表现了出来。首先我们看一下他如何关注利科尔解释学思想以及他后来的思想转变。

一　解释学与科学问题的出现

"解释学与科学"的关系问题自从伽达默尔那里就已经存在了。"在自然科学中，也存在着某种像解释学问题中的东西。自然科学的方式并不单纯是它们方法的进步，如托马斯·库恩（Thomas Kuhn）一个论证中表明的那样。有关这个论证对真理的洞见，海德格尔在其《世界图象的时代》和他在对亚里士多德《物理学》的解释中有所涉及。'范式'（Paradigm）对于运用和解释方法都有着决定性的重要性，而且范式本身明显地不是这种研究的单纯结果。伽利略曾称它为 mente concipio……"③ 自从

---

① 伊德与现象学的关系只要从他的"后现象学"观念中表现出来。

② ［法］让—伊夫·戈菲：《技术哲学》，董茂永译，商务印书馆 2000 年版，第 83 页。

③ 林治贤编：《伽达默尔选集》，上海远东出版社 1997 年版，第 3 页。

伽达默尔指出自然科学中存在着解释学问题后，"解释学与科学"的关系问题就成为一个比较重要的问题。在美国这个问题吸引着很多学者，对他们来说，解决这个问题意味着证明他们在某个方面的才智。① 伽达默尔试图将科学理解中的"偏见"给予一种揭示，这可以看做解释学开始运用到自然科学领域中的一个表现。

伊德也成为这个洪流中的一朵小小的浪花。他开始认为解释学与科学之间存在着某种奇妙的关系，他力图对这个问题给予分析和说明。他认为众多科学实践事实上从事着很好的现象学和解释学工作。但是他的理解和解释学最初的应用有着完全的不同。最初的解释学运用始终在认识论和方法论层面上来处理相关的问题。认识论层面上主要是将"历史性"观念引入科学知识的分析中，处理科学知识的历史性问题；方法论层面上依然是与传统的方式相似，解释学是否能够在自然科学与人文科学之间搭起桥梁。另外方式的运用可以看做本体论式的，在科学的问题上，解释学应用的结论是：科学是此在在世的方式（海德格尔）。

伊德对解释学的应用完全是从不同的角度开始的。当他把拉图尔等人看做相似的同伴时，他就表现出他的应用不同之处来。拉图尔把实验室生活看做研究的对象，来研究在这个范围内科学家的活动。与此相类似，他从科学活动中"工具的使用"这个角度来开始他的解释学的。

为什么是这个角度？这是怎样的一个角度？这和他对解释学的解读有着密切的关系。这就是他的"物质化的解释学"观念的提出。

二　传统的解释学

伊德对解释学的分析最多地体现在他的《解释学的现象学：保罗·利科尔的哲学》（1971）和《扩展的解释学：科学中的视觉主义》（1998）这两本书中。第一本书主要是对利科尔的解释学做出研究。伊德从事利科尔哲学的主要目的有两个：其一是对利科尔的哲学进行导论性介绍，因为在欧洲利科尔的哲学激起了广泛兴趣，而美国学界对此并没有太多的关注；其二是对于语言问题的关注，因为利科尔本人就是一个著名专家。在研究中主要关注解释学的现象学的发展线索。第二本是伊德将解释

---

① 在美国，ISHS（the International Society for Hermeneutics and Science）是专门研究这个问题的一个机构，成立于1993年，一直到现在已经召开了11次有关"解释学与科学"的会议。

学扩展到科学—技术中的尝试。

《解释学的现象学：保罗·利科尔的哲学》由利科尔本人作序，可见这一研究得到了被研究者的关注。这种做法并不常见。在通常研究某个人的思想的时候，要么作者已经离世，要么研究者与被研究者之间没有任何联系，而伊德早期开始的解释学研究得到了利科尔本人的关注这说明了他的研究存在一定的价值。正如利科尔本人在序言中指出："他没有限制在描述和概括20多年来所出现的作品，他验证了我作品的整体以及我所使用的方法的融贯性。"① 随后利科尔指出伊德注意到了他作品中的两个地方的融贯性，第一个地方是存在于《自由与自然》和《可错的人》之中的融贯性，"他发现了运用于人文科学与现象学之间诊断式关系分析的解释学方法"；第二个地方是存在于早期作品中的结构现象学与当前作品中的解释学现象学之间的连续性的线索。不仅如此，伊德还接受了利科尔的解释学观点。利科尔本人是反对胡塞尔的那种光秃秃的自我建构起自身意义的做法，从而开启了从历史与文化以及符号意义的角度建构起自我的做法。"今天，这一怀疑被这样一个信念所加强：自我的理解通常是间接的，这种理解来自我之外的文化和历史之被给予的符号的解释，来自这些符号的意义的付出……简言之，自我理解的自我是理解自身的礼物，是来自潜藏在文本中的意义的结果。"② 当然伊德没有讨论主体问题，他所关心的是技术问题，所以他从历史和文化中某些符号这一角度去讨论技术的意义及其建构问题。比如他在讨论弓箭的演变的时候就明显表现出利科尔的影响。此外，伊德还很好地展示了解释学冲突，这一点也得到了利科尔的认可。"伊德也很好地展示了解释学冲突潜藏在现象学初期的可能性，这一冲突由存在于弗洛伊德类型怀疑的解释学和符号的恢复之间的斗争所验证，到目前为止，他总是除了它自身的纯真还有与另外一个纯真之间的冲突。"③

《扩展的解释学：科学中的视觉主义》一书主要是以前的论文集，正如作者指出，前面三个部分"解释解释学""大陆的哲学""分析的哲学"所含的从第1—10章都是已经发表过的作品，时间跨度是从1970年

① Don Ihde, *Hermeneutic Phenomenology——The Philosophy of Paul Ricoeur*, Evanston: Northwestern University Press, 1971, p. xxxi.

② Ibid., p. xvii.

③ Ibid., p. xv.

到 1996 年。第四部分"扩展的解释学"是新的内容，1998 年正式发表。这本书的主要目的是"用解释学的术语梳理我们对科学实践的理解"①。所以，我们只需要对第四部分的主要内容做出把握，其目的是"更加程序化地甚至系统化尝试去识别与科学有关的解释学的一致性，识别科学实践活动中的解释学维度，去提示出在操作中我们应该如何理解科学的框架，而且是带着面向更为丰富的追问的提示去做到这些"②。

三　扩展的、物质化的解释学

伊德把解释学作为他自身分析的基础。但这种解释学已经远远不同于传统的解释学观念。他对解释学所做的扩展和他的另外的两个观念有着密切的关系，这就是"反对哲学史"和"物质化的解释学"（Material hermeneutics）。在伊德本人看来，"反对哲学史"和"物质化的解释学"观念是紧密联系的。2002 年伊德在丹麦做了一次关于"技术中的身体"的讨论会，在讨论会上，他提到了一个以后的研究课题，这就是"反对哲学史"。这一课题的提出是伊德本人对哲学史的理解。他把传统的哲学看做"抽象化的、理论化的、沉思的"。在谈到技术哲学的兴起时，他指出了他对于传统哲学的一种看法。"很明显，技术哲学的出现是很晚的事情，我认为，部分地由于传统的哲学存有一种偏见：把自身看做理论性的、沉思性的和抽象的等。技术很明显具有物质性、具体性和特殊性。"③在这个认识的基础上，他提出反对传统哲学史的观点。他对这一观点给予基本的解释。"反对哲学史是为了扩展哲学的尝试，传统的哲学看起来非常的理论化和抽象化。现在则被稍微地扩展到语言、历史和传统，但是对于我来说，这还是限制在一个狭窄的范围内。在 2003 年 6 月，我在 Budapest 做的题为'更加物质化的解释学'（More Material Hermeneutics）论文就是处理这个问题。它显示出我来自科学与技术科学研究的兴趣。我对于那些对工具和实验感兴趣的科学哲学家和科学社会学家的观点非常敏锐。"④

---

① Don Ihde, *Expanding Hermeneutics*: *Visualism in Science*, Evanston: Northwestern University Press, 1998, p. 2.

② Ibid., p. 3.

③ "Interview with Don Ihde", http://www.filosofi.net/artikler/donihde.pdf.

④ Ibid..

　　于是，在他眼里，传统的解释学与传统的哲学存在着一致性，是抽象的、理论的，"集中在传统和语言上"。而这恰恰是需要被扩展的。扩展的结果就是"物质化的解释学"的提出。

　　"物质化的解释学"在他看来已经不同于原先的传统的解释学。"我所谓的物质化的解释学是指这样的东西：自然科学试图研究和了解本质上非人的事物。例如为了研究 Sirius 星的化学成分，就需要用到像天文望远镜等这样的工具。这个过程能够被描述为使得事物显现自身，使得它的化学结构显现出来。我认为，这是非常现象学化的。重要的事情是不需要再借助文本、语言或者传统。"[1]"使用我的扩展的解释学概念是为了显示出实际上为什么集中于语言和传统的解释学太过于狭窄了。"可以看出，通过"物质化"的转变，他给予了解释学一种完全的改造，根据他的说法，他"扩展"了解释学。那么，"物质化"到底意味着什么呢？

　　"物质化"意味着摆脱纯文本而进入非文本的世界中。他用两个例子来说明了他的物质化的意图。其一是关于"Vikings 入侵英格兰"的事实。另外一个是奥兹（Ötzi）。[2] 两个例子只存在着一种递进的关系。关于"Vikings 入侵英格兰"有着翔实的历史记载，这在世界历史或者英国历史中就可以看到。流传到今天的过去的相关文献、相关的当前历史记载以及后来的即将出现的历史诠释就是伊德所认为的文本；而其他历史的遗迹或者对社会影响的表现等，都是非文本的东西。通过这个例子伊德把文本与非文本的东西区分，并且强调，不能局限于文本，要注意到非文本所呈现出来的意义；在第二个例子中，不存在文本的东西，只有物质的东西。伊德借奥兹说明了他所说的"非文本"的概念。

　　1991 年 9 月，一对夫妇徒步攀登阿尔卑斯山的时候，在海拔 3000 多米的一个山谷中发现了一具尸体，这就是后来的奥兹。奥兹的名字来自发现地点奥兹山谷。澳大利亚国立大学的马勒（Wolfgang Müller）领导的一个研究小组开始他的这项研究工作。

　　关于其的种种研究已经使我们知道了他的出生地〔意大利的埃萨克（EISACK）山谷〕与发现地（奥地利的奥兹山谷）不是一个地方。对于

------

[1]　"Interview with Don Ihde"，http：//www.filosofi.net/artikler/donihde.pdf.

[2]　http：//www.oursci.org/magazine/200401/040122.htm http：//tech.enorth.com.cn/system/2003/11/15/000668755.shtml.

这个事实的知晓，并不是通过关于奥兹的文本来确认的，而是通过其他的相关信息，因为没有任何的文本记载着这个事实。在伊德看来，研究者马勒得出这个结论主要是通过非文本的方式。他取奥兹的牙齿样本和发现地附近的岩石、土壤和水的样本中的化学元素，然后进行了对比。奥兹的牙齿本身保存了一些地理信息①（奥兹幼年时候在什么地方生活，他所摄取的食物就会参与构成牙釉质，牙釉质在形成之后就不会更新）。奥兹的样本所传达的信息使得我们获得了他的出生地的信息。

但是仅凭奥兹身体上的元素并不能说明问题。马勒就利用发现地附近地质环境和地形的多样性。由于地形的原因，这个地区各地的降雨量存在着差别。在发现地北边是奥地利的领土，这里地势高，当来自大西洋的雨水落到这里的时候，雨水中的氧同位素减少很多。而在发现地南面是意大利的领土，地中海方向来的雨水给这里带来了更多的氧同位素。马勒通过比较发现，奥兹牙齿中的氧同位素的含量更接近于南部意大利地区。所以奥兹的出生地可能在意大利。

于是，借助奥兹本人牙齿的信息、发现地地质的信息，马勒得出了奥兹的出生地：埃萨克山谷。

借助奥兹，伊德试图说明这样的一个问题：理解还有另外的一个维度，这就是物质的、非文本的维度，如奥兹身体样本（尸体组织和牙齿），以及发现地附近的岩石、土壤和水，这些都是物质的东西。而扩展后的解释学就是要关注这些东西。在这个扩展的基础上，伊德把解释学扩展到了他的技术科学的研究中。这也可以对应起他自己所说的话来："我认为众多科学实践事实上从事着很好的现象学和解释学工作。"

"物质化的解释学"的提出也许能够将伊德本人的意思给予明确。"物质"与"精神"的对应成为极好的入手点成为伊德理解的前提。在伊德看来，语言、历史和文本等是非物质的东西。而非文字的东西、不同于语言的东西，也就是物质的东西，如牙齿、土壤、水等都是物质性的东西。他认为，对这些对象的研究是对解释学的扩展。而"物质化"也正是在这个意义上存在的。如此，我们开始面对这样一个问题：伊德对于解释学所做的扩展应该如何理解？

---

① 牙齿的牙体组织由四部分构成：牙釉质、牙本质、牙髓和牙骨质。其中，牙釉质好比人的童年档案，记载了人在五岁之前的居住地情况。

我们将从"文本"概念来看这一扩展本身。为了有效地明确这一点，有必要回到解释学的世界，也只有在这个世界中，这些对象才有了意义。

首先明确的是：伊德对"文本"的理解使得"文本"完全脱离了解释学的世界。在伊德的世界中，"文本"成为干涸的东西，成为与物质的东西相对应的概念。而在解释学中，文本的含义并不是如此。

"解释学是解释的艺术。"① 而理解的对象是"文本"。文本与理解有着密切的关系。正如伽达默尔所分析的，理解决定着文本。但是，"文本"既不是与物质性的东西等同，也不是与非物质的东西等同，不如说，这个概念是一种哲学范畴。文本是理解的对象，而这一对象的范围有着无限性。"的确，现在是一些新的主题处于海德格尔思想的中心，艺术品、物品、语言等就是一些处于中心的思想课题。"② 伽达默尔曾给予过"文本"概念历史的描述。

在他看来，解释学的问题起初是从单门的学科，特别是神学和法律学，最后还有历史学科中发展起来的。"文本的概念主要是从两个领域进入现代语言。一方面有圣经的文本，它的解释在布道文与教会教义中进行；在这种情况下，文本代表了所有解释的基础，从而又事先成为信仰的真理。文本一词的另一正常的使用与音乐有关。这里它是歌曲以及词的音乐的解释的文本，这样的一个文本与其说是实现给定的，不如说是演唱歌曲的残留物。这两种使用文本一词的正常方式源自古罗马时代后期法官对语言的使用……在这里这一词的范围扩大了，它包括经验中一切无法成为整体的东西，代表回到能为理解提供一个更好方向的所谓给定之物……比喻性地谈论大自然这本书基于同样的理由。……"③

"对语言的这一考察获得的方法学上的收益是，这里的'文本'必须作为解释学的概念来理解。这其中的含义是，不从语法与语言的角度看待文本，不把文本视为与文本可能有的任何内容相脱离；也就是说，不把它看成一件成品，它的生产是分析的对象，这种分析意在解释允许语言作为语言发生作用的机制。从解释学的立场亦即每一位读者的立场出发，文本只是一个半成品，是理解过程的一个阶段，并且作为一个阶段必定包括一

---

① 林治贤编：《伽达默尔选集》，上海远东出版社 1997 年版，第 225 页。
② 同上书，第 439 页。
③ 同上书，第 59 页。

个明确的抽象，也就是说，就是在这一阶段中包含着分离与具体化。"

回到文本的世界意味着回到解释学的传统中观看"文本"。也只有从这个地方我们才可以看到伊德对于解释学所做的扩展是怎样的。

那么，在解释学的世界中，文本究竟关涉到怎样的东西呢？这里必须结合解释学的历史才能够给予基本的揭示。一般来说，解释学的发展过程经历了三种转向：从特殊解释学到普遍解释学的转向；从方法论解释学到本体论解释学的转向；从单纯作为本体论哲学的解释学到作为理论和实践双重任务的解释学转向。① 我们的分析将借助三次转向来看看文本概念在转向中的变迁。只有这样，才可以对解释学"文本"概念的变迁给予总体上的概览。

在特殊的解释学阶段，文本概念一直局限在一个狭小的规定范围内。这可以从"特殊"的规定中看到，在这一阶段，文本指的是"圣经""罗马法"这样的古典类文本。"在古希腊，对诗人的合乎技术的解释是由于教育的需要而发展起来的。在希腊启蒙时代，凡讲希腊语的地方，都流行着对荷马和其他诗人进行解释和考证的理智游戏。……解释的技术及其规则建立在亚历山大时期的语文学里迈出了第二个重要的一步。此时，希腊的文学遗产被收进了图书馆，古代文本的校订工作出现了，而且通过一种校勘符号的富有艺术的系统，考证工作的成就受到了注意。……"② "研讨中心概念或那种包括一切部分的统一，或者说研讨文本的个体性，这属于一般诠释学。研讨文本在心理学或个人层次上可能具有的多样性，这属于各种特殊的诠释学。"③ 当普遍解释学出现时，文本的范围发生了极大的变化。任何一种作品都开始作为解释学的对象存在。

解释学普遍性提出了这样的一种要求，这个要求已经由伽达默尔所描述出来。"但是，解释学进一步拓宽了它的要求。它提出了对普遍性的要求。而且是由此论证这种要求的：理解或者相互理解，最初和原本不是指针对文本的某种方法上训练有素的行为，而是人类生活的贯彻形式，这种社会生活在最终形式化当中是一个交谈共同体。任何东西，包括一般的世

① 洪汉鼎主编：《理解与解释》，东方出版社 2001 年版，第 25—27 页。
② 同上书，第 78 页。
③ 同上书，第 26 页。

界经验，都不能同这个共同体相脱离。不论是现代科学及其不断增多的运行密传的专门化，还是物质劳动及其组织形式，还是通过宪法维持社会的统治机构和管理机构，都不能处在这种实践理性（和非理性）的普遍的媒介之外。"① 这种普遍性的要求已经把"文本"提升为一个普遍的概念，而不是在先前的意义上的以作品形式出现的东西。

也许这样做使得问题不够清楚，如果结合解释学从方法论到本体论的转变，那么，这一性质会更加明显而清楚。在方法论层面上，解释学意图为人文科学奠定一种与自然科学中的实证主义方法相媲美的方法。如果说，在这个意义上解释学确立起自身来，那么，解释学的对象——文本——就是单指不同于自然科学的东西，而是人文科学的对象了，如历史学、人类学、文学等相关的著作。但是，如果仅仅停留在这个层面上，对方法论解释学的理解就会和作为本体论方法的解释学相隔离。而事实上，这种隔离本身是一种形而上的产物。作为方法论的解释学所给予人们对于文本的理解不仅仅是人文科学的表现于物理形式，如羊皮、纸张、网络之中的文字，它更和这些文字背后所传达的并不能为这些文字本身所表现的东西联系在一起。文字本身是历史的凝固，是生命的遗迹。但是，文字背后的东西，或者远离文字的东西却是活生生的、充满生命力的。如狄尔泰就是如此。19世纪的人文科学方法论问题的提出，使得狄尔泰勾勒出精神科学的图景，在这幅图景中解答这生命之谜。"……哲学乃是对具体的、个别的和历史的生命的表达，哲学的基础是在经历（Erkeben）和自我领悟（Selbstbesinnung）中展示出来的人类经验……"如果说，在狄尔泰这里，文本具有意义的话，生命本身就已经成为文本。在他看来，文本不是记载生命活动的但却死气沉沉的文献，而是活生生的生命本身。作为本体论的解释学开始于海德格尔，延续于迦达默尔，这种关于文本的理解使得原先作为胚胎形式存在着的令人产生敬意的东西开始涌现出来。甚至弥散在科学哲学内，在这个领域内引起了不小的震动。坚硬的科学石块开始松动，新的生命孕育着。在他们这里，文本直接成为行动与实践。理解不再局限在原先意义上的认识论范围内的与认识对象的关联，而是作为存在的方式出现。文本与理解成为统一的东西，而不再是分离的状态。

---

① 林治贤编：《伽达默尔选集》，上海远东出版社1997年版，第230页。

　　如此，文本的世界只有在解释学更大的世界中才可以彰显出来。离开了解释学的地平线，文本将会干涸，将会死亡。伊德的理解即是如此，他脱离了解释学和现象学的世界，尽管他一再声称属于现象学的传统。相反，伊德的理解将解释学回放到了现代性的传统中，二元论的物质与精神对立的幽灵在这里重新复活；经验主义也开始弥散在文本的理解中。这似乎更加证实了让—伊夫·戈菲在《技术哲学》中所做的评价："这位美国哲学家自称现象学论者，但其风格却是那种分析学派训练出来的典型。"伊德那里，"文本"开始破碎，成为一片片的散片，散落在解释学的土壤中。

　　以上是对伊德对传统解释学的扩展的一些整理和分析。1998 年的伊德还是比较清楚地认识到了扩展的解释学所存在的意义和局限。在他看来，解释学能够为理解科学提供一个很好的视角，而且科学总包含着强有力的解释学维度，这一观点曾经为伽达默尔所指出，现在在伊德这里得到了细致的阐述。基于解释学的路径不同于其他如实证主义的路径、科学的社会学研究路径、女性主义研究路径。扩展的解释学所具有的意义主要表现为三个方面："第一，如果科学包含着深深的解释活动，这一洞见会比本世纪（20 世纪）早期更为紧密地把科学与其他诸如人文科学或者社会科学等智力活动密切联系在一起。第二，如果科学具有很深程度的解释性，那么另外一个人类解释活动，比科学更为古老的神话将要消失。……第三，从科学理解的解释学框架向 20 世纪末期科学研究公认的转变是，如果科学被很深程度地理解为解释活动的一种特殊类别，那么给予科学的特殊权利是呈现出更多的政治性而不是知识论本质。"① 而与意义同在的还有局限。"这样的解释学框架也有自身的局限，它也是透视法的。它并不处理作为现代科学如大科学后期特征的社会—政治的变化。大科学是在政府、产业和其他跨国机构内的大多数研究过程的组织化中出现的现象。"②

　　在我们的研究过程中，有一个问题引起了我们的兴趣：既然伊德提出了物质化解释学（material hermeneutics）的概念，但为什么他会忽略物质

---

　　① Don Ihde, *Expanding Hermeneutics*: *Visualism in Science*, Evanston: Northwestern University Press, 1998, p. 197.

　　② Ibid., p. 198.

化现象学（material phenomenology）这一重要概念呢？从前面的分析中，伊德对物质性的理解与胡塞尔并没有太大的关联，所以他并没有发展出"物质化的现象学"这一概念。对于伊德来说，物质性与语言、文本相对。所以伊德的理解是极其简单的。"物质化现象学"的概念被法国哲学家米歇尔·亨利（Michel Henry）所提出。1987 年法国《哲学期刊》主编向亨利提出了一个问题："您项目中所提出的物质化现象学如何不同于胡塞尔所提出的质料形而上学？"① 围绕这一问题，亨利通过对胡塞尔的《内在时间意识演讲录》（1905）、《观念 I》（1913）中的"质料概念"（hlye）② 展开分析从而提出了"物质化现象学"观念。在胡塞尔那里，质料是构成意识的必要条件之一，但是与意向性无关，所以在进行意识本质分析的时候，他过于强调意向分析而忽略了意识构成的质料性方面。这一点深深为亨利所认识。在他看来，物质化现象学是来源于胡塞尔重意向的本质分析轻意向的印象因素分析的结果。"物质化现象学不是出于对质料现象学不足以及最终的失利的反思。他是澄清它的不足的前提。"③ 那么"物质性"做何理解呢？"在主体性内部，物质化或质料性时刻必须与意向性时刻加以区别。后者激活前者而且给予其意义。"④ 与胡塞尔不同，

---

　　① Michel Henry, *Material Phenomenology*, Scott Davidson（Translator）, New York：Fordham University Press, 2008, p. 5.

　　② 根据英译者，hyle 指进入意识体验中的非意向性材料，被理解为单独作为满足形式而存在的东西。也就是意向性的绽出，它不是印象的物质，而是行为的物质。（国内学界围绕 Ekstasis 一词讨论的结果是普遍同意译为"绽出"，得到与会者的高度认可，普遍认为，这样的译法既考虑"Ek - stasis"的构词，又兼顾了词源学考察，生动传神）"质料的本质从两个方面被决定：肯定角度，通过它，属于作为它的填充材料和它自身存在的构成物的绝对主体；否定角度看，它被排除在每一个意向性之外。"（p. 8）在对精神过程进行分析的过程中，意向时刻与非意向（质料）时刻之间存在着差异，但是却有着内在的、本质的关联。亨利认为，胡塞尔尽管注意到这一前提，但是由于他的注意力过于关注意向分析，所以对于另外一个构成因素及其内在关系的问题并没有解决。如果用对一块石头的知觉为例子，那么我所感知到的内容如石头的坚硬、白色、冰冷等感觉内容都是质料因素，与印象相关，质料现象学就关注这一块内容；而意向对象指视觉体验与白色对象之间的关系、触觉体验与坚硬对象、冰冷对象之间的关系。所以这也是知觉内容与意向对象之间的差异。知觉内容是心理学意义的印象，容易变化；而意向对象并非心理学意义上的存在，而是现象学所关注的对象。这二者都是构成精神活动的不可缺少的环节。这二者的关系，意向性赋予质料意义、质料是行为的质料。可以看出，这些分析还是在发生现象学之前的阶段。

　　③ Michel Henry, *Material Phenomenology*, Scott Davidson（Translator）, New York：Fordham University Press, 2008, p. 42.

　　④ Ibid., p. 7.

亨利就将构成主体的物质性因素加以发挥从而形成了他自身独特的物质化现象学观念。比较伊德和亨利的观点，我们发现：尽管翻译者使用了同一个单词来表明某种物质性概念，但是根本上还是存在不同的。对亨利来说，物质性来自质料概念，与意向性相对；而伊德那里，物质性与文本性相对。

可以说，解释学之所以成为伊德的拐杖主要是从方法论角度而言的，这也成为我们理解伊德技术思想演变内在方法的关键，1964 年他对利科尔的研究让他对解释学思想有了比较清晰的把握；如何发展解释学成为他所关注的问题，最终从语言到事物/实践的转变成为他做出的选择之一。这一过程是漫长的，从《解释学的现象学：保罗·利科尔的哲学》（1971）对解释学文本内在关系的诠释到《物化的解释学/技术建构》（1997）、《扩展的解释学：科学中的视觉主义》（1998）对解释学的扩展经历了 30 多年的时间。所以要理解他，这条线索是不能被忽略的。只有这样，我们才能够接近他的后现象学。

第四节　伊德的后现象学

对于伊德而言，后现象学不仅是一种后来受到关注的学派，而且是一种方法和视角。这在他的若干作品中充分体现了出来。作为学派，2008年成为这个学派的风光一年。2008 年伊德的后现象学思想在全世界范围内引起了关注，2008 年似乎可以成为"后现象学"运动的标志年。首先是美国人文社会科学杂志 *Human Studies* 刊载了六篇关于"后现象学研究"（Postphenomenology Research）的文章；接着 SPT 的电子期刊在春季又刊载了六篇围绕"后现象学：历史和当前视域"（Postphenomenology：Historical and Contemporary Horizons）的文章，这些都使得后现象学即将成为关注的对象。一种伊德把后现象学作为视角，开始了对海德格尔技术哲学的分析。伊德这么做是非常有道理的。我们知道海德格尔哲学的特点是生存论的，其技术哲学的核心是在追问技术之本质。对这样一位人物相关思想的处理需要极其慎重，仅仅从先验角度加以批判只是第一步，我们不仅从伊德身上，还有维贝克的身上看到这种批判，更要对其思想做出有效的指摘，而要做到这一点是需要很强的功力的。所以伊德是在 2010 年才发表海德格尔的研究作品，这一年他已年近 80 岁，所以这个时候的态度很少武断，更多的是充满了智慧的审视。这一点会在后面的研究中加以考察。当前主要是对后现象学的相关问题做出揭示。

一　后现象学的内涵

那么什么是后现象学呢？伊德在《导论：后现象学研究》（2008）一文中对后现象学做出了重要介绍。从学科性质上看，"后现象学与科学研究、文化研究等本质上是交叉学科的这些学科有着家族相似性"①。从研究方法上看，它包含了案例研究方法。从研究特点上看，经验化研究、具体化研究成为其主要特点。"这样一条路径——经验化的和具体化的就是现象学式的，或者更具体地说是后现象学式的。"② 从本质上看，后现象学是"做"现象学的一种体现。

的确，后现象学已经成为伊德的标签了。当我们听到后现象学及其相关活动的时候必然会看到包括伊德在内的还有一些年轻人。他喜欢这个标签，因为这是体现其对传统现象学改造的结果；在他的周围已经形成了一股后现象学研究的风气。那么他的后现象学的特点是什么呢？斯卡夫做出这样的概括：

"他对这个术语的使用是松散的、未加仔细分析的。但是很显然这个术语包含了四层意思：（1）相对于技术本质的抽象理论，他更喜欢与实际技术有关的生活世界体验的具体解释；（2）他坚持科学技术必须被放在一起才能得到有效理解；（3）他反对把技术看做应用科学的观点，坚持从本体论的和历史的角度看技术是较早阶段的实践活动；（4）在他对技科学考虑的过程中，他反对胡塞尔式的意识—对象想象，而支持一种以生存论方式聚焦于人与非人对象（例如人工物、前科学理解的天然物、比知觉实体更为广泛意义的物等）之间具身式的和文化语境式的关系上。"③

这一概括是从伊德后现象学的特征做出的，但是未能将后现象学放置在更为广泛的哲学语境中评析，只是概括其中的含义。所以接下来我们将从整体角度以及内在维度等两个方面对他的后现象学进行分析。

---

① Don Ihde, "Introduction: Postphenomenology Studies", *Human Studies*, Vol. 31, 2008, p. 2.
② Ibid. .
③ Robert C. Scharff, "Don Ihde: Heidegger's Technologies: Postphenomenological Perspectives", *Continental Philosophy Review*, Vol. 45, 2012, p. 298.

二　后现象学的整体特点

在哲学史上，"后"的理论流派有很多，比如后现代理论、后形而上学、后马克思主义等。"后"从字面上理解就是时间上的先后，比如后现代理论晚于现代理论、后形而上学晚于形而上学。但是往往字面上的理解缺乏内在逻辑必然性，所以从内在逻辑上来说，"后"可以具有两种意义：其一是解构式的，表现出十足的批评，只破坏而不重构；其二是建构式的，为其提供内在根据从而完成批判。从整体上看，伊德的后现象学主要表现为以下几个特征。

（一）拒斥本质的形而上学

"拒斥形而上学"这一实证主义的口号对伊德也非常适用。那么对于伊德来说，他所拒斥的是什么样的形而上学？又是以什么样的方式来拒斥形而上学？在伊德的观念中，现象学本身就是一种形而上学，以往的现象学家如胡塞尔、海德格尔、梅洛—庞蒂和萨特都是形而上学家，只是他们的形而上学色彩区别不同。相对来说，伊德最拒斥胡塞尔、海德格尔，比较欢迎梅洛—庞蒂。我们可以从他所使用的一些说法中感受到这一点。胡塞尔在《欧洲科学危机和超验现象学》中勾勒西方自然科学的发展时将伽利略看做一个纯粹的数学家，他用数学的语言向我们揭示了自然界及其本质。针对这一点，伊德就对胡塞尔的批判从胡塞尔所提出的"数学化的伽利略"开始，在他看来，"数学化的伽利略"是一种比喻的说法，这一说法包含的问题是过分强调数学因素，"通过过分强调数学化以及忽略了中介感知中的工具或技术，胡塞尔创造了他所描述的分裂"①。在他看来，科学脱离生活世界的原因主要和工具有关，而并非数学式的理解，所以胡塞尔的伽利略被改造成"带着望远镜"的伽利略。"如果科学是产生新知识和超越纯粹或者无助感官的知识的人类实践，那么唯有体现在增强和放大普通能力的工具中的科学才会合格，如此就是由带着望远镜的伽利略所产生的科学。"② 至于海德格尔，追问技术的本质是海德格尔技术哲学留给我们最深的印象，在《技术的追问》（1951）中，海德格尔对技术

---

①　Don Ihde, "Husserl's Galileo Needed a Telescope!" *Philosophy of Technology*, Vol. 24, 2011, p. 24.

②　Ibid., p. 77.

的追问经历了从"工具性""招致""带出""解蔽""无蔽"和"座架"的整个过程。但是在伊德看来，这一追问历程无疑是形而上学的体现，因为"本质"是形而上学的根本概念。他的这一特点也得到了很多学者的同意。在斯卡夫看来，伊德的主要兴趣是"显示海德格尔对技术的解释是完全失败的"。这是两位比较重要的现象学家，对于法国现象学家他涉及较少。所以，我们可以看到，他所拒斥的形而上学是忽略工具的形而上学；拒斥的方式则是将解释学物质化、将现象学身体化。

（二）拒斥意识化的理解

在传统的现象学中，对对象的解释都是从意识角度做出的，即便胡塞尔对技术物、文化物的理解也是如此，从先验意识中寻求意义构成根据。这条路径导致了两个不同结果：其一是运用意识的语言来解释技术活动及其技术物。如在胡塞尔现象学中，我们可以从"被动综合意识—主动综合意识"这一概念来解释技术产品的发明这一过程，还有舍勒他是从人的内驱力来解释技术的产生，等等，这些都可以看做运用意识的语言来解释技术及其相关物。其二是运用意向性概念来解释人与技术、世界的关系。如内驱力就是一种意向关系，指向世界的关系。对于这两点，伊德都有所抗拒，当然表现为不同的形式。对于第一方面他是完全抗拒的。"从开始，伊德把他对技术体验的理解看做浓厚的后实证主义者的解释。他反对传统的心灵主义的语言，包括胡塞尔在内；他做出了在本体论上实践参与生活优于认知交互作用；他忽视了胡塞尔先验意向和海德格尔的后形而上学之梦。"① 斯卡夫的这一评价是准确的。伊德奢谈先验意识的意向性这一概念，更无视交互体验这一重要概念了。对于第二方面伊德则做出了改造。他不是沿着传统的路径从人到达技术，而是从技术通达世界，从而将一个整体建立了起来，在这样一个"人—技术—世界"整体中，技术意向性取代了纯粹意识意向性。暂且放开这一概念中存在的问题，这充分体现了伊德的自身观点。

（三）重视意向关系

"关系"这一概念并非是一个新的概念，对伊德来说，他是将现象学中的意向性概念加以发挥，将意向行为—意向对象之间的意向关系加以改

① Robert C. Scharff, "Don Ihde: Heidegger's Technologies: Postphenomenological Perspectives", *Continental Philosophy Review*, Vol. 45, 2012, p. 300.

造，并运用到人—技术关系的问题中。而这一路径完全不同于胡塞尔式的理解，胡塞尔向我们展示的主要是意识行为与意识对象之间的构成关系，如想象行为如何构成想象对象，感知行为如何构成感知对象等关系。这一点为心灵哲学加以发挥。但伊德的发展有所不同，他是从物质化和具身化这一角度切入的。在他那里，世界的意义并非是意识所构成的，我们所感受到的是技术在世界意义构成中的作用。当然，伊德并没有完全抛弃胡塞尔的理解，就像分析哲学家强调了意向性的"关于……"的这一关系表述，伊德也将"关系"作为他从现象学中所继承的概念，只是在伊德这里"关系"更多的是人与技术的关系、人与世界的关系。而且这一关系也可以被称为意向关系。正如后来伊德所表达的那样，他为我们提供了四种人与技术关系的描述：具身关系、解释学关系、背景关系和他者关系。① 这四种关系共同构成了技术如何勾连起人与世界的关系的基础。在伊德的意向改造中，我们发现"人"成为实体性存在，如以身体的方式存在、以感知者的方式存在，人与技术之间的关系表现为两个实体之间的某种关联。这种改造基本上背离了现象学精神。

（四）重视经验技术

伊德非常关注新技术作为分析背景及其对象。他将 1976 年看做自己思想的分水岭。因为这一年之后是新技术迅猛发展的年份，如计算机、生物技术、信息技术等都展现出自身的革命力，而这样一个技术蓬勃发展的背景就构成了伊德反思海德格尔、胡塞尔思想的关键。这一点也可以在德雷福斯、芬伯格等人身上看到，两人将网络技术作为整个反思的大背景。此外，新技术成为了研究对象，在伊德那里，手机成为一个重要的分析对象，还有赛博空间等都成为研究对象。这一点对后来追随他的学者影响很大，我们看到在如维贝克、罗森博格等人那里表现极为明显。如维贝克对伴随技术、说服性技术的追问，罗森博格对手机、图像技术等追问反思就是非常明显的表现。当然，这一点所导致的问题如同科学哲学不可避免的命运一样，从科学哲学沦落到科学研究，或许技术哲学也面临着这样一种命运。由此，我们想到了海德格尔曾经描述哲学终结的时候所用的方式，

————————

① 为什么是四种变更，伊德并没有去回答这一问题。在《技术与生活世界：从花园到地球》专门论述人—技术意向关系（第 1 项目）的章节中，我们没有找到具体的论述。当然，这一章除了四种关系论述之外，还有三个小节，分别是"视域现象""爱娃和飞船""总体性梦想"。

哲学蜕变为人类学、心理学等学科了。也许伊德并没有为技术哲学带来更多的希望，反而是将哲学的技术反思引导到了一个狭小的胡同。

上述所概括的后现象学的整体特征并不一定全面，但却有效地展示了"后"的根本特点：抛弃和继承。对于伊德来说，他抛弃了技术的本质追问，在随后的学术活动中，他很少使用"本质"这样的概念，这一点也影响到了后现象学的追随者，他们更喜欢对与具体的经验相关的技术进行分析，如罗森博格对手机体验做出了后现象学式的分析，这一分析过于精细化，从而流失了一些营养，容易局限在微观细节中无法剥离；此外，他继承了意向性的关系这一范畴并发展了这一概念，这也可以在他的追随者身上看到，维贝克就将伊德的四种关系扩展为六种关系，在其之上又添加另外两种维度。那么，在这一特点之下，伊德的后现象学内在维度是怎样的呢？

三　后现象学的内在维度

总体上看，伊德为他的后现象学确立了以下三个基点。

（一）工具基点

伊德最为人知晓的是围绕三个工具展开分析，分别是胡塞尔的伽利略望远镜、海德格尔的锤子①和梅洛—庞蒂的羽毛。胡塞尔的伽利略主要是围绕望远镜展开分析，这一分析从《技术与生活世界：从花园到地球》（1990）一直贯穿到《胡塞尔的伽利略需要望远镜》（2011）。另外两个例子也多次重复出现。"技艺现象学包含两个方面：一方面是将工具、人工物和器具放在人类实验性实践中考虑——如海德格尔的锤子、梅洛—庞蒂的羽毛；另一方面是不同的物质化领域通过进入生活世界而产生不同的非中立关系。"② 其共同点是都能够在《技术与生活世界：从花园到地球》中找到相关论述。那么他将工具分析作为基点达到怎样的目的呢？

我们知道，胡塞尔在《欧洲科学的危机和超验现象学》（1936）中对

---

①　到目前为止，我们发现锤子成为哲学、技术史颇为青睐的对象。海德格尔通过此在与锤子的两种状态来说明此在的生存论结构；乔治·巴萨拉围绕锤子多样性问题进行了进化论的解释。伊德继续用锤子来说明人与世界的关系。对比下来，伊德对于锤子的分析只是在上手状态之中延伸出"锤子对于人来说意味着什么？"的问题，而远离了此在的生存论结构，一种形式指引中所包含的东西。

②　Don Ihde,"Introduction：Postphenomenology Studies", *Human Studies*, Vol. 31, 2008, p. 7.

伽利略将数学引入早期科学的做法进行了批判，并指出这是欧洲科学危机产生的整体根源。但是他对胡塞尔强制性的解释进行了批判，"胡塞尔忽略了我称为微观和宏观知觉之间的关联"①。他指出问题是"这样的伽利略并不是专属于胡塞尔，他是偏重理论优于实践的众多解释之一。他是沉浸在占统治观点的假设—演绎推理中的伽利略"②。在批判的基础上，伊德将伽利略转换为"使用望远镜的伽利略"。这一观点在后来的文章都有所体现。

对锤子维度的关注主要是受到海德格尔工具分析的影响。"锤子分析是典型的海德格尔式的分析，好像是从鞋匠语境中所取。"③ 应该说他还是接受了海德格尔的相关分析。④ 我们知道海德格尔在《存在与时间》中运用"上手状态"和"在手状态"这对范畴分析了锤子，这一分析成为技术物分析的经典作品，甚至引出了相似的分析。这对范畴所提出的重要观念是技术物在使用意向行为中所呈现出来的在场与缺席的关系。比如在手状态中，锤子是作为对象呈现出来，而在锤打行为中，锤子呈现为上手状态，锤子悄然缺席，在场的是敲打这一体验本身。伊德接受了"上手状态"概念表述，当然他用了别的语言来描述上手状态，这就是"透明性"这一概念，这一概念的核心是技术物对于主体来说像是透明的，为使用者所忽略，如同空气对于我们一般人一样。"因此我要把粉笔描述成在我与他者之间产生部分透明关系的东西。事实上机器越好，透明性越明显。"⑤ 透明性概念恰恰是技术物的上手状态呈现而出。

对羽毛的分析主要是来自梅洛—庞蒂《知觉现象学》（1962）。借助梅洛—庞蒂的分析他阐述了人—技术的具身关系。"这儿在我所谓的具身关系中，梅洛—庞蒂察觉了知觉能够通过人工物的身体物质化地扩展。知觉扩展并不为我身体的轮廓或身体皮肤表面限制。这在盲人的拐杖中更加

---

① Don Ihde, *Technology and the Lifeworld*：*From Garden to Earth*, Bloomington：Indiana University Press, 1990, p. 38.

② Ibid. .

③ Ibid. , p. 31.

④ 他也说明了海德格尔工具分析所受到的批判，如他的技术例子选取的过于简单，如锤子、农夫的鞋子、风磨、希腊神庙等。

⑤ Don Ihde, *Technology and Praxis*, Dordrech：D. Reidel Pub. Co. , 1979, p. 8. 透明性概念在伊德的学生罗森博格那里被用来分析电话、图像等技术体验。

清楚。"① 除此以外，他还重视梅洛—庞蒂在感官知觉和文化地位之间关联的论述。"在他后期作品《可见的和不可见的》（1961），他仔细考虑了被感知的文化。"②

通过围绕这三个典型工具的分析，伊德认为："这三种现象学以明确的方式指出了指向人—技术关系的现象学。在历史语境设置中，没有一个人有意识地将工具分析融入技术哲学中，但是每一个都指出了关键性的因素：尽管所有的现象学在较深程度上都是知觉主义的，我从这里所概括出的现象学维度，但是不同于以往那些人。遗留给第一项目③的即人—技术关系的现象学是在生活世界所有维度中切入了技术的作用。"④

当然，伊德对工具的分析是放在科学和社会文化语境中进行的，比如他对弓箭的分析就展示了这点，他更多地向我们揭示的是弓箭在不同文化语境中所发生的形态变化背后的根源。相比之下，这种工具分析更接近人类学的分析。当然，还有就是对技术物所呈现而出的意向关系的分析，这种分析较为接近结构分析。而且诸多物品如温度计、眼镜、冰箱、手机等呈现了不同的关系结构。比如温度计是表征了物体的一种状态，这种状态成为主体的认知对象，这就是解释学关系；而眼镜则重构了主体的世界体验，这种体验取代主体原先的自身感受而成为真实感受，这是具身关系。⑤ 还有冰箱主体几乎忽略了它的存在，因为它已经嵌入主体的生活环境中，这是背景关系；手机不仅仅是联络的工具，它成为欺骗、谎言的集中地，演变为异化的对象，这就是他者关系。

此外，还有一点他对工具的分析是为了揭示技术对科学的推动作用。

---

① Don Ihde, *Technology and the Lifeworld*：*From Garden to Earth*, Bloomington：Indiana University Press, 1990, p. 40.

② Ibid..

③ 项目 1 就是《技术与生活世界：从花园到地球》中的第 5 章"项目 1：技艺现象学"，这一章主要对人—技术的四种意向关系做出分析。

④ Don Ihde, *Technology and the Lifeworld*：*From Garden to Earth*, Bloomington：Indiana University Press, 1990, p. 41.

⑤ 伊德在具身关系的分析中主要强调：（1）工具是人知觉器官的延伸，以中介形式存在；（2）体验是通过工具使用所获得的；（3）工具的透明性所导致的工具与人的界限的消融；（4）被改变的体验是简化的或者放大的体验。这四个结论实际上存在着矛盾：既然工具是器官的延伸，那技术体验与知觉体验之间的关系也应该是等同的，但为什么是完全不同的变更形式？此外伊德还忽略了技术体验取代知觉体验的这一关系。另外，从技术角度看，器官延伸已经在虚拟技术中得到了充实表现，如 sensetable 工作台就是一个明显验证。

这一点在其著作中多角度体现出来。同时我们也能够从感知心理学中获得
支撑。"工具不但扩展了感知心理学的范围,还限制了呈现或产生刺激的
方式。"①

(二) 身体基点

对身体维度的确立主要是源于对胡塞尔意识哲学、海德格尔此在哲学
批判,对梅洛—庞蒂身体哲学的发挥,从这一点伊德确立了后现象学的第
二个重要基点。我们从后现象学特征的分析已经知道伊德是非常反感意识
现象学的,在他看来,意识是无形的、不可捉摸的,而身体则是可以被把
握到的,他从身体维度开始了他的哲学反思,在这一反思过程中,他提出
了三个身体的理论——物质身体、文化身体和技术身体——被后来的学者
所关注。这一维度首先是对意识本身的批判,此外,还有对海德格尔此在
哲学的批判。在《存在与时间》中海德格尔确立了此在哲学,尽管此在
表现出与他者共在的特性,但是此在还是属于形而上学的概念,所以从对
海德格尔此在哲学的批判,伊德将此在的物质载体——身体——作为关注
对象。当然在他的发挥中,他极大限度地利用了梅洛—庞蒂的思想理论,
比如他的身体知觉理论,这些都在后来他的身体理论中加以表现,如
《技术中的身体》就是其中这方面反思的成果。

(三) 新技术基点

新技术的提出来源于对海德格尔技术哲学批判的反思。海德格尔
技术哲学中并没有出现过代表时代的技术,而只是古老社会中的物品,
即便是提到些相关技术如原子弹、人造卫星,却也只是被硬塞到形而
上学的框架中。针对这一点,伊德尤为不满,所以后来的研究就表现
出新技术至上的特点。在 2006 年的后现象学文集《后现象学:来自伊
德同行的批判》中,文集所有的作者都围绕相关的经验技术展开分析。
如平齐对电子合成器的历史及其作用进行了详细分析;伍迪·洛克黑
底 (Judy Lochhead) 对听音乐和理解音乐这一体验形式做了细致分析;
罗伯特·克里分析了实验室中实验的本质;彼得·加里森将海德格尔
的观点运用到哥伦比亚号灾难和其他空间项目问题的分析上借以显示
技术系统自身的问题;唐娜·哈拉维考虑了赛伯格也就是技术—人—

---

① Nicholas J. Wade, *Perception and Illusion*: *Historical Perspectives*, New York: Springer, 2005, p. 204.

动物这一合成对象的多重含义。在 2008 年出版的《后现象学研究》和
《后现象学：历史和当前视域》一文中更多的新技术被考虑在内；随后
在 2012 年的哥本哈根会议上，后现象学讨论小组开始将人机技术、数
据挖掘技术、图像技术等考虑在内。这一简要发展历程表现了后现象
学对更多新技术的关注。应该说这一基点是值得肯定的，因为新技术
的演变是非常快捷的。比如 MIT 技术综述网站每年都会推出前一年度
最具影响力的十大技术，仅 2012 年就有光场摄影术、卵子干细胞、纳
米孔、傅里叶变换、高速充电材料、facebook 的时间线、3D 晶体管等
技术。这些技术极大地影响了生产和生活。其中所包含的问题都是有
待于进一步研究的。所以说，伊德对于新技术的强调没有错，但是接
下来的问题是如何展开这些新技术的哲学思考，这就成为比较困难的
事情了。这三个基点是如何生成的？彼此之间是什么样的关系？这是
我们第二章中重点阐述的问题。

四　后现象学的其他理解

在伊德看来，后现象学的主要继承者有四位：维贝克、罗伯特·罗森
博格、斯林格（Evan Selinger）、凯瑟琳·哈森（Cathrine Hasse）。相比之
下，第一个人比较活跃，曾多次出现在大的国际会议上，而后面两个人活
动较少。

伊德认为"后现象学"的概念能够有效解决他所面临的问题，在罗
蒂影响甚大的 20 世纪 80 年代，基础主义是重要的批判对象。伊德也不能
例外，但是他碰到了困难，对他来说，"非基础主义"过于复杂而且没有
办法表达他自己的观点，而"后现象学"却能够解决这一困惑。"随后我
感到'非基础主义'是一个非常复杂的词，而'后现象学'这个新词开
始强调实用主义者和被作为经验转向的重要组成部分的科学研究。在这一
基础上逐渐开始形成了技科学研究群。"① 同时后现象学并没有走向他所
担心的反科学路上。"然而，在很多案例中，后现象学研究者实际上参与
到实验设计和相关科学共同体的活动中，他们研究 R&D 现象，并提出了
很多重要的考虑和批判性建议。"② 那么，对于后现象学同时代的学者是

---

① Don Ihde, "Introduction: Postphenomenology Studies", *Human Studies*, Vol. 31, 2008, p. 5.
② Ibid., p. 7.

如何看待的呢？这也是一个比较重要的问题，他展现了这一流派的生命力问题。在这个问题上存在着不同的理解，如认为后现象学是"后《存在与时间》的海德格尔批判"。

那么这一概念对于描述伊德的技术哲学思想是否合适呢？在我们看来，后现象学能够从限定的角度去规定伊德技术哲学的总体特征，但是却无法表达出他与现象学之间的复杂情感。纵观伊德自身的学术思想，他研究声音现象、赛博空间等现象的时候，他求助于现象学方法；但是他研究科学技术的时候却极力挣脱着现象学的束缚。从听觉意识现象到科学技术这一客观现象的转变就能看出他的这种转变。但是，当他使用"后现象学"这一概念的时候，他何曾忘记他受益于现象学。也许每一位老人都愿意回想起他年轻时候的激扬文字与豪迈气概，而那时他也执迷于现象学所带来的多重可能性。如此，"后现象学"更多是干巴巴的词汇而已。而正如我们前面所指出的，"信天翁"这样一个比喻对他来说更为合适，能够展示出他所拥有过的争议和运气，能够显示出他对现象学的复杂感情。

对伊德技术哲学思想的研究最基本的一个事情是定位。运用他本人的话语来说，伊德的技术哲学思想应该是"后"现象学式的，不仅是作为哲学观念，更是作为哲学视角被确立起来。他的后现象学主要由两种反思构成：其一是对纯粹现象学的反思，其二是对解释学的反思。在前者反思中，他极力摆脱胡塞尔的先验自我、海德格尔的此在存在，尽管他这种反思同德雷福斯、伯格曼等人相比，显得过于肤浅，但是他依然有着比较明显的现象学的意味，在他早期对声音、听觉现象进行分析的时候，这一点还是比较明显的。这一反思是决定性的反思，是本体论、方法论的反思；在后者反思中，他改造着解释学方法，从注重语言向注重非语言的技术转变，这一反思是方法论层面上的。这二者是彼此交融、内在关联的，在他看来"解释学的现象学"是现象学发展的第三个阶段，而且开启了以语言为中心的篇章。可以说，他对解释学思想的接受也表明他接受了对现象学先验自我的批判；当然他对解释学的改造也反映了他对解释学的反思，从语言走向物质化解释学。但是，这里有一个问题是：为什么伊德并没有将物质化现象学的概念发展出来?① 而是从解释学角度实现了物质化的解释学？这多少和哲学传统有关系。我们知道法国现象学家亨利所提出的"物质化现象学"这一概念与伊德的思想有着相近的地方。但是，亨利之所以能够发展出这一路向与法国哲学对具体的、物质化的、身体性的因素有关，与对胡塞尔现象学的反思有莫大的关系。"物质化现象学是由每一个超验性还原所导致，它们作为主体性本质奠基性的质料或者原印象的成分出现。"② 而伊德不同，美国实用主义的传统只是突出了经验层面，所以他更多只是从与语言相对的物质层面入手，而且他对利科尔的解释并没有触及其根本。所以，尽管采取了相近的名称，但是其内在指向完全不同。

"但是甚至我们忽略所有超验构成物，构成意味着让某物被看到、让某物作为现象产生、这意味着给予某物。"③

---

① 法国学者米歇尔·亨利（Michel Henry）在《物质化现象学》（1990）中发展出这一概念（Michel Henry, *Material Phenomenology*, Scott Davidson（Translator）, New York：Fordham University Press，2008）。对于亨利来说，物质化解释学概念来自胡塞尔的现象学中的质料概念，在这本书第一章专门对这一概念作出了论述。物质化现象学第一章耐心而详细地分析了胡塞尔现象学中质料（hyle-matter）概念，这些概念体现在《观念 I》（1913）、《内在时间意识演讲》（1905）等书中。"质料，之进入意识体验中的非意向性成分，仅仅被理解成为了形式而存在的物质。"物质化现象学的任务是找出意识的易受影响因素的意义。物质化现象学在给予意识生命和成长的生活中找到了他的意义。

② Michel Henry, *Material Phenomenology*, Scott Davidson（Translator）, New York：Fordham University Press，2008，p. 9.

③ Ibid. , p. 11.

第二章 伊德技术现象学研究对象的内在逻辑

要理解伊德技术现象学的研究对象，还是需要从第一章中所提到的思想整体脉络进行。伊德开始于"做"现象学研究，在这一阶段声音、听觉现象成为其研究的主要对象，做现象学的系统思想体现在1976年出版的《聆听与声音：声音现象学》中，这一作品本身所具有的意义是非常大的。我们将会通过他这段时期的作品分析伊德如何从对声音的分析引发出后现象学所关注的诸多对象——新技术、工具和身体。所以本章可以看做从研究对象演变的角度来把握到伊德技术现象学的内在转变逻辑。

第一节 声音与听觉："做"现象学的出发点①

伊德对声音与听觉现象的研究主要集中在早期的三部作品——《哲

---

① 这里首先的一个问题是：伊德为什么会对声音现象感兴趣？对于这一问题可以归结为如下理由：（1）对知觉的分析中，视觉已经为胡塞尔、梅洛—庞蒂等人细致地分析，并且视觉已经成为自然科学研究的对象。伊德做现象学如果还从视觉入手的话，很难超越前辈现象学家，所以他选择其他知觉形式入手，而众多知觉形式中，触觉、嗅觉和味觉等现象很少受到关注。而听觉与声音作为次重要的知觉形式自然就成为伊德的问题关注点。（2）同时代的现象学人物如德里达等人也关注声音这一形式，自然受此影响，伊德关注声音现象就可以理解，只是不同的路径是：德里达从声音与符号这个角度进入阐述；而伊德从声音与听音乐这一现象角度入手。（3）同样，从技术史角度看，这一时期与声音有关的电子设备发展极快，如收音机、电视等。这些设备主要关乎到视觉和听觉，所以这是伊德对声音进行研究的技术基础。从这也就理解了伊德为什么没有关注触觉，因为三方面的原因：（1）哲学上的原因，哲学上很少讨论触觉现象；（2）技术上的原因，当时的技术很难与触觉相关；（3）载体上的原因，触觉载体非常散乱，分布于全身，可以是皮肤、可以是舌头和手指。很难找到一个集中点。老式的键盘也主要是通过力量来完成输入的，这个时候触觉并未被作为突破口来加以实现。但是，今天看来，交互技术发展中所提出来的恰恰是这样一个问题：触觉是交互体验技术实现的突破口？这种与哲学自身发展恰好形成一对悖论：哲学上被遗忘的触觉与技术上最先实现的触觉形成了鲜明对比，成为需要解释的现象。

学家在听》（1971）、《含义与意义》（1973）和《聆听与声音：声音现象学》（1976）中。第一部作品主要是尝试性地对听音乐现象加以分析；第二部主要从知觉角度将听觉现象及其表达形式的声音作为主要研究对象加以研究；由于这部作品还涉及语言和其他知觉现象，所以从更准确的意义上看只是一个预研究，而真正开始了对声音现象的研究主要表现在第三部作品中。这一现象的提出实际上是伊德"做"现象学阶段的整体表现。

一　《哲学家在听》① 中的声音现象

《哲学家在听》只是一篇短文，这篇短文可以看做伊德初次尝试"做"现象学的体现。其中听音乐就成为伊德所关注的对象。"听音乐意味着什么？对我而言，这是一个中心问题，因为我既不作曲，也不演奏音乐，更不教授音乐。我只属于那些听音乐的人。"② 当然伊德并不是一个普通的听众，他是作为现象学家身份出现的听众。作为现象学家要描述我们所听到的，而不是给予解释音乐是什么。这篇文章是伊德最早"做"现象学的作品，在这篇文章中他称自己为"现象学的哲学家"，这是否可以看做一点儿迹象呢？他没有自称为现象学家（phenomenologist），而是现象学的哲学家（phenomenological philosopher）。这一点很重要。他已经感觉到自己并非一个纯粹的现象学家，而是偏重于现象学的哲学家，比如使用现象学的方法、概念来研究问题，或者采取一种现象学式的方式研究对象。如果这一点能够成立的话，这篇文章能够作为他作为后现象学家出现的必然性的解释之一。那么他如何理解现象学家对于体验所言说的东西呢？"实践中现象学家会注意到两个事情：第一是体验远比通常人所认为的丰富、复杂和精细；第二是他发现关于现象的语言（理论）深受传统和隐藏在体验背后的概念的影响。因此他会在描述中发现问题。……通过描述，现象学家希望挖掘人类体验的结构和特征。"③ 这种表述实际上并没有切入现象学根本的东西，只是停留在现象学的悬置阶段。

但是有一点是肯定的，无论这种理解存在怎样的问题，他开始了对听觉现象和声音现象的分析。这篇文章共分为三个部分：听觉体验的一般方

---

① Don Ihde, "A Philosopher Listens", *Journal of Aesthetic Education*, Vol. 5, 1971, pp. 69 - 76.

② Ibid. , p. 69.

③ Ibid. .

面、音乐和乐谱、聆听。其中第一个部分所揭示的内容包括声音与声音（复数）、声音与注意、声音的空间、作为语言的音乐或者作为音乐的语言，这部分所探讨的问题如声音的空间性、声音与语言的关系等成为后来作品中的主要问题；第二部分讨论音乐语言的特性；第三部分讨论听的行为。在这一部分中海德格尔作为主要的哲学家被提及。"哲学家海德格尔坚持获得事物（在这里就音乐而言）本质的唯一方式是泰然任之或者让他们自身显现。"① 他得出的一个重要结论是："活的语言超越了语法就像音乐优于音乐学一样。我们开始于听（玩），通过让我们沉浸在声音中，被它们所支配，允许他们从我们身上流过以及进入看起来非常奇怪的事物之中。"②

这篇短文发表在美国的《美学教育期刊》上，通读整篇文章，并没有太多的学术性分析，其理论价值并不大。但是，这对于年轻的伊德（37 岁）来说，已经足以使他确立"做"现象学研究的对象——体现在听音乐之中的声音。这个意义是非常大的。当然，在这篇文章中现象学方法并没有太多体现，只是出现了他所认为的现象学家的某些视角——悬置某些概念，让活生生的现象显现出来——和海德格尔的观念，让事物自身显现出来。这一观念一直影响到他的整体研究，在 38 年后（2009）出版的《回到事物自身》就是一个明显的表现，当然这篇文章的对象已经成为了科学技术。此外，在这篇文章中我们能够感受到他对胡塞尔和海德格尔的态度。他根本没有提及胡塞尔的名字，但是却把海德格尔作为重要的方法论提了出来。这一点在后面的两部作品《含义与意义》（1973）和《聆听与声音：声音现象学》（1976）中也明显表现了出来。

二　《含义与意义》中的声音现象

这部作品主要由若干篇论文集合而成。在这部作品中，关于声音现象的描述主要集中在第一部分知觉中。这一部分分为三个内容：声音体验、视觉体验和触觉体验。对声音体验的描述由六节内容构成：一些听觉现象、关于人的知觉、上帝与声音、听觉的想象、聆听、巴门尼德的沉思。我们发现直接有关声音的主要体现在这些章节内。

---

① Don Ihde, "A Philosopher Listens", *Journal of Aesthetic Education*, Vol. 5, 1971, p. 75.
② Ibid., p. 76.

　　第一个章节"一些听觉现象"交代了伊德为什么要将声音现象作为哲学研究的对象。"本论文目的是指出我所相信的在哲学研究中被忽略的特定的现象：听觉现象。在他们与哲学讨论历史上最不清楚的关系上，听觉现象很可能是在更为宽泛的与意义和理性或者知觉理解有关的关系问题中被考虑的。我的内在意图是在争论普遍的知识论前提之前，更完成地检验听觉知觉现象和想象现象会明智一些。"① 那么他如何展开他的研究呢？"我坚持这样的传统：在追踪意义和关系之前必须研究体验现象。我所说的听觉现象受到了胡塞尔所称的现象学的心理学范围内的关于这个点上的现象学式的理念的影响。我也要表明当我使用术语'知觉'和'想象'的时候，我也指直接体验的描述，而不是关于尝试解释我们体验的知觉和想象的理论。"②

　　他主要做了三个事情：（1）表明知觉和想象现象的哲学讨论主流是以视觉模式、视觉比喻和世界的视觉理解为中心的；（2）听觉现象往往被忽略；（3）通过揭示听觉现象的特定特征，描述听觉式的想象，这会揭示语言与知觉的二元优先性。在这三个事情总括下，他提出了支撑这篇论文的三个前提：

　　前提一是"追问知觉和想象的哲学讨论大部分求助于知觉模式和比喻"③；

　　前提二是"尽管每一种知觉模式都有其特定的普通结构特征，每一种意义也有他自己独特的存在模式"④；

　　前提三是"语言的听觉存在几乎是体验总体的不变方面"⑤。

　　所以通过上述分析他为我们揭示出为什么要关注声音现象以及声音现象在历史上的境遇。

　　在第三章节"上帝与声音"中，伊德主要是找寻"听觉现象的主要普遍特性与圣经中上帝的后来发展的主要描述特性之间的平行关系"⑥。在这样一个目的下，他将声音视作"不可见的现象""空间的环绕现象"

① Don Ihde, *Sense and Significance*, Pittsburgh: Duquesne University Press, 1973, p. 23.
② Ibid. .
③ Ibid. , p. 24.
④ Ibid. , p. 26.
⑤ Ibid. , p. 32.
⑥ Ibid. , p. 42

"作为时间的现象"等加以分析。通过这些分析得出了这样一个结论：
"圣经中的上帝隐藏于深嵌在我们听觉体验中的知觉比喻中。"①

在第四章"听觉的想象"中，伊德主要对听觉的想象这一体验形式
作出现象学的分析。在这章分析中，他甚至使用了"现象学变更"的概
念。"记住这些警告，我们就可以进入听觉的想象中的变更了，它将帮助
分离别的现象。（1）听觉式想象以想象的所有形式显示了可能性内容的
自由变更……（2）这一自由变更允许以知觉的模式控制不可能的内
容……"②最后他揭示出听觉式想象是内在声音这一特点。"（1）内在声
音本质上是语言的；（2）如果我们注意到相反的变更，我们可能会更靠
近必需的位置；（3）但是如果知觉体验打断思维的链条，很可能从另外
一个方向出发；（4）为了某一个主题我们限制声音的某些方面；（5）最
后注意到在想象模式中内在声音是听觉现象可再一次模仿一个听觉空间的
普遍特点。"③

在第五章"聆听"中，伊德采取悬置、现象学还原等方法研究了聆
听现象，并向我们揭示了如何用海德格尔式的语言来分析聆听现象。他首
先表明是从听音乐这一现象进入听觉的分析。此外他还表明了胡塞尔式的
分析和海德格尔式的分析的区别，这也成为他在 1976 年著作中分析的重
要出发点。"在胡塞尔式的维度中，强调点放在对现象的正面关注。以
'注意力''聚焦'等方式进行描述，正面逐渐暴露出越来越多受到来源
于视觉比喻的影响；相反，海德格尔式的强调点是泰然任之，现象自身显
现的执着可能会被描述为否定的获得方法，这一方法通过逐渐排除无关因
素的过程来寻求对象。听觉比喻位于现象学还原维度的背后。"④ 在这一
基础上，他采纳了海德格尔式的路径，他认为这一路径更适合分析听音乐
这一现象。那么他如何应用现象学还原方法呢？"现象学还原应该扫清描
述的领域。"首先是悬置所有与听音乐有关的传统。"在音乐的例子中，

---

① Don Ihde, *Sense and Significance*, Pittsburgh : Duquesne University Press, 1973, p. 46. 此
外，法国哲学家马里翁也从上帝的声音角度阐述了意向性的逆反状态。相比之下，伊德的分析略
显肤浅，因为他只是认为我们获得的只是一个听觉比喻，但是，却忽略了，上帝之音环绕某人的
时候，信仰由此而诞生。比如奥古斯丁就是如此。他以前是一个浪荡儿，后来某个契机听到了上
帝的声音，从此建立了对上帝的信仰。这种逆意向性现象已经被马里翁充分注意到。

② Ibid. , p. 54.

③ Ibid. , pp. 55 – 58.

④ Ibid. , p. 61.

这样的传统包括先前所形成的概念图式和通常的意义评价的使用和描述，如'我听到了八度音阶'或者'它是由 A#和弦和 F 和弦构成'等都是可能在直接陈述中导致错误的概念类别。'那是很大的噪声'或者'那是尖叫'等都是现象学还原之前的日常反应的例子"①。所以悬置主要指向这些方面。那么现象学还原是如何运作的？"在关于听觉体验的语言中，我们发现了大量的（视觉的）空间术语，声音是'运动'。这儿有'上升'或'高度'和'下降'或'低度'等等。在音乐理论和音乐训练中概念范式又一次被视觉比喻所统治。"② 所以他的还原最后导致了听觉体验的出现。那么他是如何过渡到海德格尔的呢？"这儿海德格尔式的模式又开始显现。声音的地平线是寂静，但有时候它是缺席的，从来不会被获得。为了显示寂静是音乐的源泉背景，可能显得很抽象。但是我们同意逐渐意识到聆听的目标可能会让聆听体验变得更加敏锐。寂静是声音无法言说的背景。"③ 类似的海德格尔式的分析还是比较多地出现在这篇文本中，如"寂静是音乐的空间""出现在音乐中的运动是通过寂静的运动""在音乐中，声音来自寂静又归于寂静"，等等。

　　整部作品以听音乐为对象进行了现象学的分析，这一分析应该说还是有成效的，比较直接地指出了聆听是与时间性、空间性相关的现象。"它（声音）的界限或者是空间的也是时间的，这样的区别是有意义的。"④ 但是，我们也发现他对声音的分析也必然导致了他会走入后现象学这一条道路。这一点将在后面给予进一步分析。毕竟这部作品只是他对声音现象不够系统的现象学分析，是一个典型的案例分析。这在很多从事现象学研究的学者那里都明显表现过。当然他并没有停于此，三年后他就出版了对声音现象研究的系统著作《聆听与声音：声音现象学》。

三　《聆听与声音：声音现象学》中的声音现象

（一）作品的整体评价

　　这部作品于 1976 年出版，后来哈佛大学的霍尔德（V. A. Howard）教授于 1978 年发表了相应的书评，对这部作品本身以及问题做出了分析。

---

① Don Ihde, *Sense and Significance*, Pittsburgh：Duquesne University Press，1973，p. 62.

② Ibid. , p. 63.

③ Ibid. , p. 67.

④ Ibid. , p. 81.

我们所关心的是他关于伊德与现象学的关系描述。在书评中，霍尔德教授这样评论伊德与现象学之间的关系。"作为理论作品的《聆听与声音：声音现象学》被它的例子和图标抢了风头。与伊德采用健谈者的方式描述听觉现象相比，现象学看上去相当沉闷、等于免费赠送一样。"① 这样的评价应该说是非常尖锐地指出了伊德这部作品中的问题所在：这部以声音现象学为题目的书实际上并不完全是现象学式的著作，现象学成为蛇足。"除了现象学家过多的模糊的术语之外，很难察觉出伊德的声音现象学观点与关于声音体现的多种相近的诗学式的描述之间的区别。"② 最后作者还对于这部书给出这样的评价："对于体验的敏感不会自动以聆听哲学或者理论知识这样的方式带来对于体验的全新理解。"③

　　霍尔德教授的评价应该说是非常尖锐的。这也让我们对伊德早期思想有了更多的了解。他从未跟随着任何的现象学家研习过现象学的著作，也未专门写过任何的现象学的研究论文。所以他对现象学可能是一知半解的，正如霍尔德所描述的"免费赠送"。这一说法让我们想起了中国的成语——画蛇添足。本来伊德对声音与听觉加以关注这非常好，但是不知道为什么要将现象学的一些术语加入进来。所以从这个评价看，伊德根本无法理解纯粹现象学，他只是在外部观看现象学。

　　（二）作品中的声音现象

　　对于作品中的声音现象，伊德主要描述的是客观声音现象，比如音乐。但是由于忽略了演唱，所以也受到了霍尔德的批评。"这个疏忽是令人可惜的，实际上是令人失望、非常大的。因为歌唱家对声音尤其是自己声音的理解清楚地显示了在高度发达的听觉敏感性与听觉现象的理论知识之间的差距。"④ 当然这一点并不重要，因为作为哲学家不可能对所有的与声音有关的现象加以描述，这与他选择对象的语境有关系，而且只要能够从有限的现象当中看到根本的东西就足够了。所以霍尔德的这个批评并不完全成立，也不能够算是伊德哲学中的缺陷所在。我们这里所能够确定的是他将客观声音现象作为研究对象确立起来，并且从此开始了自己的声

---

① V. A. Howard, "Listening and Voice, A Phenomenology of Sound by Don Ihde", *Journal of Aesthetic Education*, Vol. 12, 1978, p. 109.

② Ibid., p. 110.

③ Ibid..

④ Ibid..

音现象学的研究。

　　但是有一点需要注意的是，《含义与意义》中的声音现象只是从简单的听音乐这样一个例子中引发出来的，这种引发并没有什么内在的必然性。但是在《聆听与声音：声音现象学》这部系统化著作中，声音现象得到了系统的阐述。这部著作有许多值得关注的地方。

　　1. 声音现象不再是孤立的现象，而是上升到与人的关联中加以把握。在《聆听与声音：声音现象学》中，声音被提升到了关乎人之存在的地位。这是以前研究所没有出现过的。"人之始位于词语中，词语的核心位于呼吸和声音，位于聆听和言说中。在古代神话中，指向灵魂的词语经常联系着指向呼吸的词语。在圣经的创始神话中，上帝将生命吹入亚当，那个呼吸就是生命和词语。"① 此外，人的想法和观念也因此而发生了变化。"世界忽然变得吵闹起来，我们能听得更远，甚至声音在技术文化中更要求具有说服性。与电子工具一起我们的聆听体验被改变。包括在这种改变中我们有关于世界和我们自身的想法也改变了。"②

　　2. 声音受到关注有其必然的学科基础，如哲学、科学技术等。在伊德看来，声音现象在电子学发展中呈现出来。这一点是没有问题的。在哲学中，哲学家开始关注作为声音形式出现的词语，开始聆听作为意义形式的声音。这些都是在语言的名义下被展开的。在对科学基础的挖掘中，我们发现了这样一个有意思的现象：1976 年的这部著作所显示的意义只有再后来才被意识到，也就是我们在 2010 年作者从教 50 周年的一次演讲上注意到这一点。那么这其中的意义是什么呢？在这里隐含着一个非常重要的线索：作者开始将声音现象得以显现出来的技术背景给予详尽描述。

　　3. 声音的呈现是在电子学发展过程中呈现出来的。伊德试图给我们展现出声音现象受到关注的技术史根据，光学到一定阶段出现电子学，而从知觉发展角度看，视觉先于听觉被关注到。"当前对声音和聆听现象的兴趣还有第三个源头：包含着一个复杂和精深的体验转换，就像我们聆听的能力被技术文化所改变。它的根源位于电子通信革命的诞生。通过这场革命我们要比任何前代人进一步学会聆听。电话、收音机和射电望远镜都前所未有的扩展了我们的听力。它也从技术上制造了极具说服力的声音，

---

　　① Don Ihde, *Listening and Voice*, Athens：Ohio Unversity Press, 1976, p. 3.
　　② Ibid. , p. 5.

如来自卧室音响的甲壳虫和贝多芬。"① 伊德花了很大的笔墨阐述电子技术如何将听觉现象呈现出来。"电子通信革命使得我们意识到曾经的寂静领地实际上也是声音和噪声的领地。通过电子放大器，通过声音的延伸大洋回响起鲸鱼的歌声和虾米撞击的声音。远处的星星在射电天文学的静电中发出啪啪的声音。在我们都市环境中噪声污染威胁着心灵的宁静，这已经成为我们所渴望的东西了。"② 这段分析实际上指出了工具的一个非常重要的特性，即将超出知觉之外的东西加以知觉化。这一观点在后来的《技术与实践》中也体现了出来。"在使用中，工具具有将先前未被察觉的甚至不可见的东西带入在场的现象学能力，准确地说，是在这样的区分中完成的：它改变了现象学可能呈现的方式。"③

4. 声音的呈现是对视觉主义世界观的反思。"视觉的扩展不但改变而且简化了人类对先前发现领域的体验。因为通过新工具开始揭开的世界图景本质上是一个寂静的世界。星星的宏观宇宙探索和昆虫甚至细胞的微观噪声的探索仍然没有到达人们的耳朵。如果我们今天知道这种寂静不是扩展的一部分而是先前科学的简化了的世界，这部分是由于通过电子工具另一种具身方法后来的发展。我们先前看到的就是后来被给予的声音。"④ 光学所呈现的是以视觉为主的世界观，也就是视觉主义，是统治我们体验理解的主导思维方式。"这一沉思中光学和电子学的鸿沟中，世界的意义开始从寂静的伽利略和牛顿宇宙向今天嘈杂的、要求高的宇宙转变。但是通过反思这种声音的入侵也许揭示先前思维方式的某些方面。一种看的思维方式，一种世界观。我们已经发现了潜在的、预设的、统治性的关于我们体验理解的视觉主义。"⑤ 而听觉被呈现出来意味着到了反思视觉主义的时刻。作者在此处对哲学史上的视觉主义发展进行了梳理，这一梳理从古希腊一直梳理到洛克等近代哲学家这里。这一观点后来详尽地体现在《扩展的解释学：科学中的视觉主义》（1998）中。当然在处理视觉主义和听觉现象的问题上，他还是比较客观的。用作者自己的话来说，"它的最终目标不是用听觉替代视觉。它更深远的目标是从当前被认为是理所当

---

① Don Ihde, *Listening and Voice*, Athens：Ohio Unversity Press, 1976, p. 4.

② Ibid., p. 5.

③ Don Ihde, *Technology and Praxis*, Dordrech：D. Reidel Pub. Co., 1979, p. 49.

④ Don Ihde, *Listening and Voice*, Athens：Ohio Unversity Press, 1976, p. 6.

⑤ Ibid., p. 6.

然的关于视觉与体验的信仰中一步一步向体验理解的完全不同方式的转变，其根源体现在听觉体验的现象学中"①。

5. 科学在工具中呈现自身，在工具的使用中呈现自身。"对于思想性的听者的特殊兴趣是工具产生先前不可能获得的聆听的方式，尤其是电子领域的那些技术。如果有人想戏剧性地转到工具地位的沉思性考虑上，其中工具是作为具身化体验的方式，这与现代科学的兴起有关，与现实自身的假设有关。"② 这一观点在技科学的研究中也多次被提及，所以我们看到这一观点所具有的重要意义。这一观点后来在《工具实在论：科学哲学与技术哲学的界面》（1991）中被加以详细论述。

6. 工具是具身化体验的方式。"当前科学作为在工具和通过工具具身化而被体验到。工具是扩展和改变着工具使用者知觉的'身体'。这一现象可能要区别于通常所考虑的科学的逻辑，作为数学中体现出来的内在科学的语言，它可能通过技术世界、他者和自我的体验而被注意到。"③ 人类体验在表达过程中工具是重要的形式之一。伊德所提到的这一点是非常重要的，但是需要加以提升。人类体验需要具身化，在这一过程中技术实现成为重要的形式之一，伊德只是从工具化层面注意到了这一点。但实际上其意义还没有被充分挖掘出来。

（三）研究的路径

在这部作品开头伊德就对研究的路径做了介绍。"我将以胡塞尔式的第一现象学开始追问聆听和声音现象，然后通过近似法朝着更有生存论味道的哲学前进。"④ 这个路径初看起来非常清楚，但是却是很难执行的。其原因主要是：胡塞尔哲学与海德格尔哲学之间存在着本质上的差异，在声音现象上，处理方式是完全不同的。胡塞尔更多是从时间意识、听觉体验等角度去处理声音现象；而海德格尔则完全不同，首先听觉现象并不会作为孤零零的此在哲学的问题确立起来，即便是确立起来，那种生存论式的分析更多的是与天地神人的呈现相关。所以这种路径能够成立的可能性是值得检验的。那么他是如何展开胡塞尔式的第一现象学的分析？这一展开是否成功？事实上，胡塞尔本人并没有直接对听觉行为做出分析，他主

---

① Don Ihde, *Listening and Voice*, Athens: Ohio Unversity Press, 1976, p. 15.

② Ibid. , p. 5.

③ Ibid. .

④ Ibid. , p. 20.

要集中在视觉行为的分析上。所以,我们只能根据胡塞尔可能采取的做法来作出推测。我们从他的时间现象的分析中可以感受到这样一条路径:他从客观时间现象入手,然后过渡到主观时间意识,最后抵达先验时间意识本身,并对时间意识的三重结构给予揭示。通过相关的意向分析他向我们展示了时间所表现出来的三个客观现象:过去、当下和未来,向我们展示了这三个对象所构成的意向本质:构成过去现象的"滞留"(Retention)行为、构成当下现象的原印象(impression)、构成未来现象的前摄(Protention)。如此,我们可以推断出伊德要按照胡塞尔式的现象学进入声音现象学分析,必须沿着这样一条路径展开:就声音现象分析而言,从客观声音现象深入主观声音现象,然后再进入声音现象的意向分析中,展示出"听者—听觉行动—听觉对象"这样一个现象学式的结构。而这一分析必须将声音内在的时间意识维度加入进来,只有这样才能是对声音的现象学分析。那么他是否遵循着胡塞尔的追问方式呢?

实际上他的分析并不是从意向结构角度进行的,换句话说,他的分析并非是意向分析。他首先对比了听觉和视觉,并挖掘了二者的重合领域。他用了一张图描述这个重合,如图2—1所示。

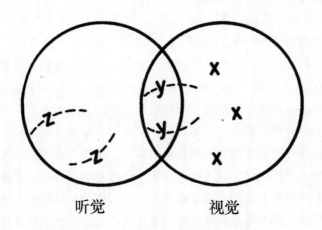

听觉　　　　　视觉

图2—1　听觉与视觉领域的重合情况①

"然而,因为那些对象位于寂静之中,所以无声对象领域(X)对于听

① Don Ihde, *Listening and Voice*, Athens: Ohio Unversity Press, 1976, p.54.

觉体验来说是封闭的，因此在听觉体验领域内不可见的声音（－－Z－－）对耳朵是存在的，但是对眼睛来说是不存在的。有一些是综合性的存在（－－Y－－）或者同属于两个感觉或者领域的存在。"① 所以我们可以看到，伊德只是分析了视觉领域和听觉领域之间的关系，但是他并没有深入视觉意向行为与听觉意向行为的内部结构。这是他没有延续胡塞尔分析的最直接的表现。此外，他与胡塞尔的断裂又由于另外一个问题的引入而更加明显。这一问题就是如何呈现不可见的声音？"首先可以创造一些解释学的装置，这些装置可以延续这一领域的逼近性，在功能上使得不可见的东西可见。这是一个在声音科学中经常发现的应用形而上学的秘密。它的波特性能够通过工具翻译成多种视觉形式，这些工具是科学扩展了的具身化显现。声音模式可以用示波器翻译成视觉模式。声音的回响可以用摩尔条纹勾勒出来；甚至在实际应用中的回声定位显示在雷达屏幕上的某些东西：将不可见的东西翻译或者制造成可见的东西是理解声音物理学的标准路线。"② 所以到这里，我们发现伊德之所以将声音现象与视觉现象加以比较并寻求交叉重叠的区域其目的主要是为声音的显现提供视觉根据，"声音经常被看做最终视觉实行的预先线索"③。而要做到这一点必须求助于科学工具。他对工具的强调再一次让我们确信，他思想转折发生的必然性，朝向科学、朝向工具的未来转向。如此，从这里理解这一点就不是非常的困难了。

　　他的确也提到了一些生活世界中的客观声音现象，如吸尘器的声音、建筑工人敲击的声音、户外叶子唰唰的响声、路灯发出的嗡嗡声和加热系统发出的轰轰声音等。他甚至将这些客观的声音现象与时间联系在一起。"但是我也许过于轻易地、快速地得出结论，听觉世界是一个流变的世界，主要是时间性的。我闭上眼睛就会注意到声音一个接一个，单个声音存在一定时间然而消失，那个时间冲击明显存在的领域存在着断裂。与听觉体验相连的时间性的亲密关系形成了关心声音的核心传统，可能能够在例如齐克果、胡塞尔、斯特劳斯等人的观点中看到。"④

　　如果他能够沿着这条线索下去，应该说他对声音的现象还是属于现象

---

①　Don Ihde, *Listening and Voice*, Athens: Ohio Unversity Press, 1976, p. 54.

②　Ibid., p. 55.

③　Ibid..

④　Ibid., p. 56.

学式的分析，但是他又如何展开他的这条线索呢？他的确对这几位哲学家的相关思想进行了综述，但更多的是给人蜻蜓点水的感觉。他折回到听音乐这个容易理解的例子上，并且尝试着用意向分析来阐述听音乐中的现象学因素。但是对他而言，更多的是阐述了声音与空间、时间的关系。比如就声音与空间的关系而言，"就听音乐而言，音乐的充实的意向对象的存在与开放的本质的聆听行为关联在一起。……这些扩展和开放完全是空间—时间性的。但是这种空间性是薄的我无法招待他们的界限。尽管我沉浸在声音的空间中，我无法找到空间性的边界。水平线的空间意义是模糊的"①。就声音与时间的关系而言，"在这儿我们到达了更加清晰的以视域为特征的限制意义，但是就听觉领域而言，视域最引人注目地以时间性呈现。声音显现了时间"②。

尽管他恰当地描述了声音与时间和空间的关系，却没有进入现象学分析的语境中，没有为我们阐述如何从声音体验中窥探到时间意识的意向结构及其构成。所以从这一点看，多少有些令人失望。

他为什么会抛弃胡塞尔的分析？他也给出了解释。"随着视域现象作为限制的成立，我们到达了作为经验性存在哲学的现象学的限制，到达了第一哲学胡塞尔名义下的现象学的限制，还有到达了海德格尔名义下的朝向第二现象学运动的出发点。"③ 在接下来的分析上，后期海德格尔的思想起到了关键作用。"后期海德格尔的品质开始处理视域问题。但是这也是在海德格尔名义下的第二现象学被误解的命运，因为他接近诗学，最先以描述为特征，这些限制性的描述阻碍了现象学开始被看做细致地描述。"④

"海德格尔，已经从由胡塞尔奠定的第一现象学中习得了教训，从一开始就给予他的悬置维度以历史—时间的维度，这成为悬置构成的解构。在《存在与时间》中，悬置的历史维度呼唤本体论历史的解构。尽管《存在与时间》的后面部分不是那个项目的特定的完整扩展，但是解构继续在作品和后期海德格尔思想中起着越来越典型的作用。"⑤

---

① Don Ihde, *Listening and Voice*, Athens: Ohio Unversity Press, 1976, p. 102.
② Ibid., p. 103.
③ Ibid., p. 104.
④ Ibid..
⑤ Ibid., p. 105.

在海德格尔那里，他所获得的是声音呈现的视域。"从听觉上看，这是一个聆听包围在声音周围的寂静。'寂静是流逝的时间的声音'。"①

即便如此，他并没有保持着这种分析，而是很快从"寂静"中脱离出来，走向了声音呈现的技术环境。

所以从总体上看，前两个部分主要是研究方法和路径奠基的过程。从第三部分（第九章）才开始了对声音现象的研究。"声音与聆听现象学的首次运动才迈出了第一步，这被看做听觉领域预研究的一部分。"② 他极力突出这样一个观点，聆听的优先性。"物、他者和上帝，每一个都有我们可能听到的声音，在听觉体验内存在着聆听的优先性。"③

在这部著作中，还延续了《含义与意义》一书中的若干问题，如听觉式想象、内在声音。其中内在声音就是主观意义上的声音现象。它不同于口语声音的模式，更多的是一种想象模式。"我的内在声音不会入侵所看到的东西，所看到的客观性部分位于由持续性体验有意义的成就所认同的允许中。"④

伊德对声音的研究也考虑到了语言。这一点是必须加以注意的。他对语言和声音做出了区分。他从声音扩展的角度提到了语言，并且让我们不要误解成：声音的扩展就是语言的扩展。"但是，如果语言的理念无限制特点的扩展也会存在误解。这样的扩展不但冒着使得一切成为语言的危险，而且他还将自身置于完全否认语言哲学、心灵哲学，有时候能够不为人知地分享聆听和声音哲学的关心点的关系。"⑤ "语言学的语言是作为文字的语言，它是中心但不是广义语言的全部。"⑥

他在"作为文字的语言"和"作为意义的语言"之间做出划分。在他看来，现象学的语言分析是关乎到意向行为的。"从现象学中，从外部看意义单元是经验性的，而不是仅仅语言学的。为了说，为了理解，为了知觉的是意义行为。同样所听到的、所理解的和所知觉的，在人类领域中，被当做与意义一起孕育而生的东西。"⑦

① Don Ihde, *Listening and Voice*, Athens：Ohio Unversity Press, 1976, p. 113.
② Ibid. , p. 117.
③ Ibid. , p. 118.
④ Ibid. , p. 146.
⑤ Ibid. , p. 149.
⑥ Ibid. .
⑦ Ibid. , p. 150.

　　所以，通过三部作品的梳理，我们基本上可以确定：伊德早期"做"现象学的时候，其主要对象是声音、听觉这一现象。听觉是属于知觉的，与视觉和触觉共属一体。但是听觉的涌现并非是鼓励的事件，而是反思视觉主义哲学的必然结果，也是科学技术史演化的必然结果。他尤其凸显出了声音与科学之间的某种关联。在对待听觉的方法上，他采取了现象学的方法，但是更多的是对胡塞尔的抛弃和对海德格尔方法的采取。他并没有对听觉行为和声音对象之间的意向构成关系进行阐述，而是更多借助海德格尔的"让事物自身显现"这一现象学原则。尽管我们也看到他在使用着现象学还原、想象变更、悬置等胡塞尔式的方法概念，但是相比之下，"让事物自身显现"这一方法论原则的影响更为深远。近 40 年后，胡塞尔式的概念早已找寻不到，但是海德格尔式的原则却深深地影响着伊德的学术发展。除了这一点之外，伊德对声音的分析还蕴涵了科学技术（工具）、身体的萌芽，这一点在 20 年之后明显表现了出来。所以，从某种意义上来说，《聆听与声音：声音现象学》应该成为我们加以注意的作品，毕竟用伊德本人的话说，1976 年是一个标志着分水岭的时间，很显然，这一年出版的作品就成为分水岭的著作，尽管他本人没有明确地这样说。

　　当然还有一个遗留的问题需要面对，同样是面对声音现象，德里达与伊德为什么走出截然不同的两条路来？德里达在《声音与符号》中通过声音现象进入纯粹现象学研究中，但是伊德却通过《聆听与声音：声音现象学》远离了纯粹现象学，为什么会有这样一种差异？我们所能尝试的一种解释是：伊德开始远离胡塞尔的意向分析方法，转入海德格尔生存论分析本身就是一条绝路，一条注定走不通的路，所以最终的命运是方法论上无法寻求到突破的时候，只能从经验上寻找；而更为便利的是，呈现声音的除了寂静场域之外，更为重要的还有一样是不容忽视的，即在将不可见的对象呈现出来的时候，工具起到了极其重要的作用。可以说，伊德的整个对声音现象的分析完全是作为客观声音现象。而与伊德不同的是德里达所分析的声音现象是符号之下的一个问题。声音现象是符号的能指，一种中介性的存在现象，而非通常意义上的客观现象。如果对这一现象中的翻译问题做分析就会发现二者之间存在着完全的不同：对德里达而言，声音相当于言语，而这是符号学中的重要概念。① 此外，声音更多的是和能指相关。所以，到后来，德里达将符号的能指/所指之间的二元区分加以消解，并由此产生了他的解构主义方法。

第二节　技术与新技术②：后现象学研究的焦点

从《聆听与声音：声音现象学》中，我们看到伊德将声音现象当作他的分析对象，而他对声音现象显现的分析让科学技术作为视域而呈现。但是为什么这一最初表现为视域的东西最终又演变为伊德所关注的对象呢？除了上述的原因之外，我们还需要注意伊德自身的成长经历：他深受家庭环境的影响，周围都是技术专家，父母弥留之际他必须面对技术和伦理做出抉择：是用技术延续父母生命，但是前提是继续让父母遭受病痛折磨；还是让父母按照自己的选择在宁静中进入天堂？这些都影响到了伊德本人思想的转变。当然，我们接下来的分析要结合文本来阐述。伊德曾经在《技术与生活世界：从花园到地球》中阐述技术为什么会成为问题的时候，从"花园"③ 比喻入手，然后阐述了技术何以成为人不可或缺的特

---

① 德里达的这一著作是对胡塞尔的符号理论加以批判反思的，如果结合符号学就会清楚其中所涉及的问题是能指与所指的问题。德里达的这部著作出版于 1967 年，随后被翻译成英文。从英文版本变迁就能够看到一些问题。比如 1973 年德里达的著作被翻译为 *Speech and Phenomena*：*And Other Essays on Husserl's Theory of Signs*，Evanston：Northwestern University Press，1973，译者是 David B. Allison；2010 年则被翻译为 *Voice and Phenomenon*：*Introduction to the Problem of the Sign in Husserl's Phenomenology*，Evanston：Northwestern University Press，2010，译者是 Leonard Lawlor。两个不同版本反映了在用词上的稍微不同。国内译本较多采用"声音与现象"来翻译德里达的这部著作，见杜小真译本，商务印书馆 1999 年出版。这一翻译相同于 2010 年的英文版本。1998 年中国台湾的刘北城等人的译本采用了"言语与现象"（ 桂冠图书股份有限公司，1998 ）的译法。从问题的理解上笔者更加赞成"声音与现象"的译法。

② 伊德在《技术与生活世界：从花园到地球》一书序言中描述过自己关心技术问题的来龙去脉，甚至将这一历史追溯到儿童时候的经历。正如他所说，在孩提时代他生活在农场，他的父亲、叔辈以及邻居都是一定的技术专家。"每个人已经发明或者梦想着发明东西（Px）。"孩提时代的生活经历对他影响很深。在他后来大学时代还有在 MIT 工作期间，都生活在技术精英的环境中。1975 年，他发表了第一部相关作品《人—机关系的现象学》（*Phenomenology of Man-Machine Relations*），这篇文章最早提出了"人—技术关系"这一术语。1979 年，他出版的《技术与实践》是这一兴趣的继续表现。后来这一术语是他的学术生涯中起着关键性的线索，正如我们后来所看到的，在《技术与实践》（1979）、《技术与生活世界：从花园到地球》（1990）、《扩展的解释学：科学中的视觉主义》（1998）和《海德格尔的技术：后现象学视角》（2010）中，这一问题依然贯穿始终。

③ 花园，是伊德的一个比喻用法，相当于"无技术的世界"，与技术世界相对应。

质。这一比喻为我们理解他这一转变奠定了基础。"与无技术的花园相反，从无记忆时代到跨越多种文化的人类活动技术总是嵌入其中。"① "返回到这样一个花园既是不希望的也是不可能的。"②

一　技术—工具：作为声音自身显现视域的存在

在上面的分析中，我们已经展示出伊德的一个重要思想背景：声音作为哲学对象成立主要取决于两点：其一是对视觉主义反思的结果；其二就是科学技术史自身的发展的必然结果——光学退场，电子学开始进入历史的舞台。第二个思想背景的揭示让我们感到伊德通过声音所看到的不在场的东西是以电子学为代表的包括通信技术、计算机等在内的所有技术形式。除了这一点之外，还有一个重要的方面就是声音自身显现的需要。在伊德看来，声音对眼睛来说是不可见的，不仅如此，有些声音对于感觉器官来说都是不可见的。如果让其自身显现，就必须通过科学工具来实现。这是一个很重要的思想。③ 所以这些是伊德早期思想中所表现出来的科学技术的情况：是作为声音呈现自身的视域而存在的东西。

技术—声音的关系并非因果关系，没有技术依然有声音，这一点是非常自明的；它们也并非并列关系，技术与声音是并列存在的经验物。在伊德这里，技术—声音的关系首先是视域与对象的关系，"视域"如同背景一样让对象呈现出来，但又具有自身的特征，对象在视域中构成自身并呈现出来。伊德所给予我们呈现的声音与科学技术之间的关系就是视域及其对象的关系。但是在分析过程中他却出现了矛盾之处，当他从视觉主义立场出发，指出声音也需要以视觉化的方式呈现出来的时候，这一观点产生出两个辩证式的结果：其一是在一定程度上损害了视域与对象之间关系的一致性。因为根据伊德，要实现不可见声音的可见化需要技术出场，去完成不可见声音的可见化的技术实现。如此，声音与技术之间的关系似乎演变成事物与中介的关系，声音需要技术加以实现可见化，没有了技术，声音依然保持着自身的不可见状态；其二是一种积极化的东西，就是指出技

---

① Don Ihde, *Technology and the Lifeworld: From Garden to Earth*, Bloomington: Indiana University Press, 1990, p. 20.

② Ibid..

③ 受伊德这一思想的影响，Judy Lochhead 对音乐对象的视觉化问题做了探讨。在这一探讨中主要是让音乐对象（不可见）变成视觉上可把握的对象。

术是人类意向的实现形式，这完全不同于自然实现方式。[①] 但是在伊德这里声音并非声音体验，而只是客观的声音现象。所以当他指出声音的可见化的时候，更多的是关心比如微观世界如细胞的运动的声音如何被我们听到，遥远世界的声音如星星发出的啪啪声等如何为我们耳朵听到，通过仪器这些为我们耳朵所无法听到的声音为我们所听到，还有如何通过科学仪器将把握到声音以图像形式呈现，如雷达显现出遥远飞机的运动。这只是客观的声音现象，而不是听觉体验。当然我们无法苛求伊德也注意到这一点。但是我们可以从他对声音与技术关系的阐释中把握到这样一个给予我们启发的地方：技术能够让我们以感知的形式把握到超越感知的对象。但是从刚才的分析中我们发现他所带来的一种辩证式的结果。此外，更为重要的问题是：技术与科学如何又进一步从视域演化为对象呢？这一步演化已经超越了 70 年代作品所内含的东西了。《技术与实践——技术哲学》（1979）是伊德第一本从事技术研究的著作。这部著作主要聚焦在"科学的技术具身，它的工具性"[②]。这一时期他的兴趣也主要是探索技术对科学的意义。我们需要从别的地方找寻到这种演变的痕迹。他在《工具实在论：科学哲学与技术哲学的界面》（1991）中给我们提供了一点线索："有一些开端：技术史与技术哲学的主要期刊《技术与文化》在 1966 年左右提交了'朝向技术哲学'的问题讨论。当时的贡献者主要有：詹姆斯·菲伯曼（James Feibelman）、邦格（Mario Bunge）、约瑟夫·阿盖兹（Joseph Aggasi），还有哲学与技术协会的期刊《哲学与技术研究》，其主要工作是保罗·杜比（Paul Durbin）所做。后来，是弗里德里希·费瑞（Frederick Ferre）掌管着。"[③] 这让我们基本上确认了伊德思想演变的线

---

① 事实上，研究伊德的这一理解是否是现象学式的这一问题存在一定难度。按照伊德的论述，通过工具我们听到耳朵所听不到的微观世界的声音，这也是一个现象呈现自身的过程，而且是借助工具来呈现自身的过程。但是这与传统现象学的侧显原则是有很大不同的。因为在伊德所描述的情况中，声音现象是客观的现象，在呈现给知觉的过程中，也会以符合侧显原则的方式呈现自身，这一呈现如果加入技术因素的话就是伊德所谈及的这一方面：如助听器将不可听的声音呈现为可听的，能够将一般情况下耳朵听不到的声音呈现出来，在这一过程中工具起到了极大作用。在传统现象学中，侧显原则所提倡的是意识体验的连续性，某一特定对象呈现自身的过程中，不同侧面在呈现过程中也有着从不在场到在场的过程，但是这一过程的转变是意识变更的结果，是对象呈现自身的必然过程。

② Don Ihde, *Instrumental Realism: The Interface Between Philosophy of Science and Philosophy of Technology*, Bloomington: Indiana University Press, 1991, p. xi.

③ Ibid., p. 4.

索：当他在研究声音现象的时候，已经开始走到了工具这里，再加上当时的技术哲学问题讨论的大背景，他转向科学—技术的关系及其他问题就显得自然而然了。

二 科学—工具：作为人与世界中介的存在[①]

当我们指出在伊德关于对声音与技术的分析中所存在的内在分歧时，已经意识到这种分歧对于他来说是好事，是他所实行的可能性理解的具体体现。从"现象—媒介"这个层面看，声音借助工具得以体现出来充分显示了科学具有的一种能力：将不可见的对象呈现为可见的对象。将不可见的东西给予呈现，这就是科学，而科学更多地表现为工具。"当前科学作为工具和通过工具具身化而被体验到。工具是扩展和改变着工具使用者知觉的身体。这一现象可能要区别于通常所考虑的科学的逻辑，作为数学中体现出来的内在科学的语言，它可能通过技术世界、他者和自我的体验而被注意到。"[②] 于是，我们逐渐就理解了这里所蕴涵着的一个问题就成为引导伊德思想发生转变的分水岭了：如何理解科学？[③] 那么在这样一个十字路口，它走向何方？

如果结合 20 世纪 70 年代左右的科学哲学整体状况就可以更深地了解伊德学术思想的后来走向。这一时期，在美国，库恩的出现让美国学者对科学的理解开始极力挣脱逻辑实证主义的束缚而进入历史主义时期；在法国，拉图尔等人开始从社会学角度揭示出科学实践性尤其是工具性的一面；在英国，布鲁尔等人开始构建科学理解的强纲领。这些是国际学术界在理解科学的时候出现的新迹象。于是，伊德的思想发展在这里与他们相遇，从而阐述科学—工具与人的关系就自然而然成为一个重合点了，再加

---

① 伊德在阐述"技术是中介"这一概念的时候，曾经提到狐狸与葡萄的故事并与人做出对比分析。他指出，狐狸因为够不到葡萄然后得出一个结论，葡萄是酸的；但是人不一样，开始够不着，但是后来捡到树枝把葡萄打下来，然后发现葡萄不一定是酸的这一结论。二者的区别就是工具的使用。这一阐述非常奇怪，因为和我们通常对这一寓言内涵理解不一样。如果这样说，乌鸦喝水的故事中，乌鸦所使用的是石头，它会利用石头喝到了水，那么在这个故事中，人与动物如何区别开呢？所以如何论证利用工具是人类的本质规定是一个重要的哲学问题。

② Don Ihde, *Listening and Voice*, Athens: Ohio Unversity Press, 1976, p. 5.

③ 伊德将科学放置在两个基础框架内：其一是工具框架，科学只有通过工具来获得理解，获得自身本体论的论证；其二是文化框架，只有把科学放入多维的世界文化语境中才能够有效理解科学。

上受到胡塞尔意向关系、海德格尔生存论和利科尔解释学关系的影响，其重点就表现在阐述人—技术的关系[①]上。于是就出现了国内学术界非常关注的人—技术的意向关系的论述。那么这一过程是如何实现的呢？

我们前面已经指出，在对声音现象的阐述中，伊德主要是从胡塞尔的意向关系说入手的。在《聆听与声音：声音现象学》一书的第三章"第一现象学"中伊德重点交代了这一点。他对胡塞尔的体验关系的分析后来成为他分析技术问题的原型。"在意向性概念之下体验领域成为普遍的……所有的体验都是关于_____的体验。可以往空白处填任何东西。这种体验形式的名字就是意向性。但是作为关联的解释学规则，在现象学中意向性可能会通过给予现象学理解自身的一种形式、一种模式或者范式，这可能被看做功能。胡塞尔概括了体验解构特征的方式存在。它们是自我—我思—我思物、体验某物的自我。在后期现象学这个概念开始清除笛卡尔的陈词滥调进入在世存在。"[②]在伊德看来，胡塞尔的解释过于复杂，必须加以简化。他指出如下简化形式。

我将使用在世存在这一后期术语的修改形式，如图2—2所示：[③]

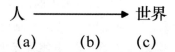

图2—2　胡塞尔式的人与世界意向关系

对于图2—2，伊德给出了如下解释："在这张代表现象学关联的图表中，（b）代表位于（a）人类体验者和（c）体验环境之间关系的恒定规则。关联（b）将意向性符号化为朝向世界（c）的第一个方向（箭头所指方向），世界可能或者被看做对象或者是周围世界的整体。在严格意义

①　在整个人—技术关系的阐述上，伊德的思想路径非常有意思，这一点很少为学者过多注意。伊德通过两个具有相对性的学科类别进行阐述，一个是爱因斯坦的相对论，另外一个是生态学。通过类别提出了一个有意思的结论，"现象学是一种哲学生态学"（见《技术与生活世界：从花园到地球》，第25页），其目的是提出关系（我—世界）语境的相对性。这也就是后来他体现出来的四重关系说，四重关系充分表明了这种人—技术的关系本质并非是恒定的，而是相对的。

②　Don Ihde, *Listening and Voice*, Athens：Ohio Unversity Press, 1976, p. 35.

③　Ibid., p. 36.

上，尽管（c），就像最先描述的意向关联以及最先在体验中出现的意向关联，它不是与面对体验者的反思关联物相分离的体验。相反也是正确的。而且，经验性关系（b）的变式和类型来自起始函数和复数，因为它包括所有的可能性体验而不仅仅是认知或判断的体验。"①

他对这一简化形式做出了批判。"大多数后胡塞尔现象学家反对这种解释。如果仔细理解这一图式会发现它是求助于无外部关联的先验自我的解释。"② 随后他添加了返回箭头，并重新梳理了其中的关系从而克服了先验自我论的问题。

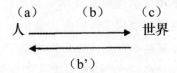

图2—3　伊德式的人与世界关系

"通过这个，如果（a）主体，在（b）中是原初关联的，紧密与（c）周围世界保持关联，（b'）是反思性的回归或者远离，这是我在关联更大语境内所做的反思。反思（b'）是作为原初体验的自我意识（b）的特殊模式……反思是体验的体验。"③ 伊德将反思性体验看做完全不同于胡塞尔式的反思体验过程，因为它根植于必要的语言传统。尽管后来伊德转入对视觉的分析中，这为他后来的听觉分析奠定基础。

在胡塞尔意向结构的影响之下，他逐渐转变了自身的兴趣，这主要表现在如《技术与实践》（1979）、《技术与生活世界：从花园到地球》（1990）④、《工具实在论：科学哲学与技术哲学的界面》（1991）和《技术哲学导论》（1993）等多部著作中。在《技术与实践》中，他描述了自己对技术产生兴趣的缘由。"我对技术的兴趣实际上可以追溯到60年代大学时期，这时候我在曼彻斯特技术研究所，然后在南伊利诺伊卡本代尔大学。那个时候我对劳动与休闲、人工智能、计算机的影响和其中技术起

① Don Ihde, *Listening and Voice*, Athens: Ohio Unversity Press, 1976, p. 36.
② Ibid..
③ Ibid., p. 37.
④ 在该书第五章"项目1：技艺解释学"中他系统阐述了四种关系的理论。

着巨大作用的当代神话学的地位充满兴趣。"① 尤其是在《技术与生活世界：从花园到地球》这部著作中，他极力突出一个观点：没有技术的生活世界最多是一个想象的东西。"人可能无技术地生存吗？很显然，在任何经验的或者历史的意义上，他们实际上都不可能。"② 通过上述两部著作，伊德完成了关于人—技术的意向关系问题的分析，并形成了四种关系类型说。

1. （人—技术）→世界，对应于具身关系，如牙针、眼镜、助力器、助听器；③

2. 人→（技术—世界），对应于解释学关系，如地图、雷达图形等；

3. 人—技术—技术世界，对应于背景关系，我们所处技术环境；④

4. 他者关系，如机器人、机械战警。

这四种类型——具身关系、解释学关系、他者关系和背景关系基本上都是在上述人与世界意向性反思基础上做出的，从其本质上看，是技术嵌入人—世界意向结构中而产生的多种变更形式，从现象学上看，就是想象变更的经验化表现。⑤

但是在四种关系的解释上，相关研究却存在着以下几点不足。

1. 偏重意义、结构阐述和补充，缺乏对四种关系历史演变的描述。大部分学者重点放在对于四种关系的意义阐述上；只有个别学者如维贝克则在其基础上加以充实，增加了两种变更形式，形成六种关系说；还有一部分学者偏重结合新技术形式，如图像技术、数据技术等来支撑四种关系论点。事实上，如果稍微关注一下四种关系的历史演变就会发现：1975年，伊德第一次通过人—机器来论述人—技术四种关系⑥，后来相关论述

---

① Don Ihde, *Technology and Praxis*, Dordrech：D. Reidel Pub. Co. , 1979, p. ix.

② Don Ihde, *Technology and the Lifeworld* ：*From Garden to Earth*, Bloomington：Indiana University Press, 1990, p. 11.

③ 具身关系是通过技术所获得的体验。伊德在论述具身关系的时候非常强调 through 这个过程，另外他认为这一体验的结构是"简化—放大"的特点，即原始知觉体验被简化或者被放大。比如在手摸黑板的时候，"我"会感觉到黑板的坚硬、冰凉、粗糙；但是当"我"用粉笔感知黑板的时候，只是感觉到坚硬、粗糙，而冰凉的体验就被简化掉。

④ 法国哲学家艾吕尔使用了一个词 technopolis，就是描述了技术世界的未来样式。

⑤ 墨西哥学者 Jorge Linares（2012）对四重关系做出了自己的阐述（http：//prezi. com/jh-bbtdc5jl8h/copy-of-copy-of-human-technology-relations-don-ihde/）。

⑥ Don Ihd, "The Experience of Technology：Human-Machine Relations", *Cultural Hermeneutics*, Vol. 2, 1974, pp. 267 – 279.

文章收录到 1979 年的《技术与实践》中，后来 1990 年伊德在《技术与
生活世界：从花园到地球》中进行了更为充实的论证。1975 年的文章和
1979 年的论著，伊德只是明确提出了三种关系（具身关系、诠释关系、
背景关系）的论述，并没有提出"他者关系"的说法，而且他者关系与
解释学关系混淆在一起。①

2. 因此与上述相关，就出现了争议：或者称为三种关系说②或者四种
关系说③。三种关系与四种关系的差异在于关系层次不同：三种关系说将
体现（具身）关系和解释学关系放在中介关系之下，而中介关系与他者
关系、背景关系并列；四种关系则消解了这种区分，直接就采取了并列关
系，即具身关系、解释学关系、他者关系和背景关系是同一序列的关系。
这成为争论的一个焦点。从相关成果我们可以做出一点解释：从思想成熟
度来看，早期他提出了三种关系；但是 1990 年后逐渐增加为四种关系。
此外已经有学者将解释学关系视作四类关系中的重点关系并加以详细阐
述。④ 但是，通过上述两部作品，我们发现具身关系、解释学关系得到了
较为详细的说明，而且一直贯穿始终，但是对于他者关系、背景关系的论
述相对较弱而且不够持久。

3. 国内学者对四种关系的解释依然停留在伊德所反思的胡塞尔所阐
述的人—世界关系模式中，我们看到很多阐述者在阐述具身关系和解释学
关系时，所使用的符号是：（人类—技术）→世界，代表具身关系，人类
身体的延伸；人类→（技术—世界），代表解释学关系，世界类似于一个
不透明的文本。⑤ 这种阐述所体现的是单向的，而完全没有体现出伊德所

---

① 他指出，"在解释学关系中，机器变成他者"（《技术与实践》，第 12 页）。为了说明这
一点他用自己女儿的学习机来举例说明。

② 如韩连庆指出，伊德将人与具体的技术产品的关系分为三种：第一种是"中介的关
系"（relations of mediation），第二种是"他者的关系"（alterity relation），第三种是"背景的关
系"（background relation）。其中在以技术为中介的知觉关系中，伊德又分了两种子关系，一种称
为"体现关系"（embodiment relation），另一种称为"诠释关系"（hermeneutic relation）。韩连庆：
《技术与知觉——唐·伊德对海德格尔技术哲学的批判和超越》，《自然辩证法通讯》2004 年第
5 期。

③ 如邓线平指出，伊德从工具与人的关系角度，将工具的使用方式分为四种，即具身关
系、诠释关系、它异关系和背景关系。邓线平：《论工具的使用方式——兼评伊德的人与工具四
种关系思想》，《自然辩证法研究》2009 年第 6 期。其他学者如陶建文（2007）、易显飞（2010）、
郑作龙（2010）、赵振兴（2011）、李雪（2012）也各自从不同的角度对此作出了阐释。

④ 其中陶建文对四种关系中的重点解释学关系给予了深入研究。

⑤ 见郑作龙的分析（http://blog.sciencenet.cn/blog-379937-334798.html）。

说的反思性维度。但是伊德对这种关系的说明都是双向的维度表示。所以，这充分说明了国内学术界在理解四种关系的时候并没有注意考察其思想产生的来龙去脉。所以鉴于此种情况，我们需要对上述多种关系给出一点说明。

四种关系中伊德对他者关系、背景关系描述得并不多，这也不是他的重点，对他来说重点应该是解释学关系和具身关系。对于具身关系，伊德本人给出的理解是"技术是人类知觉的延伸"，如显微镜让我们能够看到微观世界，天文望远镜能够让我们看到遥远的星体的样子。这种解释不够恰当。因为如果按照伊德的看法，具身关系所体现出的仅仅是知觉的延伸，即被转换过的体验。但是在这里隐含着一个被忽略的不同体验之间的关系问题：技术体验与知觉体验的变更关系，而这远非延伸关系所能够解释的。所以如何解释技术体验与知觉体验的关系，这才是具身关系所面临的重要问题。两种体验之间的关系并非人类知觉器官与工具之间的延伸关系所能够解释。这也许是很多人忽略的地方。工具是器官的延伸，所以相应的体验的关系仅仅体现为差异。但是二者的关联却不是如此简单。技术体验逐渐构成主体体验这才是问题的关键。此外，具身关系还有另外一个维度被忽略了，"技术成为身体的有机部分"。

对于背景关系，法国哲学家艾吕尔给我们揭示出一些值得关注的形式：technopolis。这个概念直译为"技术都市"。"这些技术贵族创造了它自身的环境，技术都市。美国人发明了技术都市。它的源头是 20 世纪 30 年代加利福尼亚，开始于 1950—1960 年的世界知名的硅谷。技术都市的理念是复杂的……技术都市倾向于成为社会和经济的动力中心……在美国、日本和欧洲有很多技术都市的例子，那儿都希望它们可以成为新的活力源。我们在英国、瑞典、法国发现它们。"① 当然艾吕尔的主调是批判性的，但是我们从中可以看到他所揭示出来的一个问题，技术作为背景而存在。表现在我们生活中我们会发现这一点，比如智慧城市的建设就是技术都市的一种形式，智慧城市其主要技术载体是信息通信技术与互联网技术、物联网技术等综合，由此而形成了新的技术都市形式。

还有他者关系，在这一问题中所隐含的是交互主体性的问题，或者说

---

① Jacques Ellul, *The Technological Bluff*, trans. by Geoffrey W. Bromiley, Grand Rapids：William B. Eerdmans Publishing Co., 1990, p. 28.

是交互体验的问题。但是对此伊德并没有过于关注。事实上随着图像技术、3D技术、虚拟现实技术的逐渐发展，交互主体问题越来越显现出来，其相关的体验问题需要进一步研究。

所以，通过上面的简单分析，我们发现伊德后来为很多学者所关注重视的人—技术四种关系说主要是来自他早期分析听音乐这一听觉现象时所批判的东西。可以说，胡塞尔的意向关系的某种复活导致了人—技术关系结构被建构起来。如此，技术—工具在这个层面上就表现为一种中介化的存在，将不可见的东西显现出来，但是在这个过程中，人—技术的意向关系问题就被提出来了，因为在这个显现过程中，不同的意向结构所显示的是不同的呈现方式，所以需要加以理解。加上上述所提到的科学技术研究的变化趋势，伊德的注意力开始发生了转变，逐渐开始关注科学技术中的工具等相关问题，这也就导致了后来《工具实在论：科学哲学与技术哲学的界面》（1991）的产生。但是在伊德考察技术问题上，又是怎样引出他对新技术的关注呢？这和以前的思路有着怎样的联系呢？

三　新技术：作为对象的存在

新技术是与一般意义上所提到的科学技术完全不同的范畴，新技术是指现实中与前沿有关的相关技术发展，而后者则是从科学技术史的角度上所分析的具体的科学技术。在20世纪八九十年代的伊德敏锐地注意到了这个时代所发生的变化：一方面是科学技术本身的飞速发展；另一方面是科学技术研究上的变化。这种差异也能够解释他思想的变化，何以会将新技术作为研究对象确立起来？

前面已经指出科学技术研究上所发生的变化是从社会学、人类学的方法进入科学技术研究中，并且揭示出不同于传统科学哲学的科学技术的工具特质，这与他在《聆听与声音：声音现象学》中的某些思想如"当前科学作为工具和通过工具具身化而被体验到。工具是扩展和改变着工具使用者知觉的身体"相吻合。这更加激发了伊德的认同感，所以他的思想发生转变，注重科学研究中工具的结构、作用就显得可以理解了。但是这与新技术被关注没有太大关系。

他之所以注意到新技术与他对海德格尔的熟知有关。在反思海德格尔技术观念的基础上，他开始直面科学技术，但是他最初所面对的是传统科学技术中的工具，而非新技术。由于这其中所包含的内容的丰富性，我们在后面的章节中对工具这一对象的涌现做出阐述，这里为了顾及新技术作为对象论述的整体性，所以继续看他在反思海德格尔传统技术观的基础上提出了怎样的新技术观。在他看来，新技术主要是 1976 年以后出现的，其具备如下主要特点。

1. 走向微观的趋势：伊德对纳米技术、生物技术和认知技术的分析最后指向了它们的对象，从这些学科的对象中概括出新技术的首要特征是对微观对象的描述。比如纳米技术能够描绘纳米尺度物体运动的特点和规律，生物技术能够描绘 DNA 的结构，认知技术则对神经信号传递给予描述，这些技术都是关于微观物体的。此外还有技术物本身自身的不断微型化。如他对计算机技术发展的描述表明了这一趋势。如我们所使用的存储介质从原先的老式磁盘到现在的 USB，原先的磁盘存储量小，但是介质很大，但是，现在的 USB 越来越小，而且存储容量达到 64G 之多。这一点他的概括是比较准确的。1971 年，世界上 8 英寸的软盘，容量仅为 100K；1985 年推出了 3.5 英寸软盘；到现在软盘已经退出了人们的视野；1980 年，世界上第一块容量超过 1G 的硬盘 IBM 3880，容量为 2.52G，重量达到 250 公斤，造价在 8 万—15 万美元；2000 年以来一个容量为 32G 的 USB，重量仅以克计。所以，这种微小化的趋势非常准确地概括了新技术的特征。当然这一观点也曾经为艾吕尔所注意。"但是现在计算机领域中进步是趋向最小化。效率不是系于尺寸而是尺寸的减小。"[1] 此外还有一个特征就是对人们时空体验的改变。

2. 改变时空体验：伊德也注意到了新技术对人们时空体验的改变。在他看来，赛博空间就是这样一种改变人类时空体验的主要技术形式。"今天我们称为赛博空间的技术具有一种将远处的东西带到近处的能力。"[2] 在他看来，这些技术包括 E-mail、互联网、音响技术、电话和收音机、机器人技术等。他们都实现着将远处拉至近处，也就是海德格尔所说的"去远"。所以伊德对新技术特征的这一点概括并没有超过海德格尔，尽管海德格尔并没有看到上述更为快捷的技术形式，但是他用哲学家深邃的思想窥测到了现代技术发展的这一趋势：去远。而且他揭示出，这

---

[1]　Jacques Ellul, *The Technological Bluff*, trans. by Geoffrey W. Bromiley, Grand Rapids : William B. Eerdmans Publishing Co. , 1990, p. 3.

[2]　Don Ihde, "Can Continental Philosophy Deal with the New Technologies?" *Journal of Speculative Philosophy*, Vol. 26, 2012, p. 326.

更是人类此在生存论结构的空间性表现形式之一。

3. 具有多种的形态：伊德将新技术发展所具有的多种形态概括了出来。如多功能的设备，他将瑞士军刀就看做一个比较早的技术代表，正如我们所知，一把瑞士军刀由多种工具构成，能够满足野外生存的多重需要；此外，他还认为笔记本电脑、iPod 和电话都是如此代表。从现在手机技术发展的现状来看，的确如此，一部手机具有多重功能，如通话、文本信息、上网、购物、拍照等。当然，如果从技术演变来说，还存在着一个问题：这种多形态演变是否是一个符合技术本身的方向？这一点曾经被怀疑过。但是，从另外一个角度来看，技术似乎已经在实现着尼采曾经的梦想，拥有一个设备，你可以做无限的事情。所以伊德的概括也抓住了特点，但是他并没有对这种发展趋势做出批判式的分析。

4. 具有无线的特点：伊德还将有线走向无线的趋势作为新技术的主要特点。如我们从固定电话走向无线电话；自从有了电视遥控器，我们可以坐在沙发上选择我们想看的节目；有了无线遥控器，门卫可以远程控制门禁，司机也可以直接打开自己的爱车，甚至无人驾驶。这些都依赖于无线技术。

伊德自己也承认，他并没有完全概括出新技术与旧技术的不同之处，在从他上述的概括分析中我们发现，他的概括有的抓住了新技术的特点，如对微观世界的探索、多重功能形态的具备和无线的实现；但是有的并没有超越海德格尔，如改变空间体验，在这一方面，伊德和其他学者如戴维·哈维、爱德华·苏贾等人对空间拉近体验的分析都没有超越海德格尔。这一点我们必须认识到。

可以说伊德对"新技术"的描述是准确地抓住了这个时代的特征，当然他也没有料到技术发展的速度如此之快，超过了他的预想。我们以他文章中的个别新技术为切入点来看一下，他所关注到的一个重要东西就是手机技术。在他的论述中，他通过比较锤子和手机，让我们看到了手机不同于锤子的诸多功能。如手机是多功能化物品的体现。"手机就是有意识地满足多任务而设计出来的产品——接听电话、文本传输、相机、GPS、条形码识别和计算器，这些所有功能都被整合到一个上手设备中。"[1] 手

---

① Don Ihde, "Can Continental Philosophy Deal with the New Technologies?" *Journal of Speculative Philosophy*, Vol. 26, 2012, p. 328.

机还是不同意向使用的工具，如提供救援信号等；还有，手机可以触及更远的范围，只要有信号的地方都可以保持联系；还有，手机体现了去权威化；还是一个很好的记忆库；等等。但是，我们认为还可以在他原先的论述之上增加一些更为引发哲学思考的特点。

1. 从机械化到智能化：手机技术的发展方向

伊德所理解的手机只是功能上的增多而已，但是，随着手机智能化的不断实现，智能手机（smartphone）越来越成为生活中的一个物件，而且给人们带来了更多新颖的、需要反思的体验。

来自 MIT 技术浏览网站上一个新闻，集中突出了智能手机所带来的问题——"智能手机正在吃掉世界"。"eating"是这条新闻在描述智能手机与世界的关系时所使用的一个词。当然这个词是用 3 个主要数据加以证明的。（1）2012 年全球移动设备收入为 1252 亿美元。其中移动电话和智能手机为 269 亿美元。（2）2012 年全球移动设备用户数为 32 亿人。（3）2/3 的移动电话已经向智能手机转变。① 所以，这样一个数据充分表明智能手机普及的范围之广及其数量之大。当然这还不是问题的关键，更为重要的则是体现在智能手机所具有的全新功能上。

以前，手机只是一个单向的输入设备，只有在接通后双方才能够通话，但是现在手机已经成为一个微型电脑，能够做到智能化。这通过很多方面表现了出来，也给用户带来了全新的智能体验，如交互体验就是如此。随着触屏技术、脸部识别技术的成熟，智能交互变得越来越明显。

2. 从机械控制到虚拟控制：手机技术的发展方向

目前智能手机的发展经历着另外一个变化：从机械控制到虚拟控制的过程。老式的手机上最重要的控制工具是"手机键盘"，上面有一些数字、符号等，可以用来输入号码、文字等，这就是手机的机械控制；但是随着智能手机的推出，我们发现键盘按钮数量开始大幅度减少，最后简化到一个硬的按钮。机械控制按钮的减少使得屏幕显示获得了更大的空间，于是手机给人们带来的体验完全变了。甚至未来实体的机械键盘将消失不见，完全为虚拟键盘所取代。目前，根据苹果公司 iPhone 未来发展的趋势，他们将完全取消机械开关，而采用虚拟键盘。比如在听音乐的时候需

---

① 《智能手机正在吃掉世界》，http：//www. technologyreview. com/photoessay/511791/smartpho-nes-are-eating-the-world/，By Benedict Evans on March 15, 2013.

要调节音量，只需将手放在虚拟显示器上方，这个时候就会出现虚拟键盘，然后加以调节。"事实上，具体化的设备把屏幕看做输入设备，无须出现开关或者按钮。考虑到采用无缝玻璃设计，将用手势取代音量控制键。"①

3. 从信息显示到体验交互

早期手机屏幕只是一个显示文本屏幕，可以显示对方来电号码以及拨出号码等其他信息，可以显示短信息的具体内容，图像无法被传递；随着智能手机的出现，图像、视频、音乐等信息都可以传递了。但是在这个阶段，这些信息只是被阅读的信息，只是一个传播信息的媒介，读者通过它来获取信息或者交换信息；随着手机技术的更加成熟，手机屏幕的功能已经可以显示立体图像以及触摸交互了。这一技术的成熟以及广泛应用使得立体交互成为可能。正如前文所提到的环形显示技术是立体交互的技术基础。所以，从"显示"到"交互"是手机屏幕所发生的一个显著变化。

上述三个特征——从机械设备到智能设备、从机械控制到虚拟控制和从信息显示到体验交互——是当前智能手机发展所带来的新的特征，这一特征的出现与通信技术和计算机技术的融合密不可分。同样的特征我们还可以从其他移动设备如平板电脑、苹果产品等中看到。这些特征也导致了"交互现象"成为哲学反思的对象。而这一点是伊德以及他的追随者所没有看到的。

4. 伊德追随者所关注的新技术

伊德的主要追随者或者说后现象学的主要发扬者是美国的罗伯特·罗森博格和荷兰的维贝克。我们可以关注一下他们所关注的新技术情况。

罗伯特·罗森博格也对手机技术做出了描述，他在 2012 年发表了《具身化技术与驾驶中接听电话的危险性》② 一文。在分析手机的时候，罗伯特接受了伊德所提出来的手机的"无线"特性：用户可以不用手拿着接听，只需要通过蓝牙耳机和汽车仪表盘上的麦克风讲话。但是他也提出了一个问题，即为什么要禁止驾驶过程中通电话的问题。"然而在美国

---

① 《苹果将用环形显示和无缝玻璃装置来展示未来的 iPhone》，http://appleinsider.com/articles/13/03/28/apple-looking-into-futuristic-device-with-wrap-around-display-and-seamless-glass-housing.

② Robert Rosenberger, "Embodied Technology and the Dangers of Using the Phone While Driving", *Phenomenology Cognitive Science*, Vol. 11, 2012, pp. 79 - 94.

却没有任何一个州出台驾驶过程中禁止使用如蓝牙耳机、汽车仪表盘上的麦克风等无需手持的电话设备。"① 围绕这一技术特性，他展开了相关的思考。在分析过程中，他主要借用了伊德的"具身关系"这一术语来分析问题。所谓具身关系主要是强调人的经验为技术所改变，如我们所佩戴的眼镜就是一个很好的例子。戴上墨镜，整个世界就变成黑色的，倘若不摘掉，那么我们对世界的体验就会渐渐认为"世界是黑色"的，而这一体验原先是由眼镜所呈现给我们的，但是在具身化过程中，我们把眼镜呈现给我们的体验看做我们自身的真实体验。同样，对于近视者来说，在没有佩戴眼镜前，世界是不清晰的，是模糊的，这是他的视觉所给予他的真实体验；但是当他佩戴上合适的眼镜之后，世界一下子变得清晰起来，当然开始会有一些眩晕感，在适应后眩晕感就会消失。而这个过程中，在这种关系中，人与眼镜的关系逐渐合一，眼镜成为人自身不可缺少的一部分，如同清晰体验取代模糊体验的过程一样。在这一理论基础上，他又提出了三个具体化的衍生概念——透明性（transparency）②、视域合成（field composition）③ 和沉浸性（sedimentation）④，他对为什么驾驶过程中通电话是危险的做出了解答。"第一，电话使用经常包含着一种深深的与设备相关的透明关系；第二，我建议使用视域合成作为核心特征；第三，我建议电话使用的体验是深深地沉浸到典型使用者中——集中在由谈话者的声音、谈话内容和透明性等构成的视域合成上。"⑤ 可以看出，罗伯特对这一问题的解答不同于自然科学上所提出来的"大脑无法同时处理多个任务"这一理论，他是从体验转换的角度解答这一问题的：当体验合成在转换过程中没有顺利建构起来，那么就会导致另外一个体验不稳定，如此表现在驾车过程中的通电话这一问题上，当体验转换不顺利或者没有完

① Robert Rosenberger, "Embodied Technology and the Dangers of Using the Phone While Driving", *Phenomenology Cognitive Science*, Vol. 11, 2012, p. 80.

② 透明性是指用户在使用技术的时候技术从意识中退场的程度，如对刚佩戴眼镜的近视者来说，眼镜让他很不舒服；而对于长期佩戴眼镜的近视者来说，没有眼镜反而不舒服。实际上这是对海德格尔"上手"状态的经验描述，在海德格尔那里，当使用工具的时候，工具是上手的，它会脱身而去，显现为不在场的东西。

③ 视域合成是指用户的意识整体上是由技术所构成的，如对于近视者来说，清晰的体验感觉是眼镜所带来的，所以这一体验的出现是和眼镜分不开的。

④ 沉浸性是指用户习惯于这种关系的程度，比如仅是近视眼对于清晰度的习惯程度。

⑤ Robert Rosenberger, "Embodied Technology and the Dangers of Using the Phone While Driving", *Phenomenology Cognitive Science*, Vol. 11, 2012, p. 86.

成，那么就会出现危险事故。应该说，罗伯特对手机的分析比伊德更加推进了一步，他开始用理论来分析这一具体的技术现象。

除了罗伯特，维贝克也对电话做出了分析，而且他的分析更加靠近智能手机所带来的现象，这些分析主要是说服性技术（accompanying technology）之下进行的。"一个有趣的例子是说服技术（persuasive technology）领域。这类领域主要由刺激人以特殊方式行动的技术，一个很好的例子是福德风（FoodPhone）。这是斯坦福大学发展的说服性技术。这类电话设计出来的目的是刺激肥胖人士减肥。他要求使用者使用电话的相机功能对整天的食物照相。当他们把这些图片传给某一机构，他们就会接收到他们摄入的卡路里的数字。同时，他们能够计算整日他们消耗了多少卡路里。这种方式，电话帮助人们得到他们饮食行为的反馈以及对于他们体重的影响。"① 可以看出，维贝克的分析还是抓住了新的现象：人与手机之间的互动，手机可以帮助人分析他们摄取食物的热量情况；人们可以根据手机反馈的信息做出调整。这种互动关系恰恰是需要加以研究的新现象。但是，维贝克并没有对交互体验的构成更为具体地展开分析。而这一点也是我们后面着力要完成的任务。

可以说，手机技术的发展只是众多现象之中的一个瞩目现象，但是，这一工具体现了人—技术关系的结构性变化，交互体验这是以前相关研究者所没有关注到的地方。

所以，通过本节的分析我们发现：伊德对技术的关注并非凭空而生的，他是从对声音现象的研究中进入科学技术中，后者是前者得以显现的视域和中介；从外部环境看，受到当时国际学术界对科学技术研究的影响，他格外关注科学中的工具这一面，这与他自身的思想是契合的；从其思想自身看，伊德对海德格尔技术观反思的必然结果就是使得新技术成为研究对象呈现出来。这几乎成为他后来学术生涯不间断的思考对象。接下来，所要展现的是，他对声音现象的分析何以使得工具成为他思想的一个突破点，何以使得身体也成为另外一个突破点。

---

① 维贝克：《伴随技术：伦理转向之后的技术哲学》，杨庆峰译，《洛阳师范学院学报》2013 年第 5 期。

第三节　工具：后现象学衍生对象之一

一　工具何以被提出来①

对于伊德而言，工具最先被提出来是作为声音呈现自身的中介。这一表现在《聆听与声音：声音现象学》中零星的观念在《工具实在论：科学哲学与技术的界面》中得到了系统表述。比如他梳理了科学史的线索，从怀特海这里寻找到工具的线索。"阿尔弗雷德·怀特海合理地对待着工具的作用，即使他没有明确地追求他所提出来的洞见。"② 从哲学自身寻找根据，如从与现象学有着密切关系的身体哲学家梅洛—庞蒂等人这里寻求根据，他的羽毛分析、盲人的拐杖分析都为之提供了很好的线索。还有从德雷福斯等其他工具实在论者那里寻求思想根据。在这些人前期研究的基础上，他结合自身对人—技术意向关系中具身关系的展开具体分析，"跟随如德雷福斯这样的知觉主义者传统，我首先考虑了人—技术关系的那些问题，尤其是具身关系。这些关系特别延伸和改变了人类身体性和知觉意向性"③，从而为身体之所以可能提供了坚实的论证。

伊德通过工具分析所要解决的两个主要问题是：（1）通过工具分析人—技术关系，在他那里，工具是技术的具体表现形式，人—技术的意向关系通过工具呈现出来，如解释学关系可以在图像技术中表达出来，具身关系可以通过望远镜表达出来。这一问题与他的整体技术哲学有莫大的关系。（2）通过工具展示技术对科学的影响。前面分析已经指出，伊德所关心的主要问题还有技术与科学的关系，即如何构建技术驱动科学的解释模式成为他所关心的问题。所以在他后来的诸多理解中，展示这一点成为主要的问题，从 2000 年以后，他多次利用照相机暗室这一工具比喻来分析知识论问题，并呈现技术如何影响到科学自身的发展，这些观点主要集中在工具实在论之中。这二者中，后者引出了技科学这样一个更大的问题

---

① 伊德在《技术与实践》中介绍了自己对工具感兴趣是受到了 Patrick Heelan 的影响，因为 Patrick 对物理学中的工具因素尤其注意。在他的影响下，伊德提出了工具现象学的主要论点，如工具是中介、工具关系到技术与目的等。而且后来逐渐发展成工具实在论的若干观点。

② Don Ihde, *Instrumental Realism：The Interface Between Philosophy of Science and Philosophy of Technology*, Bloomington：Indiana University Press, 1991, p. 67.

③ Ibid., p. 74.

域，所以接下来主要对工具实在论问题给予更多的分析。2007 年 4 月，美国技术哲学家伊德在上海作了题为《解释战争：谁代表科学》（*Interpretation Wars：Who Speaks for Science*）的演讲。在演讲中他讲述了一个有趣的现象：他声称自己是工具实在论者，但是他却不认为自己的理论是实在论。面对听众的疑惑，他很快做出了解释：他反对的是形而上学的实在论。他对工具实在论的主要研究体现在《工具实在论：科学哲学与技术哲学的界面》（1991）中，所谓工具实在论主要是讨论科学的工具性因素，尤其是在实践—知觉模式下讨论这一问题，其核心论题"工具作为界面"。① 从思想演变角度看，工具及其实在论思想并非是凭空出来的，而是延续原先讨论声音现象的思想。

二　伊德的工具实在论②

工具实在论是伊德科学解释的核心观念之一，它突出了科学理解中的工具因素，为科学理解提供了一种工具化的维度。其内涵包括：工具与工具的使用活动是两个不同的范畴；工具是前理解结构；没有工具就没有科学；科学并非理论，而是实在。但是，这一观念忽略了个人旨趣、理论作用、视域差异与工具地位。事实上个人旨趣决定着科学家制造工具和选择工具的过程，理论与工具的作用需要辩证地看待，视域差异决定着实在的样式，工具是知觉的延伸。对工具实在论的研究有助于进一步了解伊德后现象学的相关问题。

伊德在总结科学解释的历史过程时，把科学中的工具活动趋势看做自己思想的出发点，同时这也成为他工具实在论的理论基础③。

首先，他对哲学史若干人物的思想进行了梳理，从而获得"科学工具化"的证据。他的梳理范围主要集中在 20 世纪 50 年代以后的时期。他首先从海德格尔和怀特海（A. N. Whitehead）对科学的理解出发。他在海德格尔的《技术的追问》（1954）和怀特海的《现代世界中的科学》（1963）

---

① Don Ihde, *Instrumental Realism：The Interface Between Philosophy of Science and Philosophy of Technology*, Bloomington：Indiana University Press, 1991, p. 65.

② 伊德在《工具实在论：科学哲学与技术哲学的界面》（1991）一书中提到了另外的与工具实在论立场相近的哲学家，德雷福斯（Hubert Dreyfus）是先行者，海兰（Patrick Heelan）代表欧美立场，艾克曼（Robert Ackermann）和哈克（Ian Hacking）共同代表英美立场。

③ 杨庆峰：《扩展的解释学与文本的世界》，《自然辩证法研究》2005 年第 5 期。

等著作中找到了证据。随后他又追溯到了伊恩·哈肯（Ian Hacking），他把哈肯看做和他相似的人物，在哈肯的《再现与干扰》（1983）中找到了"科学工具化"的迹象①。此外还有法国的拉图尔。伊德重点描述了拉图尔在《实验室生活》（1979）一书中的相关思想。还有加里森，他的《实验怎样结束》（1987）和《想象与逻辑》（1997）都提到了相关思想。

然后，伊德回到了自己的文本，在其中找到了此命题。在他的《技术与实践》（1979）和《技术与生活世界：从花园到地球》（1990）两本书中都提到了这一命题：科学将自身体现在技术—工具中。而且，这一命题后来在《工具实在论：科学哲学与技术哲学的界面》（1991）和《扩展的解释学：科学中的视觉主义》（1998）中得到了深入阐释②。

那么，工具实在论到底是在表达怎样的思想呢?③

为了更好地理解他的工具实在论思想，我们通过对比三个不同模式的方式来说明这个问题。模式 1 代表了传统的科学解释模式，主体在观察的基础上产生了科学（理论）。模式 2 表述了传统模式考虑到"工具"因素。在这一模式中，工具是主体感官的延伸。"主体"成为带有工具的主体，拥有工具成为主体的新的形式。模式 3 将尽量地表达伊德的思想。在这一模式中，"工具"是实在得以呈现的中介，而并非主体利用的工具。科学也表现为实在，而并非理论。

根据模式 3 我们可以归纳出工具实在论的四个主要内涵，分别是：①工具与工具的使用活动是两个不同的范畴；②工具对于主体来说并非主体感官的延伸，而是前理解结构，对于实在来说，工具是实在得以呈现并为主体所感知的中介；③没有工具就没有科学；④科学并非理论，而是

---

① 韩连庆：《现象学运动中的新科学哲学》，《科学技术与辩证法》2004 年第 2 期。

② 此处所提到的内容均在其演讲报告中有所说明。2007 年的演讲中并没有提到《聆听与声音：声音现象学》这部著作，事实上，我们前面的研究已经指出了非常重要的一点：唐·伊德在对声音现象的研究中隐含着工具这一因素。"当前科学作为工具和通过工具具身化而被体验到。工具是扩展和改变着工具使用者知觉的身体。"这一观点就是非常明显的证据。

③ 所谓工具实在论，主要是基于传统科学哲学的角度对新科学哲学建构的一种尝试，这种尝试同时也是伊德反思知识论哲学传统的表现，其出发点主要是实践—知觉维度，主要探讨如下问题：（1）科学与技术的关系。传统理解是科学驱动的技术模式，而伊德所要确立的是技术驱动的科学的新模式。（2）科学哲学与技术哲学的界面：工具。工具成为二者的界面。无论是从科学知识产生过程还是科学机构的确立上都体现出工具优先于理论的特点。（3）新的技科学哲学进路。伊德借助大科学背景提出了新的研究进路——技科学——为他的后现象学方法提供了源泉。

实在。

第一，工具与工具的使用活动是两个不同的范畴。在我们通常的观念中，工具和使用工具的活动被混淆为同一个范畴，或者说二者在逻辑层面上没有得到分开，在这一概念中，重点在于强调主体的活动过程。但是，在伊德那里，工具与使用工具的活动从逻辑上分开了。"使用工具的活动"可以用"实践"这个概念来说明，如在他著名的伽利略及其望远镜的分析中，他指出使用望远镜的活动意味着现象学变更，"以望远镜为中介的变更被称为工具化的变更"，而这不同于传统现象学中所说的想象变更。

第二，工具表现为前理解结构和身体性的呈现。我们通常把技术（工具）看做感官的延伸。如果工具是主体感官的延伸，在微观科学领域内，主体观察会对被观察对象产生影响，那么工具在其中的作用如何？是否完全表现为中立的呢？我们知道，在传统宏观科学中，观察者及观察工具对于对象没有太大的影响。但是在量子力学中，这个问题就会困扰我们：因为观察本身以及工具会使我们对实在的认知产生干扰。但是，伊德的工具实在论完全可以避免这个指责，因为在他那里，工具对于主体而言，构成了理解主体的"前理解结构"，这也是伊德物质解释学的一个合理的推理。在他看来，前理解结构不仅有语言，还有工具。另外，在伊德看来，工具并非仅仅是知觉的衍生，它更表现为人类身体的外化。"根据后现象学的外化类别，我越来越意识到科学工具如何蕴含着身体的外化。"①

第三，如果没有工具，就没有科学。工具在他那里被看做必需的条件。"necessary"成为他描述工具对于科学重要性的主要词语。工具就是科学形成自身的世界。他的研究对象是影像技术（imaging technology）。这个对象之所以成为他的研究领域也可以说明其工具实在论的观点。在他看来，没有工具，就没有科学。影像技术成为影像科学发展的一个前提。在医学领域内，CT 技术就促进了影像医学的飞速发展，相反，如果没有这项技术，这门学科就无从发展起来。在他的分析中，他提到的相关领域还有 20 世纪 40 年代的射电天文学（radio astronomy）和今天的短波 γ 射线（gamma ray）和长波无线电波（radio wave）等。

第四，科学并非理论，而是实在以其原有样式呈现的过程。

---

① Don Ihde, "Postphenomenology-again Science Technology Society", *Working Paper*, Vol. 3, 2003, pp. 14 – 15.

应该说，他的分析为我们提供了一种理解科学的维度。用伊德自己的话说，他属于解释科学的众多学者之一。工具实在论为我们提供的科学解释是以技术为基础的，将工具视作科学产生的基础。

三 工具实在论的理论贡献

如果工具实在论可以被看做一种科学解释的立场表现，那么，对于科学哲学界来说，工具实在论的意义何在呢？

首先，工具实在论将"工具"视作实在的表达，反对形而上学式的实在。伊德反对"形而上学"的实在概念。黑格尔（Georg Wilhelm Friedrich Hegel）的"绝对精神"与海德格尔的"此在"概念是伊德所极力反对的。他多次谈及海德格尔，但更多的是谈到其对技术的关注，对于海德格尔的"此在"（being-there）并没有多谈。在伊德那里，工具与实在被关联在一起，只有由工具所呈现出的实在才是他关心的。比如，他关心的是由影像技术（imaging technology）等这些能够呈现新实在的技术。这一点或许是与其实用主义的美国传统文化有关，我们知道，实用主义的有用性成为决定性的因素，"经验转向"以及对技术哲学的实用主义改造使得他远离了"形而上学"。

其次，工具实在论是对两种文化进行融合的尝试。斯诺的"两种文化"是伊德关心的问题。他认为，在"科学大战"中实际上含有两种文化冲突的表现。他把自身的工具实在论看做众多科学解释中的一种，在他看来，其理论也试图获得一种尝试性途径以解决两种文化的冲突。也许，对伊德来说，他想和库恩一样，使得他的工具实在论在科学家那里获得影响，我们知道，库恩的"范式"就受到了科学家的欢迎，但伊德的这一想法并没有产生预期的效果。

最后，工具实在论避免了建构主义的难题。建构主义在其发展过程中面临着两大难题，其一是必须在"社会"与"自然"之间做出选择，其二是必须回应相对主义的指责。建构主义所面对的难题是如何在"社会"与"自然"之间做出选择。放弃以"自然"为基础的建构主义分离为两支：其一是强建构主义，认为科学的基础是社会，科学是社会建构的结果；其二是弱建构主义，认为科学尽管是社会建构的，但依然有其客观性的基础。"社会"这块松散的沙地让建构主义陷入其中难以自拔。伊德的工具实在论则有效地避免了这个难题。工具实在论将"工具"当作科学的基础。在他看来，首先解决了一个基本的混淆：自然与科学实在不同。"自然"这个概念不可避免地具有形而上学色彩，伊德是不太同意使用的；科学实在只是与人的感官知觉密切相关的问题。而且在他看来，工具也避免了由社会所带来的诸多问题。"自然"这一含混不清的概念似乎不应该在科学哲学界立足，而只有工具——为科学家所熟悉的东西——才构成了科学的基础。这样一来，他避免了在二者之间做出选择的尴尬。另外在相对主义的问题上，伊德的工具实在论应该说可以避免这一点。在实在呈现的过程中，工具是使得实在呈现的场所。对于实在本身以及呈现过程并没有太多的干扰。这样一来，由建构主义所带来的相对主义被避免了。让实在本身通过工具言说，无疑是工具实在论的创举了。

四　工具实在论的理论矛盾

当然，工具实在论存在着它自身的独特价值，但是依然存在着理论的内在矛盾，我们将从旨趣、理论、视域及工具本身的角度来分析工具实在论的理论局限。这主要表现为：从旨趣方面看，工具实在论忽视了制约工具选择的个人旨趣；从理论角度看，忽略了理论在科学形成过程中的作用；从视域角度看，忽略了不同视域的科学家对于同一实在有不同的认知；从工具本身看，由于构筑工具之于主体的全新体验从而忽略了作为知觉延伸的工具所具有的特性。

首先，工具实在论将工具的制造和使用看做既定和现成的。事实上，个人旨趣使得科学家能够制造出特定的工具。这意味着工具的制造和选取并非既定的结果，而是受到个人旨趣的影响。

伊德把工具的选取看做既定的。他谈到伽利略时，提到后者的望远镜。"胡塞尔的伽利略需要一个望远镜。"[①] 伊德只是把拥有望远镜的伽利略看做现成的现象，他着重分析了伽利略利用望远镜所达到的目的。"从历史上看，伽利略进行了四个主要的观察，月亮上的环形山与地质学特征、金星的位相、木星卫星和太阳黑子。" 如此我们遇到了工具实在论本身的一个局限性：使用者如何制造和选择工具？事实上，科学家在制造和选择自己工具的时候受到了时代的制约，受到了个人旨趣的影响。下面以

---

①　Don Ihde, "Postphenomenology-again Science Technology Society", *Working Paper*, Vol. 3, 2003, pp. 14 – 15.

阴极射线管为例来进行说明。阴极射线管又被称为"克鲁克斯阴极射线管"，它是以英国皇家学会会员、化学家兼物理学家威廉·克鲁克斯（William Crookes）的名字来命名的。那么克鲁克斯为什么会制造出这种工具呢？其中的原因与我们所想象的存在巨大的差异。当时德国有钱人家将一种可以发出绿色的光管子悬挂在客厅里做装饰品以炫耀他们的富有。克鲁克斯去做客时看到这些管子后，对管子能够发出绿光很感兴趣。为了解释绿光现象，克鲁克斯模仿这些管子制作出各种形状的阴极射线管，并进行了很多实验。这个过程就体现出科学家个人的好奇心在工具制造中的作用，对工具的使用体现出与个人旨趣有关系的一面来。

从上面的分析中我们可以看到，旨趣决定着科学家制造工具和选择工具的过程。因为旨趣，新的工具诞生了，一门新的科学有可能产生；在以后的研究中，这一工具被多次改进，而相应的科学也获得了极大的发展。

其次，工具实在论由于强调工具的地位从而在某种程度上忽略了理论在科学形成中的作用。

在科学产生的过程中，理论的地位是科学哲学中的核心问题。面对这个问题，科学哲学内部曾经经历了两个阶段的变迁：首先是观察与理论二者独立分开的过程。观察被看做科学的起点，理论被看做科学的结果，抽象成为科学诞生的过程。如此，在二元论的前提之上，科学的结构被有效地表述了出来。第二个阶段是观察与理论融合的阶段，也就是观察渗透理论的阶段。在这一阶段，观察被分解了，观察不再被当做客观的、中立的过程，而是有着理论制约的观察，在这一基础上理论才可以被提出。这两个阶段之间有着非常明显的逻辑推演过程，都是基于一个基本的前设：科学的最终成果是"理论"①。

伊德在找寻到工具这一基点后，完全抛弃了这一核心问题，他改变了科学的核心问题，在他看来，科学的最终成果是"实在"，目标是对实在的显现。从这一点来说，他带有了现象学的味道，"面向事实本身"的原则转变为现象学的科学哲学中的"面向科学实在本身"的原则。因此，在这一原则基础上，他将"实在处于怎样的地位"这个问题表述为科学哲学中的基础问题。他所面对的问题是：在实在显现的过程中，工具起着

---

① 当然，这两处的"理论"含义有所不同。作为与观察分开的理论是指科学最终成果形式，如科学理论；而渗透于观察中的理论则更是从"前理解结构"上所强调的东西。

怎样的作用？

　　根据伊德的理解，以往科学哲学主要集中在"理论""假设"及"定律"上，而他的科学哲学思想主要是将科学的基础转移到工具上。如此一来，有一个问题就不可避免地出现了：如果说工具是科学的基础，那么，在科学家使用工具的过程中，什么决定着他通过工具所勾画的对象呢？换句话说，在科学知识的产生过程中，什么决定着理论的形成呢？这个问题的有效性取决于"理论"概念的解释。伊德对理论作用的抛弃完全是现象学内在逻辑的结果，让事物本身以其原本的面貌显现出来，其必然要悬置理论，观察完全是无偏见的。

　　以伽利略用望远镜观察月亮上的环形山例子来说明这个问题。如果没有望远镜，月亮表面怎么样，伽利略根本不可能知道。借助望远镜，伽利略看到了以前从来没有看到过的现象。伽利略接受了通过望远镜所看到的现象，并且将其解释为月亮本身的特征，可是他的同时代人却怎么也无法接受眼睛所告诉他们的东西，而是把这些现象解释为望远镜本身存在的瑕疵以及这种工具扭曲的结果。之所以有这样的情况产生，主要在于"理论"（情境与前理解结构）的不同。

　　所以，在工具使用的过程中，工具所起到的作用仅仅在于延伸了视觉，延伸了观察本身。理论才是决定实在样式的根本，这样一来，理论本身就是不可缺少的。当然，这也是我们担心的地方，担心在伊德的描述中，忽略了观察渗透理论这一法则，因为他过多地强调工具本身了。

　　伊德是否又回到了以往的"观察与理论"的二分原则中呢？很明显，我们发现不是：伊德在观察与理论之间找到了平衡点——工具。只有观察，肯定没有科学；有了工具，观察加工具肯定会产生科学。这才是伊德给予我们的观念。

　　再次，工具实在论强调同一工具所呈现出实在的同一，从而忽略了视域差异在实在认知中的作用。是否存在这样的情况，不同科学家利用同一个工具看到了不同的实在？这是工具实在论的主要问题之一，也应该是最直接的问题所在。

　　这个问题更多地产生在科学家内部。面对同一工具所显示的数据，往往会在专家内部产生分歧。在分歧面前，确定何者为正确则成为困难的事情了。这个时候，达成一致则是通过群体的商议和权威的认定来完成的。在这个过程中，工具完全失去了其作用。

我们以医学领域内的 CT 影像技术为对象说明这个问题。同一张肿瘤 CT 片子，A 专家根据知识判定为良性，B 专家则判定为恶性。这一现象的产生完全是由专家的视域差异造成的。如果 A 专家的经验知识多于 B 专家，那么 A 专家的判断大多数情况下是有效的；如果 A 专家与 B 专家在经验上是对等的，但是在知识上是对立的，则会出现二者判断相反的情况。在无法说服对方的情况下，共同协商成为达成一致的有效选择，这一点在现实生活中经常碰到。所以，视域差异在实在认知中是一个不可忽略的因素，而这一点恰恰为工具实在论所忽略。

最后，工具实在论强调工具的本体地位，从而忽略了工具与主体性关联的维度。在伊德那里，工具是蕴含着身体性的本体存在，"根据后现象学涉身性特征，我越来越意识到人类身体性如何蕴含在科学工具中。科学工具蕴含着人类身体性或者有时候被我称为人类学恒量的东西"[1]。由于对工具这一本体地位强调，使得工具与主体性之间的关联被忽略。在通常观念中，工具与主体性的关联主要是被看做感知器官的延伸。特别是就自然科学来说，经验感知在科学发展中占据着重要地位，而工具、仪器的出现则是延伸了科学家的感官，如显微镜与天文望远镜。对于不同领域的科学家来说，利用这些工具，则看到了不同领域的对象，而这些对象以前是肉眼不能看到的。例如借助 X 射线的发现，伦琴（Wilhelm Konrad Röntgen）为我们展现了一个全新的世界。如此，在传统实在论的意义上，工具所起的作用主要表现在感官的延伸上，使得科学家找到现成的世界。工具实在论观念的提出，使得一个问题凸显出来：工具之于主体有着怎样的关联？而伊德给我们提供的观念——在科学中，工具给予我们新的体验，一种基于身体的体验——却无法使我们明了二者的关系。

五　结语

工具实在论的意义是什么？我们为什么要了解这一理论？这可以从两个层面来把握：首先是科学哲学与技术哲学本身，其次是超越科学哲学与技术哲学。

对科学哲学与技术哲学本身而言，科学是什么？这是非常基本的问

---

① Don Ihde, "Postphenomenology-again Science Technology Society", *Working Paper*, Vol. 3, 2003, pp. 14 – 15..

题，它在工具实在论的视野中获得了一种新的解答。科学并非理论，科学是实在的呈现，是通过工具的呈现。尽管在一定程度上，工具实在论避免了若干问题。但是，我们依然必须解答核心的问题：这一实在我们能否认识？我们用什么来描述这一实在呢？工具实在论给予我们的是更值得思考的问题：传统科学哲学中主体性原则过于强盛，而现在到了改变这一状况的时候了；工具实在论也许是个合适的选择——让科学实在以其本来面貌呈现出来。

就超越科学哲学与技术哲学本身而言，工具实在论是我们通向另一个新的领域的媒介。伊德的工具实在论并非仅仅是针对科学技术哲学而言，他还开启了一个新的视角，将后现象学的问题带入了。伊德的工具实在论是他的后现象学体系的不可缺少的组成部分。[1] 了解工具实在论对于进入后现象学这一问题域中有着巨大的作用，如身体维度被呈现出来，这成为一个有趣的问题。

第四节　身体：后现象学衍生对象之二

在科学哲学中，波普尔的三个世界理论已经为大家所知。同样在技术哲学中，一种理论可以称得上与波普尔的理论相并列存在着，但却被人们所忽略，这就是美国技术哲学家伊德所提出的"三个身体"的理论。也许这样说会存在着一定的误会，伊德并没有像波普尔那样说有三个世界存在着，他只是在综合他的前辈的理论基础上，提出了在他看来的"身体三"。但是，在他的《技术中的身体》一书中却不由自主地把这三个身体综合在一起，从而形成了我们这里即将说到的"三个身体理论"。其他学者，如安德鲁·芬伯格、梅丽莎·克拉克（Melissa Clarke）等对其三个身体理论提出了批评意见，[2] 他本人也给予了积极的回应。[3] 但是，这一身体理论却引起了我们的思索。在此，我们将追问这样的问题：如何理解伊

---

[1]　Dusek V. , "Ihde's Instrumental Realism and the Marxist Account of Technology in Experimental Science", *Techné*, Vol. 12, 2008, pp. 105 – 109.

[2]　Andrew Feenberg, "Active and Passive Bodies: Comments on Don Ihde's Bodies in Technology", *Techné*, Vol. 7, 2003, p. 2 ; Melissa Clarke, "Philosophy and Technology Session on Bodies in Technology", *Techné*, Vol. 7, 2003, p. 2 ; Don Ihde, "A Response to My Critics", *Techné*, Vol. 7, 2003, p. 2.

[3]　Don Ihde, "A Response to My Critics", *Techné*, Vol. 7, 2003, p. 2.

德的身体三？它与技术工具论之间有着怎样的关系？

一　理解自身与身体性问题

理解自身一直是哲学家赋予自身的任务。20 世纪之前，发展速度一直以一种稳定的步伐前进着，变化并不是很明显，而且，技术也只是作为副产品为人们所把握，技术并没有把人从自身拔起。人们还会思考。进入 20 世纪，人类的技术获得了长足的发展，随即带来一系列的变化。但是对这一变化本身我们没有给予反思。但这却不是缺少反思，而是变化的速度使得思维无法跟上。这是个奇怪的事情，思维的速度是最快的。但是现在，技术的变化，甚至是时代的变化，使得思维竟然被抛离了本位。但是，却依然有人在追随着这种变化，试图给予变化的东西一种准确的把握。这就是伊德。在这一点上，我们必须佩服他。他试图抓住的东西很多，最先的是影像技术，然后是赛博空间、录像节目、流行电影、虚拟技术，甚至在日常生活中为我们所熟悉的 E-mail。诚然，哲学就是如此，从熟知的东西出发通达真理。面对这些新型技术，他提出了自己的问题，我们在这些技术面前如何理解"自身"？在虚拟技术中，如何理解身体的地位？"去身体化的无线在场"（disembodied telepresence）等问题成为西方技术哲学家所关心的问题。他们所有的吸引力都被集中到这个问题上。这让我们极易想到海德格尔，当他开始关心技术问题时，他并不很孤单。伊德也是这样。

理解"自身"的任务从苏格拉底的时期就规定了下来，到黑格尔，对自身的理解一直从"精神"的角度展开，特别是费希特（Johann Gottlieb Fichte）的"绝对自我"、谢林（Friedrich Wilhelm Joseph von Schelling）的"自我"、黑格尔的"绝对精神"，这些都是为人类理解自身构筑着客观性的、绝对性的建筑，但是这一建筑越高，人们越发感觉到了它的问题所在，自我与世界的区别越来越大，而且一直成为整个哲学的梦魇。现象学的出现打开了一条缝，胡塞尔的"意向性概念"打碎了传统的实体性思维；在这个基础上，海德格尔把自我从客观性、绝对性中解放出来，为历史性、时间性提供了在场的场所。以后的哲学家无论是反对现象学的，如福柯，还是坚持现象学的，如伊德，都给予这一点极大的关注。

我们知道，伊德沿袭了现象学的传统，他一直声称自身属于现象学的传统，但是他又对之进行了改造，"后现象学"观念意味着一种实用主义传统的、重物质的现象学开始出现。①二者的关系并不是一句话能说清楚的。伊德自身的矛盾与他的好友——拉图尔对他的误解②都说明了这个问题。但是,我们没有必要在这里纠缠,我们只需再次追问:伊德在什么意义上沿袭了现象学的传统?这才是真切而紧迫的。在这个问题上,我们必须回到现象学的核心所在。现象学的核心问题在于"回到事物本身"。而这个"回到事物本身"也意味着忠实地描述出体验,而不是构造出体验。现象学所恢复的是体验,那种存在于理论之先的体验。1919年海德格尔通过"讲台体验"的强调向人们传达着一种观念:我们对最简单的体验的理解是非常拙劣的。当海德格尔强调"原初体验"的时候就体现出现象学的核心所在,而在胡塞尔那里,将意向性体验描述出来也成为现象学的核心所在。在这个意义上,我们可以说伊德沿袭了这一传统的核心。他极力让"事物""事实本身"显现。但是,在他那里,"事实本身"发生了一定的改变,这就是后来在他的后现象学、扩展的解释学中所理解的东西。在这里,我们暂且撇开不论,我们只需紧紧地抓住他,能够把体验放置到他的哲学视野中,这也意味着他对现象学的核心给予了深刻的理解。那么,他对"体验"给予了怎样的理解呢?可以说在身体体验的问题上,他把由技术建构起来的身体之体验放置到了人们的眼前,也正是从这个意义上,我们终于看到了伊德现象学意义之所在,他的身体理论也豁然开朗起来。

对伊德来说,身体性概念进入他关注的视野中还有着个人的原因。这可以从他与现象学和解释学的关系中看到,而且这一点在他那里也得到了承认。伊德把自身的现象学看做"后现象学"。这一立场不同于古典的由胡塞尔、海德格尔所建立的现象学,而是一种实用主义味道浓厚的现象学立场。"在这个反思中,我需要采取一种不同的视角,这个视角是个体化的,反映着我自身对于现象学的理解。我的问题是:一个人如何从事现象学……我总是想象总是感觉到一个实用主义现象学将成为北美现象学的最好综合物……"③在他的"扩展的解释学"中,他的"物质化"概念的提

---

① Don Ihde, *Postphenomenology-again?*, http://imv.au.dk/sts/arbejdspapirer/wp3.pdf".

② "你是个现象学家,因此,你研究着意识哲学。"

③ Don Ihde, *Postphenomenology-again?* http://imv.au.dk/sts/arbejdspapirer/wp3.pdf. 另外,关于他的后现象学立场,他通过一系列文章给予了描述,它们分别是: *Non-Foundational Phenomenology* (1986); *Postphenomenology: Essays in the Postmodern Context* (1993); *Chasing Technoscience-Matrix for Materiality* (2003); *Postphenomenology-Again?* (2003)。

出给予了解释学一种全新的扩展。[①] 在这两种概念的指引下，一种关注"历史性""时间性"的思路被确定了下来，具体的、物质的东西开始成为伊德关注的重点。在这样的情势下，作为历史性、时间性最好的表现形式的"身体"和"身体性"自然而然地成为伊德的青睐所在了。对于身体性的分析后来成为他的整个理论的一个关注点。

正是在如何描述身体、如何描述我们的身体经验上，出现了一个基本的问题。在这里，我们必须借助现象学的"世界"概念进行分析。在胡塞尔的现象学中，他提出了世界意识。在技术问题上，我们依然可以从这个角度给予理解。在这个思路上，伊德无疑继承了现象学的思路，他为身体的在场确定了光亮之所，也就是"世界"。我们是身体，我们是此在在世，我们是文化的此在在世，我们更是技术性的此在在世。通过这样的路径，他为身体确定了自身得以显现自身的光亮之所，这一光亮以三种形式表现了出来，也就是说，世界以三种形式表现了出来。这三种形式分别是：物质、文化和技术。如此，我们必须有效地理解他三个世界形式所传达的意义。而这三个世界形式所呈现给我们的就是不同的身体，它们分别是：肉身建构的身体、文化建构的身体和技术建构的身体。肉身建构的身体与文化建构的身体成为他对传统现象学（胡塞尔、梅洛—庞蒂）、反现象学（福柯）的描述，这两者成为他的技术建构的身体的基础。为了方便叙述，我们称肉身建构的身体为身体一、文化建构的身体为身体二、技术建构的身体为身体三。

二　三个身体：物质身体、文化身体、技术身体

在《技术中的身体》中可以说他系统提出了他的三个身体理论。这本书的内容非常庞杂，从关于这本书的介绍中我们明显地感觉到这一点。[②] 但是，在这本书中，还是有着一条明显的线索，他在追寻着这样一个问题：如何理解赛博空间？我们可以从评论者身上看到这一点。

① 参见杨庆峰《扩展的解释学和文本的世界》，《自然辩证法研究》2005 年第 5 期。他对解释学的扩展经历了三个时期，1999 年开始提出这一口号，1991 年对其进行了修正，2003 年完成了扩展的工作。这也是他的"物质化解释学"的建立。他的这一扩展被应用到政治哲学领域。如何充分理解立法过程，Leandro Rodriguez Medina 在他的 "Where do We Play Politics Today? Material Hermeneutics of Lawmaking Process" 一文中就谈到了伊德物质解释学的应用。

② http://mitpress2.mit.edu/e-journals/Leonardo/reviews/may2003/Bodies in technology.

"……伊德最近的《技术中的身体》一书对赛博空间影响人类经验的方式给予原初的探索。伊德写道，我们通过虚拟现实的传动器进入赛博空间，《技术中的身体》说明了赛博空间身体性的分析……""这本书主要是研究赛博空间中的具身，在这本书中，伊德探索了技术中身体的意义，我们身体的意义与我们在世界中的方向如何受到了信息技术的影响，他的研究对于人文学者至关重要，因为他开启了一条研究如何在人文的角度中使用及整合计算机和技术的新路径。"他对这一问题的追寻还是要面对更深一层的问题：技术如何影响着人类的经验？这个问题的提出和他的思想是相连的。他一直对现象学的创始人不甚满意。他的"后现象学"观念就是一种发泄不满的表示。在他看来，现象学的创始人只是把自身限制在个体的经验中。"在我的工具实在论的视野内，经验是通过技术而建立起来的，这就是为什么我不同于现象学创始人的地方，我是一个批判主体论者立场的人，在那里，自身被限制在个体经验中。"① 可以看出，在这里，他已经显示出一种独特的问题视角：探索技术如何建构起人类的经验？② 对这个问题的研究自然而然地回归到身体上。身体概念成为上述问题回答的发源地。所以，探索身体如何被建构起来成为了他关心的问题。也正是对这一问题的不同理解构成了他的三个身体理论的雏形。

简单来说，他所理解的三个身体可以概括如下：

身体一，肉身意义上的身体，我们把自身经历视为具有运动感、知觉性、情绪性的在世存在物。

身体二，社会文化意义上的身体，我们把自身经历视为在社会性、文化性的内部建构起自身的存在物。如文化、性别、政治等身体。

身体三，技术意义上的身体，穿越身体一、身体二，在与技术的关系中以技术或者技术化人工物为中介建立起的存在物。

下面为了分析的方便，我们把三个身体分别称为：物质身体、文化身

---

① De Landa, *Interview*, http://mail. asis. org/pipermail/sigcrit-1/2003-July/000027. html.

② 在对这本书的相关评论中，表现出相类似的观点。伊德在《技术中的身体》一书中的中心任务是论证这样的观点：即使是最基本的物质性技术活动（从虚拟现实到简单的拿枪行为）也把我们的世界性以自我和关系的方式重新定义了。

体、技术身体。①

在身体一的问题上，其与伊德先前的关于人—技术关系的理论有着重要的关系。我们在这里只是举到其中一个例子，而伊德本人也正是从这里出发的。梅洛—庞蒂曾经举了这样的一个例子说明他关于技术的观点——技术是身体的延伸。如盲人的拐杖、妇女帽子上羽毛。特别是拐杖，盲人的身体通过拐杖而延伸，成为他的身体的一部分。对于盲人而言，这二者已经合二为一了。表示就是：

[人（盲人）—技术（拐杖）]—世界（道路）

但是，伊德本人并不满足于此，在他看来，现象学的分析只是提供一种基础。所有的问题在于对于身体的理解完全忽视了一个至关重要的纬度——技术。如此，伊德所关心的问题就显示了出来。在他看来，胡塞尔、梅洛—庞蒂所提出的身体缺少一个基本的维度，只是谈到了身体的延伸与扩展。但是，这却是把技术限制在一个纯粹的身体关系中，而且，技术与身体的关系并没有得到完全的展开。在这种关系模式中，技术与身体结合在一起，技术因身体而得到理解。但是技术与身体的意义却没有得到显示，这是一个矛盾。

在身体二的问题上，他批判了福柯和女性学者。在他看来，这些人已经很好地处理了身体的社会文化性，特别是几位受过现象学训练的女性学者已经很好地处理了"性别化的身体"这一问题。"身体不但是文化性的，而且是性别化的。几位受过现象学训练的女性学者已经很好地处理了性别化身体的问题——Iris Young，Susan Bordo，Carol Bigwood。"② 我们知道，伊德与女性学者哈拉维交往甚密。这些女性学者对于"身体性"问题的贡献成果肯定为伊德所熟悉，所以，在这里，我们基本上可以推测出，他的身体二理论实际上是理解了后现代话语系统下所显示出来的关于身体的理解。在这里，我们触摸到了身体的另一世界：文化—性别—社会。在这个世界中，身体建构起自身独特的形象来。

但是，他对身体二依然不满意，这就使得他开始扩展身体在场的光亮

---

① 与伊德不同，Andrew Feenberg 认为，身体性理论中应该包括四个身体，它们分别是：身体一是感官身体（the sensory body）；身体二是由文化所建构起的身体（the body informed and shaped by culture）；身体三是依赖性的身体（dependent body）；身体四是延伸的身体（extended body）。在他看来，他的身体四与伊德的身体性理论之间有着密切的关系。

② Don Ihde, *Postphenomenology-again*? http：//imv. au. dk/sts/arbejdspapirer/wp3. pdf.

之所。身体三的提出，并不是空穴来风，有着更深的根源。我们已经知道，伊德自身的理想是创建一个"后现象学"和"扩展的解释学"。而在这一理想中，技术哲学家所理解的现象学所关注的是技术，因此，"技术"终于成为身体的世界，成为身体在场的光亮之所，此即身体是处于技术之中的身体。

在后现象学中，他对其思想做了简单的明示：用"身体性"概念来取代"主体性"。伊德一直试图超越现象学前辈所开辟的主体论传统。在他看来这种超越的方式就是寻求一个恰当的概念来取代主体概念。"身体性"就作为这样一个概念存在着。在现象学的传统中，主体是先验的，特别是在胡塞尔那里，先验主体性成为后期现象学的中心。"身体性"概念对身体给予了重视，身体不可能是先验的，而是经验的，是生存着的。换句话说，是时间性的、历史性的。这成为伊德思想的出发点。他对梅洛—庞蒂的观点给予了评判。在他看来，主体性的概念开始被身体概念所取代。"他的整个观点都指出了如何拥有他的身体来完成智能行为、说话、性行为以及任何其他的人类行为。"但是，在他看来，梅洛—庞蒂的观点存在着问题。"但是，他走的不够远。身体，尽管不是先验的，却是充满性别的，是充满文化性的。这个洞见是现象学的，但是他只是在那些反现象学家那里被看到，福柯是主要的一个。对他来说，身体是社会的身体、政治化的身体、纪律化的身体……他的身体概念假设了一个完全不同于梅洛—庞蒂的前提……"①

三　身体三与器官的延伸

在伊德的身体理论中，涉及了一个为身体性理论所关注的概念——具身性②。这一概念在新的技术条件下提出了这样的一个问题，通过 Internet，我们触及全球的任何一个角落，通过虚拟现实的传动器，我们进入了赛博空间（Cyberspace）。我们如何理解这一现象？具身性无意作为一个有效的概念进入我们的视野内。身体性，他所展现的是一个新的问题。

---

① Don Ihde, *Postphenomenology-again*？http：//imv. au. dk/sts/arbejdspapirer/wp3. pdf.

② Embodiment，是一个非常复杂的概念，这个概念一般被理解为"肉身化""身体化"（刘小枫）。在这里无法给予详细的叙述。只是指出，伊德的人—技术关系中存在着一种关系就是 the embodiment relation，有人把之翻译为"体现关系"，后来又翻译为"身体关系"。相比之下，后面的翻译更为确实些。关于"身体关系"的最好例子是眼镜。

如果说一种新的身体经验进入人们的视野中，那么，由技术所建构起来的身体就是一种新的身体经验，而对这一经验的描述就构成了伊德现象学的关键所在。

伊德的身体性理论，是建立在批判现象学的纯粹肉身的身体和福柯的文化身体的基础上，而提出"技术身体"的过程。更具体地说，他的身体体验经历了同样的三个过程。此过程很容易被误解为人拥有三个不同的身体，这三个身体表现为不同的历史阶段。在身体问题上，传统的表达方式是，我具有一个身体，或者是纯粹肉体的，或者是文化身体的，更或者是技术身体的；但是，现象学的表达方式却是：我是身体，身体身体着。技术身体，也就是我，一种全新的体验开始建立起来。伊德的身体理论也只有在这个背景中才可以具有其恰当的意义。如此，伊德的身体三就可以给予简单的概括了：身体三是由技术建构起来的身体。我们的身体体验是对于技术建构起来的身体的体验。技术与身体之间的关系从此透明了起来。从这里可以看出，伊德给予我们的是对于技术的一种理解，一种关于技术与身体的描述。但这与人类学的理解完全不同。

我们知道，"器官的延伸""肉体的延伸"是技术人类学对于技术的一种理解方式。那么，我们该如何理解这二者之间的关系呢？在伊德的身体三中，"技术建构的身体"使得我们很容易将伊德的身体理论和人类学的技术理论混淆。的确，在伊德这里，身体体现在技术中，这该如何看待呢？[1] 对于这个问题，我们不如说，他宁愿把自己的观点和技术人类学的观点分开，建立起一种属于现象学而不是人类学的技术哲学。也可以说，伊德的技术哲学毕竟不是人类学的，而是现象学的。这一点我们可以从他始终强调自身所属的现象学传统，自身与现象学之间错综复杂的关系中感受到。另外也因为，在现象学上，他更贴近海德格尔。[2] 我们知道，对于海德格尔来说，他批判着对他的思想所做的人类学的理解。"……人们把《存在与时间》作为哲学人类学的著作来读，希望这个项目继续完成。在这一年里，海德格尔对此进行了公开的申辩。在 1929 年他的康德书中，海德格尔明确地把这种期待看做误解，加以拒绝……"[3] 在技术问题上也

---

① Andrew Feenberg 在对这本书的评论中指出，伊德所涉及的是"感觉的延伸"。

② 海德格尔所强调的时间性、历史性成为伊德的思想基点。

③ ［德］吕迪格尔·萨弗兰斯基：《海德格尔传》，靳希平译，商务印书馆 1999 年版，第259 页。

是如此，他的"技术的本质即座架"观点就发源于技术人类学的理解，即技术是人的工具或者人的行为。在二者的关系上，我们已经清楚地看到：现象学的理解开始于人类学的理解。借用其的一句话，可以感受到这里的关系。"如果哲学思考在人类中成长起来，那么它每次都从头开始，并不可能通过内部系统修饰达到它的终结。哲学思考的真实的唯一的终结是偶然的中断——通过死。哲学也在死亡。"

看来，对伊德来说，情况也是如此。他超越了人类学，如果这种超越如他所说建立起了后现象学的王国。那么，这种超越应该是对人类学理解的再次超越。

四 三个身体的局限性分析

伊德的三个身体理论的提出，经历了一个物质身体、文化身体和技术身体的过程。从三个不同的身体界限上，我们感受到不同的体验：这种区分是否能够有效？

物质身体和文化身体之间区分的确立，无疑是延续了西方身体性理论的结果。诚然，我们必须承认，我们所拥有的身体单纯作为肉身存在必然表现为物质的，具有物质性的特点，如身高、重量、会受伤、会死亡、会受到重力吸引等自然物体的特性，如同生物机体一样；但是人之所以成为人，还有另外的原因。正如柏拉图拿着一只被拔光毛的鸡问他的对手：浑身无毛两足行走的鸡完全符合关于人的理解——无毛但两足行走的动物——但为什么却明显地不是人？这个故事显现着人有着更丰富的规定性。于是社会性、文化性世界开始出现。社会性—文化性的身体形成，伦理性的存在就是一种形式。我们是伦理性的存在，而不单单是纯粹肉体的存在。"孔子不饮盗泉之水"将伦理性存在昭显无疑。另外，西方伦理学的理性主义传统也给予伦理性存在以描述，作为肉体的存在，欲望、情绪存在着，但是，伦理学就是如何用理性来控制它们，在这个过程中，伦理性存在形成。在伦理这里如此，其他的领域也是如此。社会性—文化性存在形成了其特有的领域。

文化身体与技术身体之间的区分的确立，是伊德自身所描述的一种结果。文化身体意味着人的社会性、文化性存在，在这个重理论的形而上学传统中，文化被局限在文本中。技术的发展为身体的形成提供了别样的世界，至少在伊德看来是这样的。赛博空间、虚拟空间等都是如此。记得在一个影片《2046》中，男主人公爱上了酷似已逝恋人的机器人，那么他爱上了什么？非肉体的存在物，也非社会—文化的存在物，而是技术的存在物。当然，伊德更深的意义在于他想说出一种身体体验，即我们是技术存在。这一体验切合当前的体验，我们以符号化的方式、信息化的方式存在于网络空间中，一切发生都在技术世界中展开。而这种体验却很少被揭示出来。

伊德的区分——物质身体与文化身体、文化身体与技术身体——所存在的问题需要更翔实的分析，这里只是提出问题供进一步思考之用：存在于物质身体与文化身体之间的区分是否有效？"性别化的身体"是怎样的身体？男性和女性是生物学区别的结果还是社会—文化区别的结果？伊德把"性别化的身体"放置在文化身体中，这显然是有道理的。但是，他却完全忽略了一个基本的事实，性别首先是自然意义上的，其次才是文化意义上的。[①] 由于他处在这样的一个环境中：女性学者掀起的"性别文化"潮流。女性学者有效地勾勒了一副男性如何建构社会的图景，并把这种建构过程给予揭示。这是非常重要的贡献，但是，女性学者却遗忘了一个基本的事实：自然区分的性别却在人类社会中有着重要的地位。如此，伊德的区分在"性别化身体"这里遇到了一个难题：性别可以抹杀他所要求的区分。另外，在文化身体与技术身体的区分上，伊德也存在着难以克服的理论困境：技术从本质上是文化性的，那么，在技术与文化之间努力做出的区别就难以立足了。那么"文化身体""技术身体"之间的区别也难以确立自身。

也许，伊德的身体理论已经远离了他的出发点，他试图保持现象学的特性，但是，我们却在他的身体理论中看到了远离现象学的迹象。突破区分，特别是物质与精神、人工与自然的区分成为现象学的一个任务，但是伊德却又重新回到了为现象学所批判的地方。另外，在"体验"面前，区分的界限并不是那么清晰而牢靠。在习惯面前，区分会消失。在此休谟的"习惯"站立在我们面前，在他那里，人类的习惯使得自身相信了所谓的因果律的存在；在今天，也正是习惯将使得我们不同的体验变得相同。在身体上，也是如此。

---

① "变性手术"主要是针对性别错位的"患者"来进行的。患者拥有男性身体，但是在社会、心理性别上却是女性的，这说明性别也是一种文化性的结果。

当然，更为重要的是，身体三理论的提出是对技术工具论①的一种反对，在这个意义上，他继承了海德格尔的思路，在此意义上，我们可以说他是现象学的。技术工具论并不仅仅是一种描述技术的思潮，它更代表着一种观念，即技术是人的工具。但是事实是，技术不再是工具，而是体现为人的世界。在技术中，经验建构起自身，身体建构为技术的身体。这就是身体三，表现出反技术工具论的理解。

第五节 对象转变的内在逻辑的反思

伊德技术现象学研究对象转变的内在逻辑通过前面的分析应该说已经展现了出来，为了更好地研究他的转变路径以及所存在的局限，我们用图2—4表示。

图2—4实体箭头主要是说明伊德研究对象的转变路径，从图2—4可以看出，伊德所有对象的出发点在于听觉体验/声音现象，后来的研究主要是从声音现象走向技术的研究，这一走向并非纯粹的对象转移，而是从对象转移到对象呈现背景的过程。技术是声音呈现的对象。2013年6月的访谈中，伊德谈到了诸多声音现象，如海里虾米发出的声音、海豚发出的声音。事实上也是如此。"海洋是个非常喧嚣的地方：虾类的劈啪声，鱼类的叫声、海豚嘀嗒声、座头鲸的歌声以及很多物种相互交流声，还有人类驾驶着响亮的船只经过水面产生的噪声。"② 这些声音大部分是人类耳朵所无法听到的。但是，借助某些特定的技术，人们就可以听到这些声音。这样一个过程就是声音被呈现的过程。于是伊德对声音的研究过程逐步将工具和技术的维度凸显出来，这些是作为声音呈现的视域及其媒介而出现，如电子学，还有其他技术，从而工具在其中所承担的作用就成为一个问题出现；身体成为一个对象则是后来《技术中的身体》所集中表现出来的。随后在对技术的反思中由于海德格尔的影响使得新技术凸显出来。在研究过程中，技术与工具、新技术与工具的关系是伊德有意识地关注的内容。

---

① 关于技术工具论，参见杨庆峰《技术工具论的表现形式及悖论分析》，《自然辩证法研究》2002年第4期。

② 《探秘海洋深处的神秘声音图》，http://ocean.china.com.cn/2013 – 10/18/content_30338715.htm。

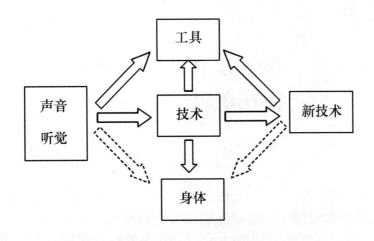

图 2—4　伊德技术现象学研究对象内在转变逻辑

　　图 2—4 的虚体箭头主要说明的是伊德研究过程中所忽略的地方，他对于听觉与身体的关联并没有有意识地去触及，他所有的身体研究都是从技术研究中引发出来的。此外，新技术与身体的关联也并没有为伊德所关注。我们从当前看，这可能算是一个不足。当然，在他的后继者身上我们看到了这一关联，比如维贝克对伴随技术与身体、罗森博格对手机与身体的关联都给予分析。但是，我们本章主要目的是展示他研究对象的内在逻辑，并不对这种不足做出过多的评价。

第三章 伊德技术现象学研究方法的内在逻辑

在第二章，我们已经比较系统地勾勒出伊德研究对象的变化，但是这种勾勒只是针对对象转变的解释进行的，与研究方法无关。殊不知，研究对象的呈现得益于某种特定的方法，如果没有获得方法，对象是无从呈现的；理解对象转变的内在逻辑也需要借助方法及其内在逻辑。所以这就成为本章的一个问题。从二者关系看，"做"现象学方法使得声音现象呈现出来、现象学侧显方法使得工具现象得以呈现、批判方法使得新技术作为对象呈现出来以及反思方法使得身体作为对象呈现出来。这种转变的完成使得对象得以相继呈现。

第一节 "做"的方法与声音现象的呈现

一 以"看"为主的现象学方法

西方文化注重"看"，之所以如此，大致主要受到两种根源的影响。其一与视觉文化的发展有一定的关系，这一文化的形成主要是在中世纪。"这一情景在整个中世纪时期相对没有变化……注意力主要集中在对视觉的解释上，很少注意其他感觉。"[1] 其二是自然科学发展的结果。欧几里得几何学中确立了光学与视觉之间的关联。到19世纪，围绕眼睛、视觉形成了一个有趣的比喻"照相机暗室"（camera obscura）。"最初是眼睛与照相机暗室之间的比较，有一个小孔的黑暗空间。"[2]

---

① Nicholas J. Wade, *Perception and Illusion: Historical Perspectives*, New York: Springer, 2005, p. 20.

② Ibid. , p. 75.

在这一基础上就形成了现象学注重感知中的视觉体验分析的特点。我们知道，纯粹现象学所开启的方法是反思式的，也就是"看"的方法。这一方法由胡塞尔所创立，并为海德格尔所接受。不仅如此，法国哲学家米切尔·亨利也突出了现象学"看"的重要性。"在现象学还原和所扩展的理念论中，现象学家在纯粹看中看到了'与……相关'属于自我的本质，看到了它是自我的真实因素。因此，在还原中纯粹看看到了'与……相关'，并且将它自身揭示为对于无法回答问题的虚幻式回应，这一问题是'与……相关'如何解蔽自身?"① "什么是纯粹地看? 去看某物是指与某物意向性相关。"② 所以，我们看出当胡塞尔提出现象学"纯粹看"的方法的时候，他是为了获得自明的、被给予的东西，即先验自我意识；"现象学地看"对海德格尔影响很大，他直接肯定了这一方法对于他发现存在问题的重要性。而"纯粹看"与意向性之间的关联则为法国哲学家所揭示。可以看出，这些人都是在现象学内部完成了对"现象学地看"的把握。那么伊德是如何分析这一点的呢? 事实上，伊德并没有贯彻这一方法，他对意向性的关注更多的是从物质现象的分析得出的，与现象学"看"这一方法本身并没有直接关系，更为重要的是他对现象学"看"的方法进行了批判，在斯皮尔伯格的影响下，接受了"做"的方法。这点我们将在后面加以说明。

伊德的批判是从知觉主义角度开始的，所以我们也就理解了伊德为什么把胡塞尔、海德格尔两个人归入"知觉主义者"之中了。③ 在这一基础上发展出了"做"的现象学，由此反思"看"的现象学的结果就可以理解他的"做"的现象学方法的形成和应用了。"甚至是粗略一撇胡塞尔的术语显示了强烈的视觉主义者的术语。在意向性内部，有'注意力的光线'；本质直观也是视觉的；他采取了例如艾多思等希腊术语也继续了胡塞尔式的视觉主义。"④

① Michel Henry, *Material Phenomenology*, Scott Davidson (Translator), New York：Fordham University Press, 2008, p. 80.

② Ibid. .

③ 伊德的这种批判还是比较肤浅的，将"看"片面化为知觉，从"做"现象学和知觉主义两个角度完成了对纯粹现象学的批判。但是，现象学地看与意向性、被给予性、还原是整体性存在一起的，而伊德的这种批判是无理的。

④ Don Ihde, *Listening and Voice*, Athens：Ohio Unversity Press, 1976, p. 21.

二 以"做"为主的现象学方法

1976 年是伊德的转折点,他在这一年宣称从此要摆脱对胡塞尔、海德格尔、梅洛—庞蒂和利科尔或者萨特的任何讨论。"我已经弃绝对于胡塞尔、海德格尔、梅洛—庞蒂、利科尔或者萨特的任何讨论。尽管敏感的读者可能会察觉这一切都隐藏在表面之下。"① 这说明,他已经是有意识地摆脱上述现象学家的影响,当然这种影响是潜在的,他本人也意识到是无法弃绝现象学气质的。他弃绝的主要是以"看"为主的现象学,提倡以"做"为主的现象学。"通过给出'做'现象学的研究的意义以及在我能力允许之内努力澄清的语言处理这一问题,我希望采纳这种风格能够获得比失去的还要多的东西。"② 在执行这一方法过程中,他还遇到了困惑,在文本中如何做声音现象学,但是很快被解决。"一本书是被阅读的,它的文字是被看到的而不是被听到。听声音和读字之间有很多差异。然而视觉体现的语言和被听到的语言之间的距离有时候是被夸大的。有时候,在写作中也有声音的吟唱。在读朋友的最新文章的时候,我经常震惊地'听'到朋友的声音。在听觉中出现的声音往往都与那些通常无声的东西有关。相同的现象也可以在那些训练有素的音乐家身上看到,当他们阅读谱子的时候他们能够'听到'音乐。"③

三 声音对象的确立

在伊德看来,人类体验整体是非常丰富的,就知觉体验而言,包括视觉、听觉和触觉。这样的想法主要在《含义与意义》(1973)中充分表现出来。如此,现象学研究如果从视觉过渡到听觉是非常合理的过渡,正好能够体现出体验的丰富性。在他看来,这种转移只是关注点的转移。但是,在具体研究过程中,胡塞尔的描述现象学并没有起到作用。伊德已经开始转向海德格尔的生存论现象学。"在对体验采取现象学式的特定把握之后,争论的意义开始显现需要向第二步迈进,第二现象学。因此通过胡塞尔的描述现象学的第一次逼近和运动,我将开始允许描述现象学转为生

① Don Ihde, *Listening and Voice*, Athens: Ohio Unversity Press, 1976, p. ix.

② Ibid..

③ Ibid., p. x.

存论现象学的第二次运动。通过描述现象学，生存论维度首次在它的意义中被把握到。"① 这一研究方法的转变直接导致了研究对象的不同。"从追问声音的结构和形成开始转入听觉体验的生存论的可能性，这一研究将要穿越声音和聆听扮演重要作用的人类体验的广泛可能性。"② "与说和听语言关系密切的是音乐现象的范围。当然也有生活世界周围、环境的噪声和声音……用更多的生存论术语说，语言的声音、工具的声音、与地球有关的声音、人的声音和上帝的声音。因为听是关于……的听。遍布整个听觉维度的还有内在声音。这些条目每一个都可以在这样的现象学中加以追问。"③

在第一现象学的追问中，《聆听与声音：声音现象学》主要是对客观的现象及其结构给予分析。第二部分"描述"包含了第4—8章，展示了听觉维度、声音的形状、听觉领域、时间性的声音、听觉视域。在描述结尾，作者已经开始出现了向生存论转变的迹象。"等待是让其显现，允许某种持续性的东西进入空间和时间中。听这些是聆听声音周围的寂静。'寂静是时间流逝的声音。'"④

在过渡阶段，这部著作主要是对想象的模式进行了分析。第三部分"想象的模式"包括第9—11章，展示了"体验的复调、听觉的想象、内在的声音"。这部分分析得出的结论是："在这一方面听觉的想象是让视觉世界呈现。我的内在声音不会强烈侵入我所看到的东西中，所看到的东西的客观性部分位于有持续性体验的有意义的成就所认同的允许中。词语以语言让世界作为明显的现象显现自身的方式位于我自身。"⑤

在第二现象学的追问中，他集中在听音乐这一现象。《聆听与声音：声音现象学》这部书第四部分"声音"就从第12—16章展开了海德格尔式的反思。其主要体现为"语言的中心""音乐与词语""寂静与词语""编剧的声音"和"脸部、声音和寂静"等多个内容中。最后他得出了这样一个生存论的结论："在这个意义上，人类之初位于词语之中，但是词

---

① Don Ihde, *Listening and Voice*, Athens: Ohio Unversity Press, 1976, p. 23.

② Ibid. .

③ Ibid. , p. 24.

④ Ibid. , p. 113.

⑤ Ibid. , p. 146.

语位于寂静之中。"①

所以上述分析让我们看到"做的现象学"的方法与声音对象呈现之间的关系。在"看的现象学"中主要是对视觉体验及其对象作出分析，当伊德开始批判这一传统的现象学时，必然会反思与之相关联的对象。于是在"做的现象学"中，拒斥视觉及其对象就成为必然的事情。而听觉及其对象成为一个可能性选择。由于伊德本人年轻的时候对音乐现象比较感兴趣，最终导致了他选择了听觉体验及其声音现象作为"做的现象学"的对象。当然他对众多客观声音现象、主观声音现象、音乐现象的分析较少胡塞尔的味道，但有着比较强烈的海德格尔味道。这表明当伊德将听音乐作为其做现象学对象时，他在某种程度上还残存着胡塞尔式的形而上学，如他对声音做出外在声音和内在声音的区分、声音与视觉等；但是他已经开始有体现着海德格尔的味道，如他将音乐与词语、声音与寂静、声音的显现作分析的时候就充分表明这一点。所以，"做"的现象学方法是有意识摒弃先验意识结构、批判形而上学的结果；但是他"做"现象学却有着浓厚的海德格尔式的味道。这在前期不可避免，在后期他则开始有意识地抹去这种感觉。当他将技术正式确立为自己的研究对象的时候，对象的改变也极力需要方法上的改变。当然，他对声音体验及其对象的理解过于经验化，从而忽略了宗教体验领域中超验者的声音。

第二节　侧显方法与工具现象的显现

伊德极力挣脱胡塞尔的时候却没有意识到他对胡塞尔方法的依赖使得工具现象得以呈现出来，这恐怕是他万万没有想到的。所以，我们在这里又感觉到他的一种复杂情感：极力摆脱胡塞尔却陷于其中，极力模仿海德格尔却形似而神不似。我们将考察以什么样的方法使得工具现象得以显现。

一　在与不在

胡塞尔在他的现象学分析中为我们提供了一种关于在与不在关系的描

---

① Don Ihde, *Listening and Voice*, Athens: Ohio Unversity Press, 1976, p. 186.

述。① 胡塞尔把我们对于可见面的体验看做"最原初地被给予",它是"活生生的自身被给予",另外在变换中,原先的不可见面会变为可见面,所以在时间流中,这些不可见面也应该是"活生生的自身被给予"。二者的关系除了这种变换关系之外,更为基本的是二者互补而确保了物的整体呈现。"只有在在场(直观性地被给予的侧面)和缺席(没有直观性地被给予的杂多的侧面)的相互作用下,这棵苹果树才能够作为一个超越的对象而显现出来。最终,胡塞尔宣称,被直观地给予的侧面,仅仅是因为它与对象缺席的侧面的视域性关联才呈现对象,仅仅是因为它在一个(缺席者)视域里的嵌入,那在场的侧面才作为在场的侧面被构成。"② 可以看出,在胡塞尔那里,在场与缺席共同构成了事物的呈现。③ 我们面对一个物体,我们所感受到的是物体的能够被感受到的面与其他的无法被感受到的面的综合。我们以对一个立方体的观看为例子将会说明这一点。

"物体必然只能'在一个侧面中'被给予,而且这不意味着它在某种意义上是不完全的或不完善的,同时也意味着侧显式呈现所规定的东西。"④ 但是,胡塞尔没有说明这种被给予的完善性或完全性所需要的条件。事实上是常识体验成为这种条件。这一常识应该被理解为存在于我们意识中的前理解结构,缺乏这种结构,我们对立方体的感知就无从谈起,胡塞尔上面所说的缺席与在场的关系就会失去支撑,这个事实决定了我们理解的过程。我们以对立方体的感知为例子就可以明白这一点。首先我们具备基本的"数学常识体验",即立方体本身应该有 6 个面、12 条边和 8 个顶点。然后关于立方体"在一个侧面中地被给予"的讨论都是基于这个前提——常识体验——展开的。这一讨论可以分为五种情况:

(1) 所有的 6 个面无法感知。

(2) 感知到 1 个面,其他 5 个面是不可见的。

(3) 感知到 2 个面,其他 4 个面是不可见的。

---

① Fr. Robert Sokolowski, *Presence and Absence: A Philosophical Investigation of Language and Being*, Bloomington: Indiana University Press, 1978.

② [丹麦] 丹·扎哈维:《胡塞尔现象学》,李忠伟译,上海世纪出版集团 2007 年版,第 101 页。

③ 这种关系只有基于一种常识体验才是有效的,这种前理解即呈现在我面前的物必然是一个完整的东西,合乎理性的存在物。就如我们对立方体的认识,当我被告知呈现在我面前的是立方体的时候,我意识中首先浮现出来的是六个面组成的物体,如果我只看到了其中的几个面,那么必然会有一些面存在着,只不过现在缺席。如果缺乏这种前理解的认识,那么这种关系性的存在则会出现问题。

④ [德] 胡塞尔:《纯粹现象学通论》,李幼蒸译,商务印书馆 1997 年版,第 121 页。

（4）感知到 3 个面，其他 3 个面是不可见的。

（5）所有的 6 个面都可以感知。

上述可感知的情况与我们观看的视角有关系。我们首先对特例（1）和（5）进行说明。我们依次对上述 5 种情况做出解释。首先是（1），当我闭上眼睛，或者背对着立方体的时候，（1）是有效的；这种情况所关联的问题是：不仅是所有面的无法感知，而且关乎到我如何断定立方体的存在？在物理学上，我们也可以看到类似的情况。爱因斯坦和波尔的争议最后化为一个问题，月亮在我不看它的时候还在不在？这一问题可以通过现象学的方法来解决。（5）的情况就是假定这个立方体是透明的或者是我自身具有一种穿透立方体的特异功能。

接下来，我们排除了上述的特殊情况，而是基于一个基本的前提，我们始终朝向这个立方体，对其进行观看，持续地观看将让我们获得上述（2）（3）（4）的结果。在这个过程中我们将感受到可见面与不可见面区分的有效性。当我正面朝向立方体，这时候，立方体向我呈现出来的是一个二维空间上的正方形，也就是说朝向我的这个面是可见的，而其他 5 个面是不可见的；接下来，我们保持着正面，眼睛朝上移动，在偏离第一个直面和与第二个面正面朝向前时，情况（2）是有效的，此时 2 个面是可见的，另外 4 个面是不可见的；接下来我的眼睛回到原来直面第一面的情况，然后朝我的左上方或者右上方或者左下方或者右下方一直到与第二个面保持直面前，情况（3）是有效的，即 3 个面是可见的，另外 3 个面是不可见的。

我们只能看到上述三种情况，想看到 4 个面、5 个面的情况只有借助辅助手段，如镜子，但这已经超越了这里所谈论的问题。另外上述情况也发生在我们保持不变，物体发生转动的情况，这是计算机技术取得突破后带给我们最大的便利。传统现象学的有效性在计算机上得到了最大的实现。

如此，在我们保持看的情况下，会感受到构成立方体的可见面和不可见面。在我们面对立方体转动的过程中，我们意识到立方体原先的不可见面变得可见了，或者可见面变成不可见面。"一个醒觉的自我的体验流的本质正在于：连续不断向前的思维链锁连续地为一种非实显性的媒介所环绕，这种非实显性总是倾向于变为实显样式，正如反过来，实显性永远倾向于变为非实显性一样。"① 在我们感知到可见面的时候，理性告诉我们另外的不可感知的面还是存在的，而且我还期盼着另外不可感知面以合理的方式出现。在正常情况下，这种期盼将获得满足，立方体会以前理解结构合理的方式出现，我们必然会看到其他的与我们已经看到的面相同的面。但是，如果碰到了另外一种情况：比如被欺骗的状况下，理性会让我陷入错误的认识中，意料中的期盼落空了。如此，我们碰到的一个问题：在物体的构成中，可见的面与不可见的面之间的关系这一现象学的问题。

　　这可以作为我们分析的理论基础，但是还不够。需要解决问题如下：在特定的体验形式中，在场的意向对象与缺席的意向对象其呈现方式有何不同？由于这种分析的方式，即在一个在我的视线中呈现对象的分析中，在场者与缺席者的呈现方式是相同的。正如我们在上面所看到的，原先不可见面会在一段时间之后变为可见面，在它以可见面呈现给我的时候，呈现方式没有变化。但是，在其他情况下，我们会发现在场者与缺席者呈现的方式是不同的。与侧显原则相关的"在与不在"是胡塞尔现象学中的一个重要方法论。在伊德那里，他所面对的问题是：如何将不可见的声音现象显现出来？在他看来，绝不是"先验意识的综合"，他早已烦透了这种表述，他直接将"工具"这一具体的作为声音现象的经验形式变成可见现象的东西了。那么声音如何被显现出来呢？

二　可观察的和不可观察的

　　现象学中的"在与不在"主要是用于描述某一对象自我呈现现象的概念。在现象学观点中，某物的自我呈现必然是在场的东西与不在场的东西共同呈现的结果。这与伊德所阐述的将不可见对象显现出来的观点还是有一定的距离。但是在科学哲学中，范·弗拉森（Van Fraassen）对可观察的东西（the observable）与不可观察的东西（the unobservable）的划分更适合理解伊德这里所说的问题。在范·弗拉森看来，可观察的东西是经验的，比如物理学上的实体、现实生活中的物品；不可观察的东西是理论的，如抽象的理论概念。

　　我们不由得想起康德所描述过的一个现象：因果律与因果现象。对我们一般人来说，原因和结果是两个独立存在的、有着内在关系的现象。如

---

① ［德］胡塞尔：《纯粹现象学通论》，李幼蒸译，商务印书馆1997年版，第105页。

我用力压一根粉笔，粉笔会断掉。在这个现象中，压力是粉笔断掉的原因，粉笔断掉是压的结果。在这个现象中，可观察的是两个现象：用力压粉笔和粉笔断掉。但是因果律本身却不是可观察的，它是理论性的存在。在范·弗拉森所说的这种划分中也是延续了这一点。

但是，他所提到的一个问题却是关键的：可观察的和不可观察的标准。"相似的是，可以通过望远镜看到月亮的卫星——木星；但是如果你离它足够近不用望远镜也能够看到它们。可观察的某物并不自动意味着对于观察来说条件是对的；原理如下：X 是可观察的，其条件是如果有这样的情景：X 在那些条件下呈现给我们，那么我们观察它。"① 的确，当一个物体超出我的视力范围后，对于我来说是不可见的；但是在两种条件下它又可能是可观察的：（1）当我用望远镜观察的时候，能够看到它，这时候它是可观察的；（2）当我借助其他技术手段将自己带到视力范围之内，它亦是可观察的。所以在科学上，我们经常会碰到类似的情况：比如物体太小，如细菌，对于肉眼来说，是不可观察的实体，但是借助显微镜，它又成为可观察的实体；还有身体内部的机体情况，对于肉眼来说，不可观察，但是用其他成像技术，又成为可观察的了；等等。这一点与伊德所说的是一致的。对于他来说，可见的只是处在知觉范围的物理实体；不可见的是超出知觉范围的物理实体，而并非传统科学哲学中所谓的理论实体。

三　显现不可见的声音的工具

伊德通过电子学中的工具向我们分析了声音现象得以显现的可能性。"通过这场革命我们要比任何前代人进一步学会聆听。电话、收音机和射电望远镜都前所未有地扩展了我们的听力。它也从技术上制造了极具说服力的声音，如来自卧室音响的甲壳虫和贝多芬。"② 我们可以按照伊德所说的逻辑对他认为的不可见的声音加以认识。

对于伊德而言，视觉是判断可见与不可见的重要依据。但是在具体分析的时候，我们又发现对不可见对象的判断标准还加入了与声音相关的听觉，如此，就有了两类不可见的声音现象。

---

① Van Fraassen, *The Scientific Image*, Oxford：Oxford University Press, 1980, p. 16.

② Don Ihde, *Listening and Voice*, Athens：Ohio Unversity Press, 1976, p. 4.

1. 以视觉为依据，所有的声音都是不可见的。如中国有余音袅袅的说法，但是没有人能够看到余音是什么样子。所以对于眼睛来说，所有的声音都是不可见的。

2. 如果加以听觉依据的话，那么超出人耳的听力范围的声音是无法听到的。人的耳朵所能捕捉到的声波范围是20—20000HZ，低于20HZ的次声波一般听不见，高于20000HZ的超声波也听不见。① 如此，处在这个范围之外的声音对于耳朵来说是不可见，比如遥远地方的声音如星星发出的声音、微观世界的声音如蜜蜂振动翅膀的声音等。

在伊德那里更多的只是触及第二类声音现象。所以，对于他而言，超出耳朵范围的声音随着电子学的突破而能够为我们所把握到。"电子通信革命使得我们意识到曾经的寂静领地实际上也是声音和噪声的领地。通过电子放大器，通过声音的延伸大洋会响起鲸鱼的歌声和虾米撞击的声音。远处的星星在射电天文学的静电中发出啪啪的声音。在我们都市环境中噪声污染威胁着心灵的宁静，这已经成为我们所渴望的东西了。"② 这一分析无疑更加证实了伊德所说的不可见的声音实际上是对于耳朵所能触及的范围来说的。所以说他所认为的声音的显现是经验形式的，与直观没有关系。

在他的这个分析中，还能够引出另外一个问题就是人与技术的关系，比如他所提到的电子放大器、射电天文望远镜、雷达等声音技术。他的分析告诉我们这些技术工具是耳朵的延伸，让我们能够听到遥远的、微观的未知世界的声音。在这里"具身关系"的概念呼之欲出。因为这些工具让我们获得了新的听觉体验，听到了前所未有的声音。从科学史上看，我们的耳朵让以自然界为依据的物理声学成为可能，而作为耳朵延伸的电子学中的相关工具让微观自然界、遥远宇宙的声学成为可能。从这个角度看，他有着非常明显的经验主义的色彩。当然对于当时伊德来说，他更多关注的是声音的生存论阐释，还没有开始转向。

今天看来，伊德的这个分析也可以适用于与视觉有关的图像技术，比如摄影技术。我们肉眼所能看到的范围是有限的，同耳朵一样。如我们看不到遥远地方的事情，看不到微观世界的物体，看不到快速运动物体的样

---

① 人说话声音频率范围是300—3400Hz。

② Don Ihde, *Listening and Voice*, Athens: Ohio Unversity Press, 1976, p. 5.

子，等等。而科学技术的发展使得这一点成为可能。借助录像技术，我们看到了遥远地方发生的事情，借助显微镜我们看到了细菌、DNA 的结构，借助高速摄影机我们看到了子弹穿过奶酪时的样子，等等。这些技术发展都呈现了不可见的对象。还可以用来分析与触觉有关的对象。当然这些都曾经在他的《含义与意义》中被注意到。但是在这部论著中，更多是对体验本身的分析，而对体验得以呈现的工具却很少触及。

那么，有一个问题是必须面对的：可见的对象与不可见的对象之间是怎样的关系？根据伊德可见的对象是知觉内的经验对象，不可见的对象是知觉以外的经验对象。这二者之间并没有本质上的不同，只是对于知觉而言的范围不同。而只有借助更新的技术，不可见的对象才是能够为知觉所把握的。所以从一个方面看，伊德的分析属于现象学式的分析：可见的对象为知觉所把握，不可见的对象随着时间流逝、技术发展变得可见，这是从人类意向充实的整体过程来看。但是也存在着问题：可见对象与不可见对象并非同属一个特定的对象。我们当然可以从整体的自然界角度去说可见的与不可见的属于自然界的不同侧面。但是这多少有点牵强。

第三节　批判方法与新技术现象的显现

一　关注传统技术的海德格尔

从科技史上我们可知：近代声学主要是针对自然界声音而言的，但是对于微观世界的声音并没有涉及。当然根据形而上学的推测，我们可以断定宏观世界与微观世界声音的运动规律是一致的，所以可以不必区分二者。这对于声音运动的规律以及把握他来说是没有问题的。但是对于现象学而言，声音要呈现给人自身以及人的声音体验才是关注的问题。这就需要给予区分二者了。日常生活世界中的声音现象可以为耳朵所听到，但是微观世界的声音就无法为耳朵所听到。所以要获得另一个世界的声音体验必须考察声音显现的客观条件：科学技术。所以伊德清楚地意识到对传统技术做出批判。这一方法使得他开始关注新技术。对于他本人而言，海德格尔是涉及传统技术最为坚定的代表。

他对海德格尔极为重视，对海德格尔的关注也非常早，当然早期的时候是有意识地运用海德格尔的方法去分析问题。他 1971 年出版的《哲学家听》、1973 年出版的《含义与意义》就开始把海德格尔的方法作为主要研究方法来使用。后期则有意识地反思海德格尔对于他的重要意义。尽管这是他后期的反思，直到 2010 年前后才出版了关于海德格尔技术哲学的相关著作。但是，我们也做出一个预判断：伊德非常了解海德格尔技术观上存在的问题，所以他的反思一直没有间断。此外，有趣的是，作为思想的转折点在法国技术哲学家艾吕尔那里也有所体现。1977 年是艾吕尔的转折点。"1977 年我的错误是认为一旦在某个特定的时期达到特定的效率阶段和完善阶段，事物会倾向于静止。我相信那个时候计算机的能力和速度可能足够，不需要进一步的发展。我那时错了。科学家发现为了满足新的研究所需的更复杂的计算需要，他们不得不提升计算机计算速度几千倍，这些也可以用于上述所列的五个所有的领域。"后来《海德格尔的技术：后现象学视角》（2010）的出版是对海德格尔的系统总结。① 所以，伊德将新技术作为对象很大程度上与他对海德格尔技术的分析有着很大的关系。在他看来，海德格尔的技术观念存在着以下两个主要问题。

1. 缺乏现代性：对于 80 年代以来的技术发展，伊德列举了一些技术情况，在他看来，存在纳米、生物、信息、认知技术、机器人技术还有图像技术。而这些技术已经不同于海德格尔所认为的现代技术，在海德格尔看来，现代技术主要表现为"工业技术——机器的、巨大的、机械的、系统的和复杂的工业技术"②。之所以如此，因为海德格尔所处的时代是工业革命的时代。而在他看来，工业革命之后的下一次革命与电力能源相关。③ 此外，通信技术和图像技术都是 20 世纪中期以来的技术趋势。对微观现象的描述是海德格尔之后现代技术发展的重要趋势。所以，在伊德看来，海德格尔哲学中所包含的技术不够现代；而在他看来，真正的现代技术的主导趋势是从宏观走向微观。

2. 缺乏技术史的观照："在很少的例子中，这些新技术的源头可以追溯到 70 年代之前，仅仅那些对现实技术和创新感兴趣的人才会熟悉这些技术的早期形式。海德格尔并不属于这些人，他排除了特别的技术，忽略了技术史。"海德格尔非常重视技术问题，这在 20 世纪五六十年代的时

---

① 作者在此书导论中指出，其主要集中在当代技术哲学的起源与形成和海德格尔应有的地位分析上。

② Don Ihde, *Heidegger's Technologies: Postphenomenological Perspectives*, New York: Fordham University Press, 2010, p. 2.

③ 伊德描述了 2004 年的一次经历作为现阶段与电子学相关的革命时代。

候表现最为明显。《技术的追问》《物》等论文就是这一思想的表达。可以说，伊德要建构他的后现象学，必须有效处理海德格尔的生存论现象学与技术的问题。他对此投入了颇多的精力。他的《海德格尔的技术：后现象学视角》（2010）一书和《海德格尔论技术：适合所有的同一尺度》（2010）以及《大陆哲学能够处理新技术？》（2012）等论文中重点处理了这一问题，即海德格尔的哲学能否有效处理新技术？

二　海德格尔现象学中的技术

我们需要回到海德格尔的文本中看一下：海德格尔关心的技术到底是怎样的？只有这样我们才能够有效回应伊德的问题。

20世纪人们对技术的反思超越了浪漫主义的界限，而达到了一种全新的境界，海德格尔即是如此。通常我们认为，海德格尔对现代技术给予了深入的反思，在他的思想引导下，我们将与现代技术不期而遇；但是，事实情况却不尽如人意。从科技史的角度看，他对于现代技术本身无所言说，出现在他视野中的技术物品多为传统的、日常生活世界的物品；即使是涉及现代技术，而且有所言说，也只是以现代技术为舞台，高歌的一曲充满忧郁、体现乡愁的歌剧。

（一）科学技术史与科学技术哲学

在当前的科技哲学的研究中，科技史与科技哲学之间存在着一种割裂断开的关系。科学技术史的研究往往偏重于历史性的考察，科技哲学的研究或者偏重理论性的研究，或者偏重于实践性的研究。各自领域的研究者往往忽略了彼此的关系。我们在这里首先是要指出：科技史将向我们展现出存在于科学技术哲学家思想中的一些错误。也许有些错误是常识性的、非常低级的；有些错误却是隐蔽的、难以察觉的。对于执着于每一领域的研究者来说，或许难以发现这一问题所在。对于科技史的研究者来说，他们忘却了对科技的哲学之思；对于科技哲学的研究者来说，他们很容易出现科技史方面的错误。

也许在科学技术史的视野中，哲学家最容易犯类似的错误。科学家与哲学家之间的矛盾到21世纪达到了顶峰。发生在2004年左右的"索卡尔大战"无疑是最好的证明。当然，由于传媒的扩大，这有些夸张，但是不可否认的是，哲学家在描述科学技术时往往存在着一些错误。当然，这样评价他们是有些过分，毕竟我们是从今天的角度，从今天的科技水平来看待他们。但是，我们还是希望说明并且指出，出现在他们视野中的科学技术恰恰由于时代的局限而出现他们没有看清楚的问题所在。完满的哲学思想掩盖不了他们在哲学之外领域内的失误。

我们从笛卡儿开始。今天看来，笛卡儿的关于"光"的本质的看法是非常错误的。"笛卡儿认为光是一种压力，在充满物质的空间内传播。"① 但是，根据现代物理学的知识，我们知道，光是波粒的统一体。再一个是康德。他曾经探讨过太阳的本质。在那里，他把太阳描述为"火球"。还有黑格尔，他的《自然哲学》问世后，就受到了当时科学界的批判。

当然，这也不能无视个别哲学家在看待科学技术发展上的前瞻性，如康德与海德格尔。康德的"太阳系星云起源学"学说就为科学的发展起到了预言性的作用。1755 年康德的《自然通史和天体论》提出了"太阳系星云起源学"，而另一位法国科学家拉普拉斯（Pierre Simon De Laplace，1749—1827），在 41 年后也就是 1796 年出版的《宇宙体系论》一书中，才提出了有关太阳系起源的星云说；海德格尔指出"去远"这一空间性特性是现代技术的关键性特征，这一观念无疑成为 20 世纪 80 年代后的 Internet 技术的哲学性基础，也为未来的技术发展奠定了基础。

海德格尔的技术哲学在国内外的影响是非常重大的，成为不可逾越的高峰。但是，我们没有必要为其耀眼的光辉所刺伤，而应通过一面镜子来看到隐藏在这种光辉之下的瑕疵。

（二）海德格尔在世时的现代技术状况②

海德格尔在世的 87 年中，也就是 1889—1976 年，科学技术界究竟发生着什么事情？这对我们来说应该是历时性的回顾。而对这段历史的回顾非常有利于帮助我们理解海德格尔技术哲学中存在的问题。

首先第一个问题是：海德格尔所生活的时代在科技史上是一个什么样的时期？我们通常说他对现代技术的本质进行了探讨。那么，他与"现

① ［英］W. C. 丹皮尔：《科学史》，李衍译，商务印书馆 1997 年版，第 237 页。
② 伊德并没有对海德格尔所关心的技术形式作出系统分析，所以本部分内容主要是集中在对海德格尔所关注的技术形式做出描述和分析，但是他还是在《海德格尔的技术：后现象学视角》的序言部分对这个问题给予了简要分析，他指出海德格尔熟悉的技术如收音机、电视、打字机、原子弹；而海德格尔不熟悉的技术如互联网、娱乐技术（随身听、MP3 等）、手机、数字照片和基因工程，等等。他提出"技科学主要是后海德格尔的现象"。

代技术"有多远呢?

我们先来看一下他在世时期技术发展的情况。从技术史来看,海德格尔生存的时代,经历了第二次技术革命(19 世纪 70 年代到 20 世纪 40 年代)、第三次技术革命(20 世纪 40—70 年代)。① 其中第三次技术革命被看做"现代技术革命"②。70 年代以后,也就是海德格尔去世后的时间,人类进入了新技术的时期,这也是我们生活的年代。"70 年代以来,现代技术革命进入一个新的发展阶段,即人们通常所说的新技术革命阶段。最主要的标志是两个方面的突破。一方面是微电子技术的发展……另一方面是生物技术的突破……"③ 如果说,这种观念可以成立的话,我们可以看到,海德格尔在 50 多岁的时候才开始体验到现代技术的威力。那么海德格尔生活的时期现代技术的领域有哪些惊人的革命性成果呢? 我们将按照现代技术的不同领域来展开分析。

1. 电子计算机技术

海德格尔 50 多岁的时候,也就是在 1946 年,世界第一台计算机诞生;在海德格尔去世之际,也就是 1976 年,计算机已经发展到了第四代。"1972 年计算机进入发展的第四代,用上了大规模和超大规模集成电路。"④随后,Internet 技术发展起来。但是海德格尔并没有看到这项技术所带来的巨大影响。因为,"因特网的发展历史可以被分为两个阶段。1960—1985 年,计算机科学家与工程师对因特网的发展做了很多基础理论和技术上的贡献。在这一时期,因特网主要是由研究机构使用,保持着一种组织松散的通信技术形态。从 1985—2000 年,因特网完成了公共管理到私人管理的历时较长的转换,而且在 20 世纪最后的五年里经历了爆炸性的增长"⑤。而互联网技术的出现所带来的问题是非常巨大的。现在每个人都熟悉的 HTTP 与 HTML 则出现得更晚。1991 年 HT-TP 与 HTML 一起构成了我们今天的 WWW。

2. 微电子技术

---

① 第一次技术革命发生在 18 世纪 60 年代,直至 19 世纪 70 年代,这恰恰是马克思生活的年代。

② 李继宗主编:《现代科学技术概论》,复旦大学出版社 1994 年版,第 25 页。

③ 同上书,第 26 页。

④ 同上书,第 293 页。

⑤ [美] 本·斯泰尔、戴维·维克托、理查德·内尔森:《技术创新与经济绩效》,上海人民出版社 2006 年版,第 309 页。

微电子技术的发展大约在海德格尔 58—70 岁的时候开始的。"1947年，肖克莱（W. B. Shockley）、巴丁（J. Bardeen）、布拉顿（W. H. Brattain）发明晶体三极管，1959 年基尔比（J. S. C. Kilby）宣布了集成电路的诞生，吹响了微电子学的诞生。"① 这个时期，集成电路的发展呈现为缓慢的趋势，但是随后，集成电路的增长却呈现为令人惊讶的速度，"贝尔实验室在 1974 年 11 月宣布了晶体管的发明"②。在集成电路的基础上，数字技术诞生了。而这一技术导致的影响是海德格尔无法看到的。

3. 能源技术

能源的使用是海德格尔所集中关心过的问题。人类的能源有机械能、热能、核能三种形式。机械能为最早的使用形式，这也构成了海德格尔技术哲学中的主要对象。如利用水力、风力、畜力等。现代机械能的开放形式有水流、波浪、潮汐和风力。对核能的利用主要是来自爱因斯坦的公式 $E = mc^2$，1942 年 12 月开始投入使用，1954 年全世界第一个核电站在苏联运行。在海德格尔技术哲学中，他最担心的就是人类对于核能的开发和利用。但是，从科学的发展角度来看，海德格尔的担心和普通人一样，核能的发电利用只是理想状态的事情。直到现在，也没有实现。所以，在他的批判中有着浪漫主义的色彩。

能源问题的出现是在 1973 年以后才显现出来的。这一年因为石油涨价导致了第一次能源危机。

4. 材料技术

海德格尔完全没有注意到材料技术带给人类的问题。在今天，这个问题异常突出了，由加拿大学者唐娜·哈拉维所提出的 Cyborgs 成为一个日渐引起学者关心的问题了。但是海德格尔却忽略了。材料科学分为金属材料、无机非金属材料、有机高分子材料和复合材料。有机高分子材料的发展有所体现，1920 年斯托丁格（H. Staudinger）提出高分子概念。塑料是最主要的形式，1930 年世界产量为 10 万吨，截止到海德格尔去世时，世界的塑料产量近 6000 万吨。③ 植入人体的属于医用高分子材料。

5. 空间技术

① 李继宗主编：《现代科学技术概论》，复旦大学出版社 1994 年版，第 308 页。
② ［美］本·斯泰尔、戴维·维克托、理查德·内尔森：《技术创新与经济绩效》，上海人民出版社 2006 年版，第 355 页。
③ 李继宗主编：《现代科学技术概论》，复旦大学出版社 1994 年版，第 370 页。

　　利用热气球探索空间的技术一直持续发展着。1929 年的时候，这项技术已经很成熟了，但是它的高度也因此受到了限制。"气球的结构决定了它只能达到 50 千米的高度。"因此，人们的注意力转移到火箭的研究上。"1903 年俄国科学家齐奥尔科夫斯基（K. E. Ziolkovskii）发表题为《利用喷气仪器研究宇宙空间》的论文，提出了利用火箭探索宇宙空间的思想，建立了著名的齐奥尔科夫斯基公式。"① 第二次世界大战后，利用火箭探测 50 千米以上的空间成为了可能。随后，对卫星的研制成为重点，"1954 年 10 月 4 日，苏联成功地发射了世界上第一颗人造卫星，它标志着'空间时代'的真正开始……1961 年，苏联第一个发射载人飞船……"② 这对美国人的刺激很大。美国人加速研究，"1969 年 7 月 16 日，阿波罗 – 11 号发射，宇航员阿姆斯特朗（N. A. Armstrong）和奥尔德林（E. Aldrin）登上了月球。"③

　　卫星技术的发展为后来的通信技术奠定了基础。这一点海德格尔没有看到。1957 年人类第一颗人造卫星诞生。1958 年 12 月 18 日美国发射了第一颗通信卫星"斯科尔"，这导致了后来通信技术的飞速发展。1964 年美国发射第一颗静止通信卫星"国际通信卫星 1 号"。隐藏着的地球村在这个时期出现了。但是海德格尔并没有注意到。

　　6. 生物工程

　　现代生物工程的出现是 1973 年的事情了。这一年 DNA 重组技术出现。"DNA 重组是一种由赫伯特·博耶和斯坦利·科恩在 1973 年发现的基因技术。"④ 海德格尔已经进入了垂暮之年，也许他没有精力再关注这个隐含着人类命运的事情了。

　　那么他本人究竟涉及哪些现代的技术成果呢？而这些成果得到了怎样的使用呢？在使用中存在着哪些不足呢？这一点我们需要从他的著作中找寻到。为了分析的方便，我们以《海德格尔选集》作为线索，希望以此来达到我们的目的。

　　（三）海德格尔技术之思的技术物品

---

　　① 李继宗主编：《现代科学技术概论》，复旦大学出版社 1994 年版，第 382 页。

　　② 同上书，第 384 页。

　　③ 同上。

　　④ ［美］本·斯泰尔、戴维·维克托、理查德·内尔森：《技术创新与经济绩效》，上海人民出版社 2006 年版，第 470 页。

如果对涌现在海德格尔反思之中的技术物品加以反思，就能够使我们看到他本人以何种方式来观照现代技术。以下将按照时间顺序来分析海德格尔思想视野中的技术物品。

1. 《时间概念》中的钟表

我们能够在《海德格尔选集》中找到的他分析的最早的技术物品是"钟表"。这是 1924 年的时候他在《时间概念》中提到的问题。"时间是如何与物理学家照面的呢？物理学家对时间的把捉和规定具有测量的性质。测量指示出多长、何时、从何时到何时。一只钟表显示着时间。时钟是一个物理系统，假如这个物理系统不受外在影响而发生变化，那么在这个系统上就始终重复着相同的时间序列。这种重复是一种循环。每一周期都具有相同的时间延续。时钟给出一种不断重复的相同的延续，人们总是能够回头抓住这些延续。对这种延续的时间段的划分是任意的。时钟测量出时间，因为我们把某个事件的延续期限与时钟上相同序列相比较，并且由此而在数字上规定其多少。"[1] 在他看来，钟表为我们带来了时间体验：时间测量体验。"一切时间测量意味着把时间带入'多少'中。"[2] 但是，这一体验却远离着时间本身。"如此追问着'何时'和'多少'之际，此在丧失了他的时间。"[3] 甚至，在他看来，由于"钟表时间"的出现，"就绝无希望达到时间的原始意义了"[4]。所以，"如果我们追问什么是时间，那么我们不要匆匆忙忙地依恋于一个答案（时间是这个那个），因为这种答案总是意味着一个'什么'"[5]。在他看来，我们读出时间不应该是从"钟表"当中获得，而是应该回到此在本身。"'什么是时间'这个问题变成了'谁是时间'这样一个问题。更切近地：我们本身是时间吗？或还更切近地：我就是我的时间吗？这样一来，我便是最为切近地走向时间，而且，如果我正确地理解了我的问题，就会非常严肃地对待之。"[6]

海德格尔对于钟表带给我们的时间体验给予了深刻的描述。在使用这一物品上，他完全正确，钟表存在的历史先他好几百年，而且，他对钟表

---

① 孙周兴选编：《海德格尔选集》，上海三联书店 1996 年版，第 10 页。
② 同上书，第 22 页。
③ 同上书，第 20 页。
④ 同上书，第 23 页。
⑤ 同上书，第 25 页。
⑥ 同上书，第 25—26 页。

的"精确性"特征的刻画也是有前瞻性的。如今物理学家们发明的原子钟更加证明了他所说的话,在测量的精确度上,原子钟达到了前所未有的精确。物理学家们的时间概念转换为日常生活中的时间概念。如此,我们看到,从精确度上获取时间的理解,是无法通达到时间的本质的;因此而获得的精确性的体验也不是本真的时间体验。

但是,海德格尔的时间体验分析完全忽略了中国的时间体验。在钟表传入中国之前,用的是日晷和漏刻来描述时间。这不是一种计算式的体验,尽管其中有着"何时"的概念,但还是完全不同的。只是到了1580年西方传教士罗明坚将自鸣钟传入中国,这个时候钟表式的时间观念才得以逐渐形成。如果他能够对中国的时间概念给予考察,也许能够对于他的时间问题的思索有所帮助。

2. 锤子—农鞋

1927年在《存在与时间》中海德格尔谈到了"锤子"这一物品。他为了刻画此在的"操心"结构,于是选取了"用具"作为分析对象。他强调了此在最基本的生存结构是"操劳"。"从现象学角度把切近照面的存在者的存在展示出来,这一任务是循着日常在世的线索来进行的。日常在世的存在我们也称之为在世界中与世界内的存在者打交道。这种打交道已经分散在诸操劳方式之中。我们已经表明,最切近的交往方式并非一味地进行觉知的认识,而是操作着的、使用着的操劳——操劳有着它自己的认识。现象学首先问的就是这种操劳中照面的存在者的存在。"①操劳被看做有着自己的认识方式的最近的交往方式。他认为,从用具(世内存在者、上手事物)可以通达世界、此在及真理现象。而锤子与农鞋成为众人皆知的谈论对象。

在谈论锤子时,他指出:"对锤子这物越少瞠目凝视,用它用得越起劲,对它的关系也就变得越原始,它也就越发昭然若揭地作为它所是的东西来照面,作为用具来照面。"② 在讨论农鞋时,他也从同样的角度进行强调。"田间的农妇穿着鞋,只有在这里,鞋才存在。农妇在劳动时对鞋想得越少、看得越少,对它们的意识越模糊,它们的存在也就益发真实。

---

① [德]马丁·海德格尔:《存在与时间》,陈嘉映、王庆节译,生活·读书·新知三联书店2006年版,第79页。

② 同上书,第81页。

农妇站着或走动时都穿着这双鞋。农鞋就这样实际地发挥其用途。"①
"……从梵高的画上,我们甚至无法辨认这双鞋是放在什么地方的。除了
一个不确定的空间外,这双农鞋的用处和所属只能归于无。鞋子上甚至连
地里的土块或田陌上的泥浆也没有粘带一点,这些东西本可以多少为我们
暗示它们的用途的。只是一双农鞋,再无别的……"随后他对这双鞋给
予了分析:"……从鞋具磨损的内部那黑洞洞的敞口中,凝聚着劳动步履
的艰辛……"后面的分析多着眼于农夫的世界,不可谓笔墨不多、感情
不多。但是,他对农鞋的分析却犯了一个常识性的错误。据说,梵高所画
的鞋不是农夫的鞋,所谓农鞋完全是海德格尔自身想象的结果。

3. 飞机与电话—作品

1935—1936 年海德格尔在《艺术作品的起源》中谈到了众多的技术
物品。飞机与电话就是其中的代表。"如今,飞机与电话成了与我们最为
接近的物了,但是当我们谈到最终的物时,想到的却是完全不同的东西。
最终的物乃是死亡和审判。"② 在对物的描述中,他借用了众多的技术物
品。"我们宁可把一把锄头、一只鞋、一把斧头、一座钟称为物。"③ 但
是,这些物品只是到达纯然物的中介。在他看来,最纯然的物只有"石
头、土块、木头,自然界中无生命的东西和用具"。这使我们想到了亚里
士多德,在分析"自然"这一概念时,亚里士多德用"自然物与制作物"
展开了不同的分析,在他那里,他把"自然物"看做自然的表现,一种
从自身而来的生产过程,如植物、动物等。可以看到,他在通达"物"
的道路上排除了人工物,而把艺术看做我们通达的最好途径了。艺术作品
恰恰"是对物的普遍本质的再现"④。

4. 涡轮机、发电机、民航机与无线广播发射机、回旋加速器—银盘

也许在 1950 年的《技术的追问》中,海德格尔分析了令人眼花缭乱
的技术物品。在他以前的作品中,技术物品是单一的,而且是为数不多
的,但是在这里,技术物品让我们开始感到增多,也正是在这里我们将会
看到他对现代技术的理解出现的问题。

"即便是带有涡轮机和发电机的发电厂,也是人所制作的一件工具,

①　孙周兴选编:《海德格尔选集》,上海三联书店 1996 年版,第 253 页。

②　同上书,第 246 页。

③　同上书,第 242 页。

④　同上书,第 257 页。

合乎人所设定的某个目的。即便是火箭飞机，即便是高频机器，也还是合目的的工具。当然喽，一个雷达站是比一个风向标复杂。一台高频机器的制作，当然需要技术工业生产的各道工序的相互交接。与莱茵河上的水力发电站比较，在偏僻的黑森林山谷中的一家水力锯木厂当然是一件原始的工具了。"①

这是非常著名的被学者多次引用的关于海德格尔描述现代技术的话语。如果说，这里的分析使我们可以嗅到现代技术的味道，很快他就回到了传统的技术物品中，如银盘。天地神人的分析也是从这里得出的。随后他继续引用到了水力发电厂、民航机等例——"然而，一架停在起跑轨道上的民航机，就是一个对象"，来借此说明作为"持存物"的技术。

在说明座架时，他使用了少量的现代技术。"那么，技术之本质，即座架，是一切技术性的东西的一般种类吗？倘是这样，则诸如汽轮机、无线广播发射机、回旋加速器之类，就是一个座架了。"②

5. 电影、电视、原子弹一壶

在 1950 年的《物》中，他分析了空间问题。而这一问题是从"电影与电视"开始的。"植物的萌芽和生长，原先完全在季节的轮换中遮蔽着，现在人们却可以通过电影在一分钟内把它展示出来。电影显示出各种最古老文化的那些遥远遗址，仿佛它们眼下就在今天的街道交通中。此外，电影同时展示出摄影机以及操作人员，由此还证实了它所展示的东西。电视机达到了对一切可能的遥远距离的消除的极顶。电视机很快就会渗透并且控制整个交往联系机关。"③"在路程上离我们最近的东西，通过电影的图像，通过收音机的声响，也可能离我们最远。"④

海德格尔所分析的技术对象让我们陷入了困境。我们很难划分出他是纯粹地对现代技术进行批判，还是纯粹对传统技术给予批判。他的技术物品的选择充满了偶然性，让我们难以琢磨。

"人类关注着原子弹的爆炸可能带来的东西。人类没有看到，久已到来并且已经发生的东西，乃是——一只还作为它的最后的喷出物——原子弹及其爆炸从自身喷射出来的东西，更不用说氢弹了，因为从最广大的可

---

① 孙周兴选编：《海德格尔选集》，上海三联书店 1996 年版，第 925 页。
② 同上书，第 947 页。
③ 同上书，第 1165 页。
④ 同上书，第 1165—1166 页。

能性来看，氢弹的引爆可能就足以毁灭地球上的一切生命。"①

为了缓解现代技术带来的问题，他把"壶"这一传统用具作为分析的对象，来展示出"切近"的真正含义。"在切近中存在的东西，我们通常称之为物（Ding）。"②

6. 桥梁、高速公路—农家院落

1951 年在《筑居思》中他分析到了另外的技术物品。"桥梁和候机室，体育场和发电厂，是建筑物，但不是居所；火车站和高速公路，水坝和商场，是建筑物，但不是居所。"③ 在他看来，这些并非居所，而且也不是栖居。在他看来，只有古老的农家院落才是符合居所的。"让我们想一想两百多年前由农民的栖居所筑造起来的黑森林里的一座农家院落。在那里，使天、地、神、人纯一地进入物中的迫切能力把房屋安置起来了……筑造这个农家院落的是一种手工艺，这种手工艺本身起源于栖居。"④

7. 原子弹、核能—泰然任之

1955 年，海德格尔在《泰然任之》中提到了原子弹和核能。"人们近来把现在开始的这个时代称为原子时代。它的最强烈的标志是原子弹……不足二十年的时间，随着核能的兴起，一个如此巨大的能源为人类所知了，以至于在可预见的时间内世界上各种方式的能源需求将一劳永逸地得到满足……在可预见的时间内，地球上的每一个地方都能建立起核电站……一个莫测风云的世界变化随着核时代开始了。"⑤

8. 人造卫星、火箭、原子弹、反应堆—词语

在 1957 年的弗莱堡大学的演讲中，他在《语言的本质》中谈到了另外一些技术物品。"……让我们看看人造卫星吧。这个物之为这样一个物而存在，明摆着是无赖于那个后来加给它的名字的。但也许诸如火箭、原子弹、反应堆之类的物，情形全然不同于诗人在诗的第一节中所命名的东西：我把遥远的奇迹或梦想，带到我的疆域边缘。可是，无数的人认为人造卫星这个'物'也是奇迹，这个'物'在一个无世界的"世界"空间（"Welt"－Raum）中四处歇脚；而且对许多人来说，这个物过去是一个

① 孙周兴选编：《海德格尔选集》，上海三联书店 1996 年版，第 1166 页。
② 同上书，第 1167 页。
③ 同上书，第 1188 页。
④ 同上书，第 1203 页。
⑤ 同上书，第 1235—1238 页。

梦想，现在依然是一个梦想——这乃是现代技术的奇迹或梦想。现代技术最不愿意承认那种认为是词语赋予物以存在的看法了。在行星轨道运算的计算过程中，重要的不是词语而是行动。诗人有何作为……"① 他在谈到出路时指出，一段诗歌将提供给我们诗意的经验。"词语破碎处，无物存在。"②

9. 行星技术—上帝

1966 年海德格尔在与《明镜周刊》的记者访谈时提到了行星技术。记者问道："您准会也把共产主义运动安排在这里吗？"海德格尔回答："是的，必须如此，作为由行星技术所规定的。"

以上通过贯穿在海德格尔思想之路的九个方面对技术物品给予了分析。我们可以看到，他对技术物的分析主要是围绕一些日常生活中的技术物品来进行的。那么，他是否真的涉及现代技术？这一点以往学者们是从未有过怀疑的。他对于现代技术并没有言说，而更多的是集中在对传统技术的分析上。尽管没有言说，但是他却让思想飞舞在现代技术的空地上，使我们看到了一场精彩的思想之舞。

终于，我们完成了一个旅程：对海德格尔技术之思的勾勒。在这个勾勒中我们感受到了他对于技术的追问，涉及哪些现代技术的东西。我们可以看到，他对现代技术的涉及并没有达到现代技术本身，而是在现代技术所提供的时代之域中展开存在之翼。用一个概念也许可以描述出这种做法的本质特性：技术歌剧。歌剧本身也是如此，并不注重情节的完满与逻辑的严密，而是以情节为背景的幻想之飞翔。海德格尔的技术之思并不想对现代技术说出什么，我们没有感受到任何现代技术的东西，我们只是感到了现代技术之星空的点点繁星。海德格尔以现代技术为敞开之地，让存在之思翩翩起舞。一场思想的歌剧在此上演，人们也正是如此理解着海德格尔的技术观念，而并不关心他在技术上存在着的缺陷。海德格尔思想的飞翔经历了一个磨难：最初的时候停留在世内存在物上，然后过渡到艺术作品，再到语言与诗歌。思想挣脱了物质的束缚而舞动，在艺术与诗歌的世界中达到了自由之境。这一切都体现了歌剧式观念的作用，如果海德格尔没有这种歌剧式的观念，那么，这一切都不可能。在这里，歌剧式的节目

---

① 孙周兴选编：《海德格尔选集》，上海三联书店 1996 年版，第 1067 页。
② 同上书，第 1120 页。

上演了。我们感受到的是思想的飞翔而不是严谨。

三　伊德对海德格尔的改造

伊德改造海德格尔的视角是后现象学式的。这一视角是"对出现在 20 世纪 80 年代以后科学—技术研究中出现趋势的回应，经验转向或与特殊技术的密切关联案例的分析"①。在分析中他是如何把握到海德格尔对工具的分析呢？又如何从工具的分析中引出人与世界关系分析？他又如何扩展了这一点呢？

结合美国哲学的整体背景就可以理解这一改造。在《存在与时间》（1927）德文版出版 35 年后，1962 年在美国出版英文本。② 此时技术哲学日渐在北美哲学传统中被加以讨论，1962 年《技术与文化》掀起关于技术哲学讨论的热潮，到 1976 年海德格尔去世经过 15 年时间的积累基本上形成了一定的潜力。伊德十分重视《存在与时间》中海德格尔的"上手状态（readiness-to-hand）—在手状态（presence-at-hand）"这一概念。这并不奇怪，我们发现，海德格尔后来的诸多研究者如德雷福斯、哈尔曼等人都十分重视这对范畴。伊德用手机对比分析了海德格尔的锤子这一例子。在海德格尔的分析中，分析锤子的主要概念是"上手状态"。这一术语所表述的是在使用过程中，比如用锤子钉钉子，实现其锤打功能的时候，锤子与我的关系是上手状态，在使用过程中锤子脱身离去。当锤子坏了或者我的行为被打断时锤子作为在手状态呈现出来，或者放置在那里或者更换一把新锤子。在他看来，锤子仅仅显示了身体的具身化；而手机还显示了解释学关系和他者关系。

此外，他还从"多功能"这一概念角度分析了锤子与手机的特性。首先是二者本身的多重功能性。在他看来，古代社会中的锤子是多重功能的，比如木匠的锤子、鞋匠的锤子、敲食物的锤子等，不同功能的锤子其尺寸、形状、材质都有所不同；而手机也同样，现在的手机具备通信、上网、游戏、拍照等功能。其次是使用者多重意图的使用，比如锤子可能是

---

① Don Ihde, *Heidegger's Technologies*: *Postphenomenological Perspectives*, New York: Fordham University Press, 2010, p. 19.

② 查阅《存在与时间》中文翻译的历史可知：20 世纪 60 年代，熊伟最先译出原书十二节，收入 1963 年商务印书馆出版的《存在主义哲学》一书之中。1987 年陈嘉应、王庆节推出全书正式翻译。1999 年，生活·读书·新知三联书店出版修订版本。

凶器、艺术作品等；而手机也可以多样使用。

那么伊德如何评价海德格尔的技术哲学呢？我们可以从他的 50 周年纪念演讲报告中推测出这种变化。"如果我们坚持旧的技术哲学，它们主要反思旧的技术，我们则要说'不'；还有如果就像许多旧的哲学一样，我们拒绝考察旧的技术以及寻求它们的本质，同样也要说'不'。"① 很明显，在他看来，海德格尔的技术哲学代表着一种旧技术哲学，因为这种技术哲学只是关注旧的技术或者老的新技术形式，只是关注这种旧的技术的本质。因此，从这一点上可以看出伊德对于海德格尔的态度。

所以，虽然说批判方法直接指向的是海德格尔，但是从根本上来说，是指向了关注传统技术的海德格尔，而对其展开的批判就自然而然引出了新技术这一对象。

第四节　反思方法与身体现象的显现

当伊德开始集中在新技术的时候，他的整个思想的转型就完成了，后来的后现象学也只是新技术研究的一个延伸而已。那么他对新技术的研究采取了怎样的方法使得身体现象呈现出来？这主要表现在《技术中的身体》（2002）这一作品中。

一　理论与技术的进展

以 70 年代为界限，20 世纪经历了从科学理论革命向技术革命的转变。单以生物学领域来看，这种情况就很明显。众所周知，生物学理论中的标志性成果是 DNA 的革命。历史上这项理论几乎已经被人所遗忘。在取代技术上的突破之前，对这个问题的研究成为一个难题。但是，因为 2009 年诺贝尔生理学或医学奖的染色体自我复制的成果，使得 DNA 问题又重新被提了出来。为了更好地理解这一点，我们从 DNA 理论革命本身开始分析。

遗传是生命个体的重要现象。DNA 理论之前，解释这一现象的理论

---

① Don Ihde, "Can Continental Philosophy Deal with the New Technologies?" *The Journal of Speculative Philosophy*, Vol. 26, 2012, pp. 321–332.

是蛋白质（protein）决定了遗传。① 但是 20 世纪 40 年代的生物实验开始表明，遗传的物质基础是核酸（nucleic acids）而非蛋白质。20 世纪 40 年代，Oswald Avery 实验指出，遗传的化学根基并非蛋白质而是核酸——更精确地说是脱氧核糖核酸——今天所谓的 DNA。但是当时人们并非完全相信这一点。"诺贝尔奖得主生理学家 George Beadle 说，在那个时代'人们认为 DNA 是一种单调的聚合物，内含四种核苷酸，此四个排列不断地重复。'另一位诺贝尔奖得主 Max Delbruck 更进一步说，'当时人们以为 DNA 为一种愚蠢的东西'，且太过愚蠢而无法成为活的细胞内复杂的蛋白质的指南。"② 不久这种观念被完全纠正过来。"这是一种革命性的发现，有人以此与物理学上的相对论和量子论相比。其实这两次革命是相连的，因为物理上有薛定谔首次提倡密码的观念。"③

通过生物学史我们可以知道，1939 年人类发现了端粒，1997 年完全揭示了端粒的作用。④ 1953 人类发现了 DNA 的双螺旋结构。20 世纪 40 年代，生物学家所面临的问题是解决 DNA 自我复制的同一性。但是由于 DNA 观念、DNA 与端粒酶之间的关系等问题没有被完全澄清，自我复制现象依然是使用"蛋白质"这一概念来表达。当时一个主要的表达是"如何确定复制传递过程中的蛋白质分子还是蛋白质分子"。这甚至演变成为一个有趣的哲学问题。Michael A. Simon 认为，"一定要有些'非'蛋白质的分子来确定'是'的蛋白质的分子"⑤。可以看出，这个问题在当时没有办法解决。没有解决的原因首先是理论表述的错误，是"DNA 的自我复制"，而非"蛋白质的自我复制"，所以原有的表述首先是一个假问题；其次是技术手段的限制，使得自我复制问题无法解决。

有意思的是，经过了 60 年，这一问题得到了解决。我们可以从 2009

① 1838 年发现了蛋白质，1868 年发现核酸，1879 年发现染色体，1953 年发现脱氧核糖核酸（DNA），1909 年命名出基因。

② ［美］佩尔斯：《科学的灵魂：500 年科学与信仰、哲学的互动史》，潘柏滔译，江西人民出版社 2006 年版，第 254 页。

③ 同上书，第 255 页。

④ 在 1939—1997 年近 60 年的历史中，科学家认为，端粒（telomeres）的唯一作用在于保护染色体的完整。2009 年诺贝尔生理学或医学奖显示了科学家已经揭示出端粒在染色体复制过程中保持同一性的作用。

⑤ Michael A. Simon, *The Matter of Life：Philosophical Problem of Biology*, New Haven：Yale University Press, 1971, p. 138.

年的诺贝尔生理学或医学奖成果看清这个问题。此次获得者是三位美国科
学家伊丽布莱克本（Elizabeth H. Blackburn）、卡罗尔—格雷德（Carol
W. Greider）和杰克—绍斯塔克（Jack W. Szostak），他们的主要成就是
"染色体如何受到端粒和端粒酶的保护"。布莱克本和绍斯塔克发现，端粒
中有一个特定的 DNA 序列保护染色体不被降解，而布莱克本和格雷德则
鉴别出了端粒酶。这一成果解决的是染色体自我复制的同一性问题。

事实上这一成就有效地回答了 DNA 自我复制同一性的问题。随着认
识的进步，DNA 与染色体之间的关系被进一步澄清，人们发现，DNA 的
复制即为染色体的复制。DNA 像链条样螺旋组合后形成染色体，当复制
时，染色体解螺旋形成 DNA 链，进行半保留复制。于是问题就发生了转
化，DNA 自我复制的同一性问题就可以看做染色体自我复制的同一性问
题。但是，染色体自我复制的同一性问题却没有解决，恰恰是 2009 年诺
贝尔奖成果表明：端粒酶与染色体自我复制同一性之间有着必然的联系。
这一理论认识的突破使得 DNA 复制的同一性问题解决的成为可能。我们
都知道，染色体（chromosome）是 DNA 的载体，每个染色体只有一个
DNA 分子。亲代将遗传基因（DNA）以染色体的形式传给子代。① "载
体"意味着属性与实体之间的关系。如石头是白色的，那么白色的属性
依附于石头这一载体；另外对于有机体来说，功能也是依附于有机体这一
载体的。

所以，我们可以推断，既然染色体这一载体在自我复制过程中的同一
性得到了保证，那么其被承载的 DNA 自我复制的同一性也就相应得到了
保证。

我们知道，基因是"具有遗传讯息的 DNA 片段"。这意味着发现
DNA 就有了发现基因的可能性。当人们能够确定"具有遗传效应的 DNA
片段"也就揭开了生命之谜。所以说，仅仅是 DNA 概念的确立，把握生
命只是一种理论上的可能性。基因概念的确立使得人们相信，生命自身的
秘密已经敞开，理论上的可能性成为了现实性。随着生物技术的改进，人
类改进生命成为了可能。"基因被改变的生物可以是任何生物：微生物、

_____

① 以人体来论，一个细胞核中有 23 对染色体，每条染色体中 DNA 双螺旋结构若展开，长
度为 5 厘米，全部染色体连接起来长度约 1.7—2.0 米，但这些 DNA 缠绕和压缩在直径在 10 微米
的细胞核内。

植物、动物或细胞。对于一个完整的生物，人们或者改变它的细胞结构，或者介入它的胚胎组织；简单地说，改变一小段基因序列就能得到一个基因被改变的生物。"①

生物技术的发展使得理论得以进一步拓展，使得人们对于身体的认识走上了一个新的台阶。克隆技术就是最成功的应用。但是，如果认为生物技术以单独的路径发展，那就会失去洞察问题的机会。20 世纪后半叶技术的各个分支领域不断地整合，这个整合引起了不同领域极大的关注。2000 年以后，一种极具革命性前景的由不同分支技术领域整合而来的技术集合体——会聚技术——出现了。②

2001 年会聚技术概念被提出，2004 年与会聚技术相关的会聚技术律师协会（CTBA）宣告成立。此外，这一技术领域的问题在国际国内哲学界内也引起了关注。2009 年 7 月在荷兰特温特大学（Twente University）召开的国际技术哲学学会第 16 届年会中，会聚技术（converging technologies）作为会议的主题，受到了各个国家的哲学家的关注，如德国的 Armin Grunwald、荷兰的布瑞和维贝克等。

这些理论和技术上的突破为人类自身带来了诸多问题，身体就是一个明显的领域。那么以身体为焦点现代技术为人类自身带来了怎样的问题呢？在具体分析之前，首先需要对身体的相关形式给予分析。

二　焦点中身体的形式及问题

物质身体③、文化身体和技术身体代表着人类身体的三种不同类型。"身体一，肉身意义上的身体，我们把自身经历为具有运动感、知觉性、情绪性的在世存在物。身体二，社会文化意义上的身体，我们把自身经历为在社会性、文化性的内部建构起自身的存在物。如文化、性别、政治等身体。身体三是由技术建构起来的身体。我们的身体体验是对于技术建构

---

① R. 舍普等：《技术帝国》，刘莉译，生活·读书·新知三联书店 1999 年版，第 61 页。

② 会聚技术简称 NBIC。它集合了四个技术领域，即纳米技术、生物技术（包括生物制药和基因工程）、信息技术（包括计算机与通信）和认知科学（包括认知神经科学）。这四个技术领域之间的关系有这样的概括："如果认知科学家能够想到它，纳米科学家就能够制造它，生物科学家就能够使用它，信息科学家就能够监视和控制它。"一种基于技术的社会控制就成为可能。

③ 根据 A. D. Smith，他把 Korper 翻译为"物质身体"。指哲学意义上的一切物质的身体。他对这个概念的阐述主要是结合胡塞尔的《笛卡尔式的沉思》中第五沉思进行的。他指出"第五沉思的核心问题是解释一切物质身体是如何能够被感知为一个身体，一个陌生的身体的"。

起来的身体的体验。技术与身体之间的关系从此透明了起来。从这里可以看出，伊德给予我们的是对于技术的一种理解，一种关于技术与身体的描述。"① 我们从这三种身体类型可以看到不同程度的问题。

物质身体，肉身意义上的身体。整个哲学史给予我们的观念是，相比精神而言，肉身具有缺陷性和有限性。

从身体结构来看，身体的结构使得身体与疾病相伴随。"在我们这个设计得十分精巧的身体上，为什么还留下这么多的弱点使得我们要遭受疾病的痛苦？自然选择的进化过程既然能够塑造出像眼球、心脏、大脑这样精致灵巧的器官，又为什么没有安排好预防近视、心肌梗塞和老年痴呆这类疾病的措施……"② 各种医学理论都在解释着为什么身体会生病以及某种疾病的发生机理，这些都显示了身体的一个缺陷，精巧的设计与缺陷的设计。③

从身体功能来看，人类身体很多方面无法与动物相比，我们的身体注定有着众多缺陷。如人类的视力比起鹰的来说，要差很多；人类的嗅觉，比起狗的来，要逊色许多；人类奔跑的速度，远比猎豹差。这就是上天注定的人类肉体所具有的局限。法国技术哲学家斯蒂格勒就从古希腊神话中的故事指出了人类肉体的局限与技术起源的关系。"爱比米修斯的过失给人类造成了一种原始性的缺陷，即原始的技术性，兼容了愚蠢和智慧的爱比米修斯原则由此而来。"④ 所以他从这个神话中阐述了人类是有缺陷的存在。⑤ 这一观点容易让我们想到海德格尔，在他那里，人的有限性存在成为论证的核心，所不同的是，海德格尔保留了人的有限性，而在斯蒂格勒那里，技术成为人类克服自身缺陷的有效途径。

从身体本身来看，身体会产生畸形、会衰老，这已经成为身体的必然

---

① 杨庆峰：《物质身体、文化身体与技术身体——唐·伊德的"三个身体"理论之简析》，《上海大学学报》2007年第1期。

② R. M. 尼斯、G. C. 威廉斯：《我们为什么生病》，易凡、禹宽平译，湖南科学技术出版社1998年版，第1页。

③ 如达尔文医学即这样一种理论，它表明人的脆弱性不是来自机体的任何规划或代谢失衡，而是来自自然选择过程中的基本限制。

④ 斯蒂格勒：《技术与时间——爱比米修斯的过失》，裴程译，译林出版社2000年版，第20页。

⑤ 在很多希腊神话的版本中，主要是突出普罗米修斯给予人类技艺、智慧这一方面，而缺乏对爱比米修斯过失的描述，斯蒂格勒开始关注到爱比米修斯的过失，即导致人类缺陷的产生。

规律。畸形是人类肉体的一大特征。在传统社会下，以宽容的态度来对待这种畸形，形貌与精神的反差经常成为文化所凸显的现象。在中国文化中身体的畸形总是与道德境界相伴随。"……精神境界高超而身体形态奇怪甚至丑陋的人物，《庄子》中更在在可见。最典型的'支离疏'，'颐隐于脐，肩高于顶，会撮指天，五管在上，两髀为胁（《人世间》）'，实在是丑陋之极……"① 雨果笔下的卡西莫夫就是一个典型的例子，他极其丑陋但是心灵非常高尚。

除了物质身体，文化身体也表现出诸多问题来。文化身体意味着社会文化意义上的身体。其所具有的最大特点是多元性。如社会学家玛丽·道格拉斯就探讨了不同文化背景导致的身体的不同意义。多元的文化身体给我们带来的问题也很多，如性别倒错。男性身体拥有女性的思想或者女性身体拥有男性的观念，这都给当事人带来极大烦恼。还有同性恋，这是因为文化身体所带来的另外的问题，这个问题已然成为社会问题而困扰着全世界。另外文化身体所表现出来的问题不仅仅是文化多元性的结果，还是其与物质身体的复杂关系所导致，"身体的自然属性与文化属性亦相互交织，很难想象有脱离形躯的人和不含文化色彩的纯身。两种属性的牵缠、拉扯，置人于一种紧张的关系中，这就是人的身体的基本状况"②。为多元的文化身体所困扰，这是人们所面对的最大问题。

技术身体，技术所建构起来的身体，所具有的是虚拟性特征。对这里所提到的技术不应该仅仅从与科学相对的角度去理解，而是从形而上学的原则角度去理解。如此，我们才可以更好地理解技术所建构的身体更多地强调的是与构成肉体的元素相对的东西。如 DNA 是构成身体的最基本单元，技术则是与之相对立的东西。当然，从经验层面上看，目前更关注由 NBIC 技术所导致的问题。另外传统把技术看做身体的延伸，如眼睛。而技术身体不同，技术根本上是改变了身体。如技术与人类身体整合成一种新的实体，这也是维贝克所提出的"杂交意向性"（hybrid intentionality）所指涉的主要观念。③ 虚拟化的技术身体所带来的是人对其的极大依赖，更多的是受控于技术身体。

① 周与沉：《身体：思想与修行》，中国社会科学出版社 2005 年版，第 105 页。
② 同上书，第 10 页。
③ Verbeek, P. P., "Cyborg Intentionality-Rethinking the Phenomenology of Human-Technology Relations", *Phenomenology and the Cognitive Sciences*, Vol. 7, 2008, pp. 387 – 395.

三个身体的演进似乎可以用鲍德里亚的话语来概括："数字性是这一新形态的形而上学基础（莱布尼兹的上帝），脱氧核糖核酸（DNA）则是它的先知。"[①] 后现代文化中所提到的身体现象可以作为我们的资源。身体与机器、人的身体与动物的身体、男性与女性等之间的对立正在瓦解。这将使我们更好理解我们下面所涉及的伦理问题。

三　身体呈现的伦理问题

"身体"作为我们自身的标志，在这个时代不仅得到了充分的理解而且也得到了充分的改造。会聚技术所代表的整合技术已经站到了身体之前，它自身所表现出的力量超越任何一种单一技术的力量，它所带来的是身体改造的可能性。伊德就论述过技术给身体所带来的变化，他提出了技术身体的理论来应对这种变化：物质性的身体、文化性的身体已经成为过去，技术身体成为身体的新形式带来了明显的变化。[②] 这种变化意味着技术并非仅仅改变我们身体，而是试图成为某种本体式的东西。特别是随着国际技术哲学界关注会聚技术，而技术与人类身体的关系又一次被提了出来。"随着科学技术的进步，以增强人类为目标的会聚技术当前成为科学领域和公众注意力中最引人注目的东西……CT 显示了一种前所未有的方面，因为新的机会向人类打开，例如人类身体和精神的技术性改善和重新修补。"[③] "这提出了问题：根据提高的目的，人类在身体的建构（重构）上应该、想走多远？"所以对身体的改变将成为革命性的事件。所有的改变围绕这样的问题开始进行：人类对身体的改造是基于治疗还是提升？现代技术与身体之间的关系所体现的不同样式给予我们这个问题不同的回答。

（一）不断弥补缺陷身体走向完好

我们所拥有的物质身体具有这样那样的缺陷，这成为我们的负担。相比之下，精神似乎更具有永恒性。但是人们并不满足于此，他们总是想方设法通过技术来改变这一切。我们可以看看人们如何通过弥补物质身体的

---

① 鲍德里亚：《象征交换与死亡》，车槿山译，译林出版社 2006 年版，第 80 页。

② 杨庆峰：《物质身体、文化身体与技术身体——唐·伊德的"三个身体"理论之简析》，《上海大学学报》2007 年第 1 期。

③ Armin Grunwald, *Converging Technologies for Human: Enhancement a New Wave Increasing the Contingency of the Conditio Human*, http://www.itas.fzk.de/deu/lit/epp/2007/grun07-pre04.pdf.

缺陷从而使得自身走向完好的。

先天的缺陷表现为身体的畸形。现代社会把畸形看做需要改变的事情，甚至当作娱乐的对象。"对于人类来说，这种情况从较温和的例子，如从一只手有六七个或甚至更多手指的畸形到严重缺陷如独眼畸形（只有一只眼睛）都有发生，在过去的几百年里这些畸形往往作为主要的吸引形式被用于残忍的和剥削的奇异表演中。"① 于是改变畸形成为必然的选择。如六指就可以通过截除手术来截除，以符合正常的五指。

后天的缺陷有两种表现形式。第一种形式是身体残疾。因为某种原因身体上出现了残疾。如因为不注意卫生用眼，使得近视眼产生。如遭遇车祸，使得身体断腿、断胳膊等。面对物质身体所存在的缺陷与不足，通过技术手段来弥补和改善就成为一条选择了。借助生物医学技术，人类弥补着自身的缺陷，如近视眼的治疗与义肢的安装。佩戴眼镜应该属于"矫正"人的视力，原则上属于治疗。这样做的目的使得人的视力达到正常人的水平1.0。老年人可以利用眼镜看清近距离的东西。另外，假肢技术的发展使得更先进的假肢成为人们的选择，这些肢体可以随意地装卸，如同助听器一样。更有甚者，假肢技术会产生超乎一般人想象范围内的影响。"刀锋战士"——南非残疾青年奥斯卡·皮斯特瑞斯——拥有的假肢更影响到了奥运会比赛章程的修改。②

第二种形式是文化上导致的缺陷。每一个社会都有不同的审美观。单眼皮在流行的双眼皮社会时尚看来，就是丑陋；丰满在崇尚纤细的社会中就是不美。所以，这种文化使得原本完好的身体看起来是缺陷，所以需要通过技术手段来整形。

于是，我们看到，现代医学技术已经完全能够弥补身体的缺陷，如矫正畸形、治疗残疾、美化不足。尽管这种改变的初衷是很好的，但是，这种弥补所带来的伦理问题却是前所未有的，仅以法国换脸手术来说，术后病人面对新面孔开始询问"自己是否是谁"这样的问题。当然，这还是符合我们的日常的伦理观念，这种弥补身体缺陷的做法被看做人类追求美好生活的表现，其相关的现代技术也得到了肯定。

---

①　周与沉：《身体：思想与修行》，中国社会科学出版社2005年版，第16页。
②　奥斯卡奔跑时使用的运动假肢，叫"猎豹"，是在冰岛一家残疾人运动器材公司专门定做的。这套假肢价值1.5万英镑，由全碳素纤维制造，并有部分钛合金。假肢的形状很像两柄刀锋，当奥斯卡奔跑时，着地的面积非常小。

(二) 不断提升有限身体走向无限

从身体结构来说，身体表现为有限的。身体的生老病死一直被看做身体的有限性。我们在前面提到，身体本身存在着衰老问题。面对身体的衰老死亡，人类一直找寻着长生不老的方式。通过外在的药物——长生不老药、丹药——来保证身体的长青，成为古代社会的主要手段。现代社会则通过了解身体的结构这一内在的方式找寻到有效的方案。如通过研究身体的构成，就有了改变身体的可能性。2009 年诺贝尔生理学或医学奖的成就是："他们的研究成果揭示，端粒变短，细胞就老化；如果端粒酶活性很高，端粒的长度就能得到保持，细胞的老化就被延缓。"① 如此，当身体衰老获得了理论上的解释，那么改变这种"趋势"就成为非常可能的事情了。

从身体功能上来说，人类身体的功能表现出极大的有限性，如力量不足、肉体脆弱。面对这种有限性，人类不断寻求一些方法提升这种功能，使得身体的有限功能获得了无限的提升。这一场景在很多美国科幻电影中不断展示出来。如《蜘蛛侠》（2002）、《绿巨人》（2003）等都是反映这样的内容。两部片子中的主人公——彼得—帕克、布鲁斯·班纳，因为某种外在原因——转基因蜘蛛咬伤、伽马射线辐射，使得身体发生了变异，身体的机能获得了无限提升。

在提升有限身体走向无限的过程中，我们会看到不同现代技术的影子。尽管我们上述所说的多是表现在科幻电影中，但是现实中却也有某种科学上的尝试。我们更加关注其中所导致的问题，人类身体的有限性是人作为人所特有的，哲学所揭示出的真理告诉我们，有限性是人之所以为人的规定性之一，而科学技术的这种改变身体的有限性做法所导致的一个伦理问题就是一旦人利用不同的技术手段来造就无限身体的时候，人是否会成为上帝，而且相伴随的问题是这一伦理问题会导致科学家和工程师思想上的困惑。

(三) 不断修正多元文化身体走向稳定

前面所描述的主要是改变物质身体所存在的各种问题。表现在文化身体上，问题则有所不同。当然二者往往是交织在一起的，我们可以借助上

---

① 《揭开染色体秘密有助于发现人类衰老之谜》，http：//tech. qq. com/a/20091006/000107. htm，2009 – 10 – 09。

述关于文化身体的例子来给予分析。

我们知道，女性与男性的区分如果借助物质身体来划分的话，更多是生物学意义上的划分，就是通过性别特征如生殖系统的不同来区分。但是文化意义上的女性、男性则是通过不同的文化观念来划分。如传统社会中女性应该拥有温柔、体贴、贤惠、美丽的特征，而男性则应该拥有果断、粗犷、刚强等特征；但是，现代社会则不同，传统女性、男性所拥有的特征不再被保留，一种表达后现代的中性特征混淆着男女之间的界限。如此，物质身体无法成为决定文化身体的根本因素。所以才出现拥有女性身体的人却有着男性的文化特征，而拥有男性身体的人却有着女性的文化特征。同性恋即是一种明显的表现。无疑，这会导致社会的问题。

面对这种情况，人类借助两种方式调整着自身：观念上和身体上。前者是通过观念上的改变，使得观念更符合身体的自然属性，如通过心理咨询使得性别倒错得到纠正；后者则是通过身体的改变使得身体更符合观念的属性，如通过现代医学技术改变身体结构，使得这一倒错得以纠正。总之，通过不同的方式，人类不断修正着多元的文化身体，从而保证了伦理观念的稳定，保证了社会的稳定。

技术身体所存在的问题是新的。我们可以通过美国哲学家唐娜·哈拉维看出这一点，她曾经指出过，"通讯技术和生物技术是重新构建我们身体的关键方法"①。于是我们都将拥有这样的技术身体。"到 20 世纪即我们的时代，一个神话时代的晚期，我们都成了怪物，即被理论化、装配化的机器与有机体的混合体。总而言之，我们都是生控体。生控体是我们的本体。"② 她的"生控体宣言"说出了一个事实，我们已经成为生控体式的存在。这意味着什么？

根据唐娜·哈拉维所述，这一形象本身是三种形式区分的——动物与人、有机体（动物十人）与机器、物理的与非物理的——消融和融合。赛博格在唐娜·哈拉维那里获得了一个新的规定：它成为三个部分的结合。在她看来，"生控体"并没有一种法兰克福式的内涵，作为赛博格的我们没有丝毫的被控制的感觉，而是一种充分体现着便利、安全的感觉。

---

① ［美］史蒂文·塞德曼：《后现代转向"引言"》，吴世雄等译，辽宁教育出版社 2001 年版，第 137 页。

② 同上书，第 112 页。

在其本人那里，有利于女性主义科学的形成，有利于女性政治的形成。和传统的赛博格相比，唐娜·哈拉维则突出了一种新的成分。在她看来，赛博格是人与动物、机器的混合。其中"人"是女性的、"动物"是温顺的，充满了女性的感觉，机器则是我们所熟悉的电脑网络。她想表明被打破的界限中就有人与动物、有机体和机器的区分。她这一观念的提出恰恰就在于消解这种二元论的对立，如此我们看到了这样一个基本的事实：赛博格是一种独特的融合形象，不应该理解为技术性的存在物。

我们认为，哈拉维所提到的我们已经成为赛博格的观念是需要注意的，但是她所给予身体的描述却是需要仔细审视的。事实上，从虚拟技术看，技术身体带给我们的是对原有物质身体与文化身体的一种粉碎。因为一种虚幻的身体形象被构造了出来。赛博空间给予我们的体验是，我们可以任意地穿越空间，摆脱现实物质的束缚，如万有引力、物质的不可入性。这时候是技术身体给予我们意识的结果。此外，它还取消了现实与虚幻的界限。我们从此遗忘了物质身体，因为技术身体超越了物质身体在现实世界中所受到的束缚；遗忘了文化身体，因为他消解了现实社会中的种种文化规定、道德规定。

如此，从前面的分析可以看出，生物学理论和生物技术的革命使得我们对自己的身体不仅是理解上还是改造上都出现了新的可能性。针对上述三种身体类型，人类通过现代技术与其确立了新的关系：不断弥补缺陷身体走向完好，不断提升有限身体走向无限，不断修正多元文化身体走向稳定，不断摆脱虚幻技术身体走向自身。这些给予我们价值观念的冲击是非常强烈的：改善和提升身体机能究竟是善还是恶？这里面有着非常复杂的价值评价问题。会聚技术的出现，更将我们带到了这些问题面前。如基于提升身体功能的目的对身体改造的行为在伦理上是否得到允许？我们是否希望被改造？是否出于社会控制、安全等善的愿望的身体改造行为都可以得到法律上的许可？这些是现代生物技术革命所带给我们非常头疼的问题。无可避免的，我们必须有效回答它们。

第四章 20世纪60年代至今的美国技术文化与伊德的技术哲学

前面三章主要是对伊德本人技术现象学特征、研究对象演变内在逻辑和研究方法演变内在逻辑进行了研究，但是这些毕竟只是从内部来看伊德。除了这一点，我们将伊德放到更为广阔的科学技术史及技术文化的视野来看待。只有这样，才能够对他思想产生的技术文化背景有更深刻的认识，而且能够更宏观判断伊德技术哲学思想能否有效应对时代所存在的问题。

第一节 20世纪60年代以来美国的技术文化状况

美国技术文化特征与其哲学发展有着密切的关系。简单来说，60年代的美国哲学受到的更多的是法国、德国哲学的影响，所以这个时期的技术文化也更多地带有大陆技术文化的特征：批判性。而进入80年代以后，随着美国哲学特色的成熟，技术文化中流行着技术元素，这样的文化一直延续到今天。

一 90年代前以批判技术为主的技术文化特征

20世纪90年代之前的技术文化特征是非常明确的：一种带有批判技术的观点。伊德对此进行了描述并解释了部分哲学上的原因。"20世纪六七十年代带给大众的是一系列大部分是论证技术已经脱离了人类控制，就像弗兰肯斯坦神话一样在逃亡的敌托邦式的著作。两本最为广泛阅读的书是赫尔伯特·马尔库塞的《单向度的人》和雅克·艾吕尔的《技术世界》。"① 可以说,伊德的简短论述给我们传达了两个基本信息:其一,这个时期人们开始反思技术所带来的负面效应,对技术的信心逐渐丧失;其二,美国哲学界很少有人关注技术问题,哲学家的兴趣点还集中在传统的认识论问题上。"然而,哲学家,尤其是北美的那些哲学家,很少以及很晚才把技术作为追问的主题。"② 的确,在这个时期的美国人更为主要的是阅读德国和法国有关的著作,马尔库塞的著作是法兰克福学派的主要代表作,这一流派有着明显社会批判特点。而美国自身的哲学家并未能及时地反思技术。此时他们的哲学成就主要体现在尼尔斯·古德曼、奎因、塞尔的哲学成就上。尤其是 1962 年托马斯·库恩的《科学革命的结构》一书的出版,更是掀起了美国哲学界对于科学客观性的批判,从而延伸到知识论的讨论中。这个时期哲学家很少关心技术,他们更多的注意力集中在知识论和分析哲学上。

除了伊德之外,美国技术史家卡龙·W. 普塞尔 (Carroll W. Pursell) 也给出了这段时期技术文化的批判性特征,当然他更多的是从技术史角度展开分析的。他在《美国技术》(2001)、《美国技术指南》(2005)、《战后美国技术》(2007) 等著作中对美国 20 世纪 50 年代以来的科学技术给予了描述,这一个时期也正好是伊德所处时代的关键时期,可以说影响着他对技术的反思。从根本上来说,普塞尔完全不同于传统的内史科学技术史专家,他受到科学社会学的影响,重在从科学技术与社会之间的相互作用阐述科学技术史,所以从这个意义上看,他偏重外史。"因为技术是我们生活的中心设施,我们必须有责任去努力理解技术与我们有着相互作用的众多方式和复杂方式。"③

根据普塞尔的描述,19 世纪末期到 20 世纪 30 年代是工程师的文化。这一阶段所发生的事情是:"1880 年,美国机械工程师协会建立;1928 年,胡佛 (Herbert Hoover),著名的采矿工程师,被选举为美国总统;1929 年,10 月 24 日和 29 日股票市场崩盘;1930 年,圣路易斯的工程师

---

① Don Ihde, *Technology and the Lifeworld : From Garden to Earth*, Bloomington : Indiana University Press, 1990, p. 6.

② Ibid. , p. 9.

③ Carroll Pursell, *Technology in Postwar America History*, New York: Columbia University Press, 2007, p. xvi.

俱乐部开始'每一位工程师：一个非道德的游戏'。"① 他在《战后美国技术》② 一书中为我们阐述了1945年以后，美国技术如何演变、为什么采取这种形式以及对于国家来说意味着什么等问题。这本书所贯穿的一个主题是"半个多世纪以来如此之大的可怕地出现在我们生活中机器和过程"③。1945年之后，战争中的技术开始走向民用，如出现了销售核能源的情况。"核技术，开始于努力制造原子弹的麦哈顿计划立刻成为冷战时期美国与苏联竞争的关键因素，因此被作为政府自身的天然垄断。随着这项技术像制造武器一样产生能源，公共与私人利益之间的平衡立刻需要销售给饱受核战争创伤的公众。"④ 此外，20世纪50年代左右诸如原子能委员会、NASA成为第二次世界大战时期新技术的主要代表性政府机构。由于这段时期历史的特殊性，主要是与战争技术相关的技术的发展。这一阶段形成了以技术决定论为主的技术文化氛围，即技术、工程改变社会。的确，至少在原子弹上，美国人还是承认技术决定论的，他们通过原子弹改变了第二次世界大战的进程，这多少是决定论观念的经验验证。

　　20世纪60年代以来，美国人对技术开始出现了信心危机。"多年来与美国技术霸权相伴随着也积累产生了一系列问题，到20世纪60年代，它导致了自信心的某些危机。"⑤ 在这段时期，美国科学技术的发展给自身生态环境带来了危机，如围绕DDT、核战争、农业商品和工业食物等技术产生了众多批评。另外，60—80年代，美国还出现了适宜技术运动（AT）⑥。"繁荣于20世纪60年代末期到80年代早期的AT运动尝试使得满足其目的的技术方式变得更好、更适合。这项运动期限在技术援助

　　① Carroll Pursell edit, *American Technology*, Hoboken：Blackwell Publishers, 2001, p. 144.
　　② 他在这本及其他书中梳理了技术（technology）一词的特性。这个词本质上是一个空洞的词，更像是一个满足多种需求的大框。Leo Marx 指出这个词是最近才出现的，20世纪早期并没有这个词，当时使用机器和流程表示复杂系统相关活动，表示科学和技术，还有流程主体。
　　③ Carroll Pursell, *Technology in Postwar America History*, New York：Columbia University Press, 2007, p. iv.
　　④ Carroll Pursell edit, *American Technology*, Hoboken：Blackwell Publishers, 2001, p. 208.
　　⑤ Carroll Pursell, *Technology in Postwar America History*, New York：Columbia University Press, 2007, p. 134.
　　⑥ AT, Appropriate Technology Movement, 其目的不是放弃技术，而是仔细选择和发展具有积极的社会的、政治的、环境的、文化的和经济效果的技术，加利福尼亚成为整个运动的中心。1969年运动开始，1970年扩展到圣地亚哥、曼彻斯特等地。这场运动中出现了两本最有名的著作《小即美》《软能量道路》。

的国外政策领域中倡导，随后发展到新出现的经济中，接着很快也应用到国内关注点上。"① 相反的思潮新卢德主义也开始出现。"新卢德主义是20世纪的公民，如活动家、工人、邻居、社会批评家和学者，他们追问具有统治地位的现代世界观，这种世界观鼓吹激烈的技术代表进步的观点。新卢德主义有勇气注视我们世界中的灾难：由现代西方社会所创造和散布的技术已经脱离了控制而且亵渎了地球上易碎的生命物。"② 新墨西哥心理学家凯琳丝·格林丁（Chellis Glendinning）在《当技术受伤之时：人类进步的结果》（1990）表述了新卢德主义者表现的三个原则："第一，新卢德主义者并不反技术；第二，所有的技术都是政治；第三，技术的个人观点是有危险的而且要被限制。"③ 所以，20世纪六七十年代以来主要是形成以批判和反思为主的技术文化特征。这一点印证了伊德的观点。

20世纪80年代以来，美国技术开始走入创新时代，进入信息技术、电子文化时代。"计算机、晶体管、集成电路巧妙地将自身融入日常生活的每一个角落，远远超出了最初设计他们用于复杂数学计算的目的。"④ 如普塞尔在《有线环境》（A Wired Environment）文章中阐述了早期计算机、商用计算机、程序和软件、晶体管、硅谷、微处理器、游戏、个人计算机、互联网、蜂窝电话、智能技术等技术现象。"二战以来电子学令人震惊的发展使得每一个人清楚地意识到技术不但影响环境，而且也创造环境。"⑤ 可以看出，2007年的普塞尔并没有意识到我们的环境逐渐趋向无线化和智能化，随着互联网、物联网的普及，无线越来越成为技术发展的一个新趋势。这些发展逐渐造就了90年代以来完全不同形态的技术文化形态。

① Carroll Pursell, *Technology in Postwar America History*, New York: Columbia University Press, 2007, p. 163.
② Chellis Glendinning, Notes toward a Neo-Luddites Manifesto, Utne Reader, March-April, 1990, p. 50, 转引自 Carroll Pursell, *Technology in Postwar America History*, Columbia University Press, 2007, p. 171。
③ Carroll Pursell, *Technology in Postwar America History*, New York: Columbia University Press, 2007, p. 171.
④ Ibid., p. 175.
⑤ Ibid., p. 192.

二　90 年代后以技术创新为主的技术文化特征

20 世纪 90 年代以后，美国科学技术的发展进入了一个前所未有的时期：创新氛围弥漫了整个美国大陆。在硅谷科学园、技术园等新的创新平台的推动下，科学技术创新进入了一个前所未有的快捷时期。这些园区发展推动了如下多个技术产业的发展：生物医药与生命科学技术、计算机及其网络技术、信息与通信技术以及新能源、新材料和空间技术。以硅谷为例，其主要聚焦在软件、生物医药和空间技术等三大技术领域。在科学园的带动下，形成了强调创新精神的技术文化。也正是在这样的氛围下，诞生了比尔·盖茨、乔布斯等创新式的人物，在他们身上掀起了强调竞争、自由创新的技术文化。

创新精神最大的代表技术就是苹果所体现出来的。根据 2012 年的一份报告显示，苹果拥有专利数为 15500 项，其中 8500 项是美国专利。[①]"根据报告，苹果排名前 25 项专利是由合作开发者和前 CEO 斯蒂文·乔布斯"所持有。乔布斯只是一个缩影，他是 90 年代以来美国技术文化的集中缩影。在这些人的推动下，计算机与通信技术被整合在一起，在整个过程中，智能手机的出现就是一个非常典型的技术物。

以通信技术中的智能手机为例。进入 2010 年以来，美国科学技术所发生的变化是智能化趋势愈加明显。以智能手机为例，根据最新统计显示：59% 的青少年表示他们可能会买 iOS 设备，21% 的人准备买安卓设备；48% 的青少年已经有了自己的 iPhone；62% 的青少年准备将下一代手机更换为 iPhone。[②] 智能手机只是其中一个终端，正如原先的联网平台一样。这个终端最终将整个人联入了整个智慧城市。这个趋势在 2010 年以后变得越来越快、越来越明显。普塞尔对技术与环境的论述让我们很容易联系到伊德所提出的人—技术中的背景关系：我们的环境正在不断为技术所改变和塑造。现在世界各地正在建设无线智慧城市，这些都是技术与我们环境之间的某种关联。

---

①　Dylan McGrath, *Report Details Apple's Patent Holdings*, http：//www. eetimes. com/document. asp? doc_ id = 1261292.

②　这项研究成果由 Piper Jaffray 发布，接近一半的美国青少年有自己的 iPhone，62% 的人打算买一个，http：//appleinsider. com/articles/13/04/09/nearly-half-of-all-us-teens-own-an-iPhone-62-percent-plan-to-buy-one。

在这些技术研究领域，技术文化的重心完全不再是如何展开对技术的反思和批判，而是转移到了人与技术的关系以及如何推动创新、推动技术发展的这样的中心上。无论是哲学家还是工程师，他们的兴趣都被调动到这些技术与人的交互上。比如，在计算机技术的研究上，人与软件之间的互动性更受关注，设计者的兴趣完全集中在软件功能及其实用性上；在人—机界面的研究上，人性化的操作界面更加成为关注的焦点；在生物医药技术的研究上，如何处理好人与技术应用之间的关系逐渐成为备受关注的问题；还有空间技术的研究开始出现了对超人类伦理学的研究；等等。这些迹象表明技术文化研究者不再是将文化看做高高在上的评判者，而是开始探寻其文化与技术的接口。比如德雷夫斯对人工智能的现象学解读就开始为人工智能研究确立了现象学根基；唐娜·哈拉维对赛博格的研究让我们感受到了二者的复杂关系。

如此，20世纪60年代至今，美国技术文化经历了批判反思到自由创新的演变。总体上看来，伊德还是在后者这种技术文化背景下：他没有接受海德格尔对技术的形而上学批判，也没有接受马尔库塞从政治维度展开的批判。他反感这种宏大叙事，在他看来这些都是没有用的。他极力阐述的就是技术对人的感知的影响，对人与技术的关系展开了描述性的分析。从这一点看，他的分析所具有的现象学色彩就表现在这种描述性上，只是不同于胡塞尔的纯粹分析，他展开了技术在不同文化维度、不同认知维度中的多稳态特点。他阐述人与技术的关系问题上提供了"四种关系理论"影响甚远。尽管如此，我们还是看到，他的分析并没有为技术创新发展及其预见提供更多的东西。我们能够看到伊德技术哲学所存在的弊端，相比拉图尔来说，他也没有为技术的社会构成提供更多的东西。① 尽管伊德能够看到眼前所发生的一切技术现象，但是他还是没有进入技术史发展的社会层面所出现的变化，或者说他没有进入技术发展的社会语境中去考察技术，他所呈现给我们的技术如同海德格尔一样，是零星地散落在天空中的东西。更准确地说，他更关注技术的物性，并通过这一特性来解读其中所蕴涵的人—技术的关系。但是这里有一个问题：伊德极力要从海德格尔的

---

① 拉图尔等人的社会建构理论提供了这样一种洞见：技术发展是社会的过程，这一点已经完全为美国技术史圈子所接受，如美国技术史学会（SHOT）会刊《技术与文化》2013年第1期发表了该会会长 Ronald Kline 的一次会议致辞，其中指出，发明是一种社会过程，而不是英雄式的行为。

阴影中走出来，这是为什么？是一种反形而上学的需要？我们能够在伊德的作品中找到相应的表达。"这也是他在一种形而上学中看待技术。作为实用主义者和严格的现象学家，我意识到仅仅意味着这样的分析是无用的，因为他没法在演奏乐器的结构还有技术调节和基因生产过程间做出区分。"① 走出来后他又走向何方？在这一过程中我们又感受到了信天翁比喻中的东西，他极力挣脱，但是无法完全摆脱。

第二节　技术史家眼中的伊德

技术文化的形成源自技术史，尤其是上述不同历史阶段的美国技术文化，更是如此。我们需要更深入地揭示技术史演变及其代表性的技术文化情况。

一　技术史自身的演化

技术史并非仅仅是一种记录，总是显示技术如何发展，什么时候出现了技术创新与变革。如果为了满足这一目的，那么完全可以去专利局查询。目前世界上比较著名的三个技术专利局如欧洲技术专利局（EPO）、美国技术专利局（USPO）和日本技术专利局（JPO）是世界上公认的技术专利标准。在衡量当前技术专利的国际化上这成为显示技术创新绩效的重要指标之一。所以，去查询相关的数据库及其历史数据就可以获得不同领域技术演进的资料。但是这只是狭义的技术史，只是基于技术产品的视角，是一种内史的表现。当然除此以外技术内史还展示发明者与工程师的理性、旨趣如何产生技术产品以及主导了技术的演化。技术内史给予我们的技术观念是：技术的发展是具备内在逻辑的，体现出一种决定论的样态。

技术内史的有效性在哲学上也有着坚实的哲学基础。近代哲学中理性既是知识的源泉，同时也是技术产生的根据，尤其是逻辑成为技术产生的根本动力。当然，近代哲学对技术现象进行解释的时候所存在的问题是将技术看做知识的衍生现象。当技术获得其独立性之后，现象学能够为内史

① Evan Selinger ed. , *Postphenomenology: A Critical Companion to Ihde*, New York: State University of New York Press, 2006, p. 270.

提供更多的理论论证。如胡塞尔的积极意向与消极意向能够有效解释技术发明背后的意向活动；马克斯·舍勒的内驱力也有效地支撑了技术的出现。这一点在乔治·巴萨拉的《技术简史》中得以验证，他为我们揭示了工程师的幻想、理性等意向活动如何成为技术产生和发展的动力。

技术外史的发展与人文科学的发展有着莫大的关系。随着哲学解释学、社会学和人类学等思潮的涌现，技术内史的牢固格局被打破。一方面，伊德对解释学加以物质化，让解释学直面非语言的技术，这个时候他所面临的任务是与技术史家一样的，必须对技术现象给予解释。伊德借助解释学的原则——文化语境、历史语境影响着技术现象的形成及演化，他让我们看到技术演化并非是自主的过程。社会学的发展使得社会语境成为理解技术时的一个关键因素。语境主义的出现大大影响到了技术史研究的方法，影响到理解技术现象的关键。

在技术史家视野中，如何看待技术哲学理论呢？技术史家汉斯·约翰·布朗（Hans-Joachim Braun）曾经对技术史学家所采用的理论依据进行过总结，他指出，技术史所借助的理论经历了如下阶段：技术决定论、技术发展的进化论（乔治·巴萨拉）、技术的社会建构论［平齐（Trevor Pinch）和韦伯（Wie E. Bijker）］、行动者网络理论［米切尔·卡隆（Michel Callon）、拉图尔（Bruno Latour）、约翰·劳（John Law）］和技术系统［托马斯·P. 休斯（Thomas P. Hughes）］。在技术史学家眼中，没有普遍的理论可以用来解释技术发展，所以需要根据不同情况来应用理论。"因此，勤快地、选择性地和实用地使用理论概念对于技术史家会有用。"① 所以从上面的描述可以看出，技术史家并不是非常喜欢理论，他们更多地表现出一种实用主义的态度。

伊德思想形成的时期，正好处在美国技术史高速发展的时期。1958年，美国技术史学会成立，并创办了《技术与文化》这一标志性期刊，这一时期的主导影响者是莫为·克瑞泽波格（Melvin Kranzberg）。这是技术史研究体制化的标志，他的专业期刊是《技术与文化》，这本杂志产生了一群语境主义者。这一时期技术史研究尤其火热的原因是"技术在政治甚至更高层次上的重要作用变得很明显。许多政策制定者、教育家等表现出强烈的兴趣要了解当前政治的、军事的、经济的和社会的状态以及技

---

① Graham Hollister-Shot edit, *History of Technology*, London：Continuum，1999，p. 173.

术的状态是如何产生的。"① 60年代，技术与社会、经济、政治、文化、艺术、环境、性别和种族等问题都加以研究，成为技术史的最爱。

所以，技术史家是应该欢迎伊德理论的。但是实际上是怎样的呢？可以从福曼和巴萨拉两位技术史家那里看出具体的表现。

第一位科学史的学者是P. 福曼（Paul Forman）。他出生于1937年，比伊德小3岁，基本上属于同一时代背景下的学者。他的学术兴趣主要在物理史。所以在他的著作中主要偏重对科学的分析。在他写作《现代性中科学的优先性，后现代中技术的优先性和技术史中的意识形态》（2007）时引用了两篇伊德的文献，分别是《工具实在论：科学哲学与技术哲学的界面》（1991）和写在拉瑞·希克曼（Larry Hickman）的著作《约翰·杜威的实用性技术》（1990）一书的"编者序言"。

在第一篇文献中，他引用伊德的观点说明科学体现在技术中。"伊德写道，科学不是技术的源泉或者技术作为应用科学，它变成了技术的工具……"② 因此，他在第29个注释中指出"伊德，工具实在论，140，55（语法是伊德的）。同样地，卡普兰（Kaplan）在《技术哲学读本》中提到'科学体现在技术中，技术决定什么是科学'"③。

另外一处是在第24页对伊德的评论。"通过给杜威最高的在后现代技术哲学家中占据一席之位的评价，伊德来将同海德格尔争论技术优先于科学的优先性给了杜威。"④ 这一注释又做出如下描述："'甚至在维特根斯坦和海德格尔之前，杜威把哲学推到了后现代时期'，希克曼是对杜威这一错误的主要罪责人。迫使他成为科学与技术的合并者，其中科学失去了对技术的优先性。见希克曼，实用主义，72—78；希克曼，哲学工具。"⑤

上述引文中我们可以看到福曼强调现代性/后现代性科学技术优先性的一个变化，在现代性时期科学具有优先性，而在后现代时期，情况正好相反，技术具有优先性。有意思的是，伊德格外注意到福曼所提到的这个

---

① Graham Hollister-Shot edit, *History of Technology*, London: Continuum, 1999, p. 170.

② Paul Forman, "The Primacy of Science in Modernity, of Technology in Postmodernity, and of Ideology in the History of Technology", *History and Technology*, Vol. 23, 2007, p. 7.

③ Ibid., p. 77.

④ Ibid., p. 25.

⑤ Ibid., p. 87.

转折点，之所以如此，大概是英雄所见略同。他自己的思想转折点出现在
1976 年。当然，注意到这个转折点并不意味着完全接受这一种说法。随
后伊德对此进行了说明："关于这一时期，福曼（Paul Forman）提出了一
个有趣的观点，参见《历史与技术》第 23 卷特刊即 2007 年第 1—2 期。
他论证道，原先科学被现代性简单地假设是先于技术的，但对后现代主义
者来说，到 20 世纪 80 年代时，出现了一种转变，即技术优先于科学……
重温一下前文福曼提出的何者优先问题，从科学到技术的转变，他认为，
1980 年是转变的分水岭。但我现在要介绍的是一个与之相关的重心的转
变，我更愿称之为技术/技术科学的转变。从 20 世纪 80 年代开始，许多
著述者，起先主要是与科学元勘研究相关的那些，开始使用技术科学这个
合成词来描述科学与技术之间在当代所呈现出的紧密的关联。"[1] 这些材
料说明，伊德与福曼的学术关联主要是通过科学与技术何者优先的问题关
联起来的。对于福曼而言，伊德客观地描述出"技术优先于科学"的美
国学者（杜威），此外他自己也持有这一观点。这是可以接受的。但是反
过来看，情况不尽然，对于伊德而言，福曼所提到的转折点其实价值并不
大，而更为重要的是"技术科学"这样一个词所表达出来的科学与技术
之间关系的变迁。所以说，二者所关注的问题都是指向科学与技术的关系
上，但在具体表述上存在一定的错位：对于福曼来说，问题是科学与技术
何者优先？对于伊德来说，科学与技术之间的关系发生了怎样的变化？

　　另一位是乔治·巴萨拉（George Basalla）。这位学者主要关注的问题
是技术的进化史。他从进化论角度对技术发展做出了论述。相比之下，他
较福曼对伊德的注意更少一些。我们只是看到他曾经引用过伊德的文献。
他从两个方面可以和伊德出现联系。

　　1. 第二章"连续性和无连续性"中的"科学、技术和革命"部分内
容中提到了伊德文献。"……the historic-ontological priority of technology o-
ver science in Existential Technics（Albany, N. Y., 1983）……"[2] 可以看
出，之所以引用这份文献主要是用来阐明技术优于科学的地方。的确，在
文章中，我们可以看到巴萨拉是持有这一观点的。"然而，技术不是科学

---

　　① 转引自计海庆翻译的文章，发表于《洛阳师范学院学报》2013 年第 1 期。原文见 Don
Ihde，"Philosophy of Technology：1996－2010"，*Techné*，Vol. 4，Winter　2010。

　　② George Basalla，*The Evolution of Technology*，New York：Cambridge University Press，1988，
p. 222.

的仆人。技术和人类一样古老。它在科学家开始收集用于形成和控制自然的知识之前很长时间就存在了。石头工具的生产，一种早期闻名的技术，在采矿学或者地质学出现前200多万年就很繁荣。"① 这一点和福曼很相像，两个人都只注意到了伊德关于技术优先于科学的观点。和另一位技术哲学家兰登·维纳相比，伊德受到了冷落。巴萨拉更喜欢维纳，维纳作为"著名的现代发言人"受到了重视。巴萨拉用了更多篇幅引用他的观点。"主要问题不是谁而是什么统治社会？维纳的回答是'自主的技术'，与技术的需要而不是人类的需要、希望或者愿望相一致的技术变化。"② 这有些令人感到奇怪，技术史家仅仅注意到伊德这一观点，而对于其他观点却较少论及。

　　2. 巴萨拉在《技术的进化》中对技术进化的多种样态做出过论述，这理应与伊德发生交会，但是很遗憾这种交会没有出现。巴萨拉非常重视这个概念。"多样性概念，位于进化论思考的开端，对于技术进化论是基本的。"③ 针对多样态的技术现象，巴萨拉提出了这样的问题："什么力量导致了这些古代和一般工具如此之多的样式的繁殖？或者更为普遍地说，为什么会有如此之多不同类别的物？"④ 对于多样性的问题，巴萨拉给出了进化理论的解释。他从新奇事物和选择两个方面给出了分析。在新奇事物的分析中，主要是从心理的和智力的因素及社会经济的和文化的因素角度给予了解释；选择方面主要是从经济和军事因素及社会和文化因素方面给出了解释。在整个解释中并没有太多的引用到伊德的理论。根据巴萨拉所述，锤子来自英国。"1867年卡尔·马克思惊奇地了解到，他可能会了解到，在英国伯明翰地区出现了500多种不同类别的锤子，每一个在工业或者工匠活动中用于特定的功能。"⑤ 如图4—1所示。

　　对于这个图，巴萨拉给出了这样的解释，"I图中，ABCDE—石头雕刻家用来破、打开、弄直和装饰的锤子；FG—木匠用来增强打击木头的锤子；H—弯曲锤子的头，打钉子时用来保护木头的表面；J——般木匠

---

　　① George Basalla, *The Evolution of Technology*, New York : Cambridge University Press, 1988, p. 27.

　　② Ibid. , p. 204.

　　③ Ibid. , p. 208.

　　④ Ibid. , p. 2.

　　⑤ Ibid. .

工作的锤子；K—直头铁匠锤子；L—圆头锤子，一般金属工作锤子；
M—椅匠用锤；N—上马掌的锤子；Ⅱ图中，A—斧眼拔钉锤，用来取钉
子；B—铺石匠的锤子；C—斧锤；D—用于箍桶的锤子；E—用来打开和
关上奶酪罐子的锤子；F—奶酪品尝器和锤子的联合物；G—锯削和设置
锯子的锤子；H—装饰匠或者马具匠用锤；JK—制鞋匠的锤子……"①

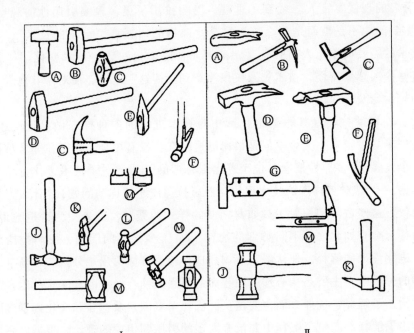

Ⅰ   Ⅱ

图4—1 反映在英国乡村工匠使用的锤子样式中的人工物的多样性②

　　巴萨拉的描述无非是展示锤子多样性的现象。从巴萨拉的分析中，我
们最起码可以感受到：（1）锤子多样性能够在同一个地区不同职业人那
里呈现出不同的样子，根据不同的功能有不同的样子。（2）锤子的多样
性更多决定于锤子的功能。（3）锤子的多样性不仅仅是体现在人们对于
锤子的理解上、人们对于锤子不同的使用形式上，而是更直接表现在锤子
的外部形态发生了极大变化。与伊德所展示的技术多重稳定性分析相比，

① George Basalla, *The Evolution of Technology*, New York: Cambridge University Press, 1988,
pp. 4 - 5.

② Ibid. .

巴萨拉的分析更为微观，他传递了这样一个信息：技术多样性可以在同一个文化的不同时期、不同地域和不同人群那里都表现出来。在伊德那里，技术多重稳定性只是针对不同文化中技术物所发生的变化，如弓箭的样式。而这样一个问题在伊德那里表现为基于文化的技术的多重稳定态，并且伊德对现象学变更做出了解释。但是不知什么原因这一点却被忽略。所以，有些遗憾。

这里可能的交汇问题——技术物的多样性——是非常重要的问题。鲍德里亚曾经对这一问题进行过分析，他在自己的博士论文《物体系》中对此用语义学方法进行过分析，只是他的重点并非是解释这一现象的原因，而是从意义转变的角度进行分类，① 以便对商品社会进行批判。

对于伊德的理论更是如此，尤其是对伊德所表现出来的现象学色彩，他们更是避之不及。毕竟他们对形而上学还是有着惧怕心理。但是，伊德的技术哲学在三个方面是有利于技术史的，而且部分技术史学家也注意到了这一点。

1. 在阐述技术传播现象上有助于技术史自身的发展。当一种技术被发明出来之后如何传播这是一个非常重要的问题。目前在技术阐述上主要集中在技术从实验室到市场的传播过程，在这样一个过程中知识服务平台起到极大的作用。但是这种传播只是"小"传播。在宏大的技术史视野中，这样的环节将更多地被忽略，只有技术在不同文化中的传播才会成为重要的现象。的确，在这个层面上，技术不仅仅是一个纯粹的传播过程，就像水在杯子里被装了一会然后倒掉对杯子没有任何影响；技术在不同文化传播过程中会发生变异，用伊德术语来说，会出现"多重稳定性"现象。如电报就是如此。在发明者的国度中，这是一种发明，是智慧的体现，体现了其价值；在其他应用者国度，这成为一种便捷工具，体现了其本质；但是在清末，被看成用人的灵魂炼成的东西。不仅如此，还传播着一种观念，这种观念最终要改变社会结构乃至生活方式。汽车就是非常典型的技术发明。此外，汽车的传入带给中国城市最大的改变是：城市空间越来越大，人们的生活方式也逐渐改变。所以，技术史的研究不仅仅是纯粹历史性的，在某一历史时间内，技术如何以多重稳定性表现出自身这是

---

① 他将商品分类的标准是"功能、非功能和后功能"，在此三个标准之下，物被划分为三种类别，从而有利于其形而上学的批判。

一个有趣的问题。

2. 在阐述技术发展动力现象上有助于技术史的发展。伊德的现象学旨在描述人与技术的意向关系。单从这样一个角度看，所要面对的问题主要是技术与人的关系之间的意向结构，其实质是指向技术现象并阐述人类意向如何构成技术现象的样式。这是一种先验层面的分析，并非心理层面的分析。而整个技术史所阐述的技术动力或者是从心理学角度（如乔治·巴萨拉）或者是从社会学角度（如拉图尔）出发，但是缺乏一种先验的层面。现象学能够阐发先验层面的动力，如马克斯·舍勒从"内驱力"解释技术的出现就是最好的代表。而从意向角度阐述技术创新及其发展是很有价值的事情，伊德开启了这一路经。

3. 在阐发技术意义上有助于技术史的发展。当前技术史的叙事方式主要是基于工程师的角度完成的。将技术史阐述为工程师的个人英雄式的行为，如在阐述古希腊的技术成就时，给我们呈现的是希罗；在阐述文艺复兴时期的技术成就时，给我们呈现的是达·芬奇；在阐述工业革命时的技术成就时，给我们呈现的是瓦特；在阐述当前信息时代的技术成就的时候，给我们呈现的是乔布斯和比尔·盖茨。此外，还有对技术原理的呈现，很多的技术史著作在阐述技术物的时候，重头都放在原理上，技术如何完成其功能。但是，这些都只是技术意义的一个部分，技术发展过程是技术意义构成的过程，技术物如何从语义学意义转化为语用学的意义，然后转化为更高层面的意义，这个问题更为重要，同时也和技术发展动力纠缠在一起。

二　技术决定论及其批判视域

在这里选取技术决定论思潮并非随意的事情，可以说它是美国技术文化构成不可缺少的一部分，同时也是美国技术史理论基础之一。美国学者莫瑞特·罗伊·斯密斯（Merritt Roe Smith）在《美国文化中的技术决定论》（1994）文章中专门论证了为什么技术决定论会成为美国技术文化的一种特色以及这种技术文化如何形成的问题。在他看来，技术决定论的思想源泉可以追溯到 18 世纪的启蒙运动，美国之所以会接受决定论，原因在于其中所包含的"进步"观念。"尽管技术决定论原初发端于欧洲，但是它在新独立的美国找到了更加肥沃的土壤——主要是因为美国人如此乐衷于接受'进步'观念。"① 这一观念如何在美国文化中形成？斯密斯指出，各种媒介都全力营造出这样一种氛围。"1860—1900年，许多庆祝新技术的流行书籍、文章、绘画和胶印术找到了进入美国家庭和客厅的方式。"② "然而，从1900年以后，许多广告商开始超越提供作为技术纽结的产品，而是将技术不但导致直接的个人收获和社会进步这样的观念贩卖给公众。"③ 到了20世纪晚期，各种形式的会展、博览会成为新技术的发展平台。这些都促使了以技术决定论为主的技术文化的形成。

　　技术决定论是在理解技术的时候表现出的常见的一种思潮，这一思潮的主要问题是技术发展是否会决定社会的结构变迁、未来形态，其主要观点认为在二者之间存在着必然的联系，即技术发展决定着社会形态、社会发展。从这一观点看，技术决定论与技术工具论之间存在着明显差异，后者强调技术是工具这一观点，而这一观点是在人与社会之间起着中介性作用的。"技术决定论的信仰在非专家群体中要比技术史家群体更为广泛。"④ 戴维·E.那伊（David E. Nye）在《技术的批判》（2005）中对技术决定论进行了比较清晰的梳理和批判。"甚至早期的批判家倾向于认定机器根本上是中立的，他们主要关注机器如何被滥用的风险。仅仅在20世纪，许多人争论技术可能本质上是危险的。相应地，技术决定论，经常受益于19世纪，更多地以威胁后来的形象出现。"⑤ 他首先着重分析了马克思、查理·斯汀莫斯（Charles Steinmetz）、社会学芝加哥学派、麦克卢汉、艾吕尔、马尔库塞等人身上体现出来的"强技术决定论"思想，随后又揭示了"弱技术决定论"的思想实质。此外，史密斯从软性、硬性角度论述了决定论的形式。"在思想和表达的这种基因中，可以识别两种技术决定论的版本：软性观点，坚持技术变化驱动社会变化但是同时也对社会压力有所反馈；硬性观点，将技术发展感知为完全独立于社会限制的

---

　　① Merritt Roe Smith and Leo Marx edit, *Does Technology Drive History?* Cambridge：The MIT Press，1994，p. 3.

　　② Ibid. ，p. 7.

　　③ Ibid. ，p. 19.

　　④ Carroll Pursell edit, *A Companion to American Technology*，Hoboken：Blackwell Publishers，2005，p. 436.

　　⑤ Ibid. ，p. 430.

自主性力量。"①

为了反对技术决定论，技术史表现出来两条批判路径：内在主义的路径和语境主义的路径。"使用 John Staudemaier 的分类，最大的群体是内在主义者，但是语境主义者做了许多重要的工作。"② 在史密斯看来，决定论的批判者主要是芒福德、艾吕尔和维纳等人。

所谓内在主义者主要强调技术发展中所显现出的影响发明家和工程师相关理念的因素。"内在主义者通过强调发明者、实验室活动和特定时期科学知识的状态的地位来重构机器史和机械过程……这条路径与艺术史有着密切关系，但是出于科学史的……内在主义者帮助确立关于个体发明者、他们的竞争、他们的技术困难和他们对于特定问题解决的事实的基础。"③史密斯将查理·森格（Charles Singer）20 世纪 50 年代出版的五卷本《技术史》看做内在主义者的主要表现。

所谓语境主义者主要强调技术发展过程中社会因素与技术之间的相互影响。"……相反，语境主义者经常强调已经成为更大的社会世界的一部分的机器。在这条路径中，机器通常被理解为社会关注点所形成的，同时他们也产生交互的、改变性的效果。技术深嵌在世界持续的建构中。"④最常见的路子是从技术与文化的角度去理解技术。"每一种技术都是人类生活的扩展。有人制造它，有人拥有它，有人反对它，很多人使用它，所有人解释它。互联网发展是为了方便科学家之间交流，部分受到资助的原因是考虑到在原子攻击中传输重要防卫信息的需要。但是这些工具目标逐渐转到满足 E - mail、WWW、电子商务等广泛需求上。"⑤

在他看来，整个社会中，很少人采取强技术决定论立场，多是采取弱技术决定论立场。"他们可能接受弱的决定论的可能性，但是他们也警惕去寻找讽刺式或者无意的结果……他们识别出新机器来自政治的和社会的语境，它们能够被用于霸权或者破坏性的目的……他们关心将技术融入日

---

① Merritt Roe Smith and Leo Marx edit, *Does Technology Drive History*? Cambridge：The MIT Press，1994，p. 2.

② Carroll Pursell edit, *A Companion to American Technology*, Hoboken：Blackwell Publishers, 2005，p. 435.

③ Ibid.，p. 435.

④ Ibid..

⑤ Ibid.，p. 436.

常生活的社会的、心理学的意义。"①

此外，诸多技术文化研究者主要从对技术文化现象入手，分析了其对这些现象的合理解释。如对科学家和工程师的社会形象演变的分析，布鲁斯·森克莱尔（Bruce Sinclair）对工程师的文化做了分析。她对工程师如何从20世纪早期许多人心目中的"英雄"形象转变为20世纪末的"呆子"和"怪人"形象，还有对"技术"一词本身的历史演变做了探讨。

波塞尔对技术史所存在的三种预设做了分析："历史学家Joseph Corn指出当预测新技术未来（也就是说，技术决定未来）时，我们通常会犯三个错误：第一，我们设定新技术将完全替代我们用来满足某种目标的技术（整体革命的谬论）；第二，我们设定更新的、更好的技术替代另一个技术是所发生的唯一变化（社会连续性的谬论）；第三，我们设定新技术唯一能够解决问题（技术定位的谬论）。事实上这三个设定都是错误的。通常大多数新技术为了一些目的而被使用，但是与旧的技术结合而非代替。"②

在波塞尔的作品中，经常用到"新技术"这个概念。对于技术史学家来说，这个概念使用有严格的限定，需要处理与"旧技术"的关系。"新技术不但解决问题，他们也制造问题。"③

技术史经历了一种变化。"这些年来社会历史的兴起导致了许多历史学家从技术来自何处的问题转到谁拥有它们和谁使用它们以及满足什么目的等问题上。技术的社会语境尤其是倾向于决定论幻觉的。就像我们所看到的，工人失业、经济飞涨、家庭衰落（增强）、乡村裸露以及本土美国人飞离大地等。"④

"把社会历史带入技术史中是允许我们看到所有的那些不是工程师和发明家的美国人，而是生活在被技术包围中的美国人。"⑤

如此，在这样一种技术文化氛围中，伊德与技术决定论的关系成为一个比较重要的问题。那么，伊德是否是技术决定论者呢？按照严格的决定

①　Carroll Pursell edit, *A Companion to American Technology*, Hoboken：Blackwell Publishers, 2005, p. 448.

②　Carroll Pursell edit, *American Technology*, Hoboken：Blackwell Publishers, 2001, p. 2.

③　Ibid. .

④　Ibid. , p. 3.

⑤　Ibid. .

论观念看，伊德既不是硬性决定论者，也不是软性决定论者。因为他没有从社会学层面去分析技术对社会结构、社会文化的影响。但是，从体验角度看，伊德是技术决定论的。他的一生最主要的问题是论证技术如何修正和改变我们知觉及其他体验。"首先，关于工具，我不同意那些倾向于具体化技术的乌托邦和敌托邦思想家们的观点。相反，我要论证技术尤其是工具将被看做修正和改变我们的知觉和我们更为广泛的体验的方法。事实上，这打乱了甚至反对任何强硬的自然—文化框架。"① 当然我们看到他和通常的技术决定论——技术决定社会的形态和解构——是完全不同的路径，后者关心的是社会，而对伊德而言关心的是人自身的意向体验。对于这一问题，也有个别学者加以关注，如意大利学者保罗·德保利（Paolo Depaoli）认为，伊德是软（soft）的决定论者。他在《伊德"软"的技术决定论和 IS 组织学习能力：能力中心案例》中将伊德的软决定论作为理论框架来分析 IS 组织的学习能力。② 当然也有人并不认为伊德是决定论者。"伊德不是技术决定论者，他论证了技术是文化嵌入，并且声称：'技术的结构是多重稳定的，根据使用，根据文化嵌入性，还有根据政治。多重稳定性不同于中立性。'"③ 很遗憾的是，这是篇匿名文章，作者并没有署名。

　　如果按照技术史的批判路径，我们认为可以将伊德归入语境论者，更准确地说，他是文化语境论者。当他提出技术多重稳定性的概念的时候，的确向读者传达出技术在不同文化中会发生形态变化，会出现不同的解释，所以技术不单单影响体验和知觉，更为重要的是技术由文化塑形。

① Don Ihde, *Expanding Hermeneutics*：*Visualism in Science*, Evanston：Northwestern University Press, 1998, p. 1.

② P. Depaoli, *Don Ihde's "Soft" Technological Determinism and Capabilities for IS Organizational Learning*, *The Case of a Competence Center*, Information Systems：People, Organizations, Institutions, and Technologies, 2010, pp. 277 - 284.

③ 《为什么诗学网站讨论技术？》，http：//photovoltaicpoetry. com. au/technology/。

第五章　伊德的盲区：交互体验的错失

在伊德多个对象的分析过程中，解释学的方法多次浮现，不仅指向科学实践活动，也指向一个关键点：图像技术及其图像。但是如同笛卡儿在我思面前错失了现象学，伊德在图像技术面前也错失了交互体验及其现象学的阵地。所以，本章主要是阐述伊德对于图像技术、图像的关注和其错失之处。

第一节　伊德对图像技术及其图像现象的关注

20 世纪 90 年代之前，伊德只是零星地触及图像技术及其相关问题，如在《技术与实践》（1979）中，曾经提到过照片。"最近 3D 照片（全息图）和计算机的发展提高了产生分子图像的放大能力，现在甚至原子也例证了看到事物自身的要求。"① 图像技术只是验证工具作为中介的证据而已。90 年代以后，他开始有意识地关注图像技术，尤其是他在图像技术中发现了能够印证其人与技术的解释学关系的证据，主要是体现在《技术与生活世界：从花园到地球》（1990）、《图像技术与传统文化》（1992）、《这不是一个"文本"或者我们是否"读"图像?》（1996）、《扩展的解释学：科学中的视觉主义》（1998）、《图像技术：第二个科学革命》（2007）、《图像技术》（2009）② 和《伸展"在—之中"—"在—

---

① Don Ihde, *Technology and Praxis*, Dordrech：D. Reidel Pub. Co. , 1979, p. 39.

② 这篇文章被选入 J. K. B. Olsen, S. A. Pedersen and V. F. Hendricks , *A Companion to the Philosophy of Technology* , Hoboken：Blackwell Publishing Ltd , 2009. 主要是从图像技术发展史角度描述发展史以及提出当代图像技术的四个方面的显著特征：（1）表现在现代科学中的勾勒出超出人的视觉和听觉范围事物的图像；（2）和计算机有关的图像技术；（3）医疗技术中的可构造性图像，如断层扫描术；（4）复杂图像，如建模和仿真。

之间"：具身及其超越》（2011）几部作品中。这些是直接的体现。从某种程度上说，在《技术与生活世界：从花园到地球》中伊德开始提及图像技术。而在《扩展的解释学：科学中的视觉主义》中开始关注图像技术中所蕴含的解释学可能的形式，"跟随《扩展的解释学科学中的视觉主义》，到目前为止它也受到来自我对图像技术研究成果的刺激。我发现让使用图像技术的实践成为知觉—解释学实践的实践形式，但是不同于基于古典人文主义—社会科学语言的实践形式。最后，我想让 20 世纪出现的分析哲学和大陆哲学的语言转向去中心化"[1]。其他则是对上述观点的重复。在伊德看来，图像技术能够显示丰富的解释学特性，即类似于表征世界的文本。

一 《技术与生活世界：从花园到地球》中的图像技术

这本书比较早地提到图像技术及其图像现象，主要体现在这本书的第三个项目研究"生活世界的形成"上。初看起来，这一研究题目与图像技术看起来没有任何关系，但其实质是以图像技术为切入点对生活世界展开的研究。正如伊德所说，他是借助图像技术来勾勒当前技术化生活世界的曲面图。其中，伊德所关心的图像技术包括"以重要的、相对较新的技术集合的名义，我选择性地做主要解读生活世界的部分地形学。这些技术如图像技术。它们不但包括具有说服性的电视、电影和照片还有计算机——以文字和数字能力出现——和计算机图形学等"[2]。所以，从这一观点中我们看到，伊德所指的图像技术主要是传媒技术和自然科学中的图像技术及其相关图像，之所以如此与其生活世界的出发点有很大的关系，在某种程度上，生活世界正在呈现海德格尔所描述的趋势——世界图像化，即世界自身以图像的形式呈现自身以及图像被看做现实本身。我们经常听到信息社会特征的描述——世界是平的，这一观念原本意味着由于信息技术的发展，不同维度的世界有着平面化趋势，从某一个共同的平台上显现出来。当然，我们还可以从世界图像化的角度来解释这种平面化。平面是二维空间的主要特征，世界平面化意味着趋向平面图像的转化，一切

---

① Don Ihde , "Response, The Body as Image Interpreter", *Philosophy of Technology* , Vol. 25, 2012, p. 266.

② Don Ihde, *Technology and the Lifeworld: From Garden to Earth*, Bloomington: Indiana University Press, 1990, p. 162.

都在二维平面上被呈现出来。由此可以说世界图像化通过这样一种形式表达出来。在这一趋势中，自然科学作为早已由方法转为现实本身的形式更加以图像的方式诠释了这一点，而日常生活世界在传媒技术的驱动下也逐渐加入了这一趋势之中。可惜的是，伊德本人并没有关注到这一点背后的深层次意义。

围绕上述图像技术他提出了一个与文化世界有关的问题：在后现代生活世界中什么形成了技术化的非中立性？这一问题事实上主要是阐述图像技术正在解构着我们通常的"技术中立性"的观念，传统图像技术如照相机曾经被看做对现实的真实复制技术，是现实的中立再现技术，而照片中的世界被看做真实的世界或者真理的表达。但是随着相关技术的发展，这一点多少被改变了。比如 PS 技术的出现就让人对照片对象的真实性产生了极大怀疑。针对这一问题他从"多元文化性""决策上的负担""概念的物质化"和"震荡现象"四个角度阐述了图像技术如何导致了生活世界非中立性的诸多现象。

多元文化性（pluriculturality）是伊德所分析的第一个与图像技术有关的文化现象。对于伊德来说，这个词是一个新词，区别于一般文化研究中的跨文化的（cross-cultural）和多文化的（multicultural）现象。这两个概念更多的是从客观中立角度对不同区域文化形式的真实呈现，并通过这种客观呈现尽可能地实现不同文化之间的交流、碰撞与融合。但是在他看来，这一出发点是有问题的。所以他采取了多元文化性这个新词来突出技术因素所导致的非中立性。他从批判这样一个前提出发："存在着与所有技术联系在一起的中立性幻象。"[1] 所以，多元文化性主要是"被看做本质性非中立性的线索和起到在文化层面上作为解构这一幻象的作用"[2]。它是在图像技术之中和通过图像技术出现的，而且被当作生活世界的获得加以考虑。在分析中，他特别突出了图像技术的再生产和生产图像的能力。"这些图像技术中的每一个都有着再生产和生产图像的能力。"[3] 所有的分析最后指向多元文化性本身，他指出图像技术起到了破除技术中立性

---

[1] Don Ihde, *Technology and the Lifeworld：From Garden to Earth*, Bloomington：Indiana University Press, 1990, p. 164.

[2] Ibid., p. 165.

[3] Ibid., 伊德特别注明了在使用"图像"一词时存在的疑虑，在他看来，图像是现象学式的现象，一个图像是事物自身。它的特征是表象而非表征的。

的幻象的作用。他从照相机技术一个明显的例子入手。经过分析，他指出了多元文化性的本质。"多元文化性是当前生活世界的一个获得物，它是世界通过图像技术的增殖而获得世界技术化本质的方式之一。"①"在图像技术媒介中技术具身化的多元文化性是当前生活世界的即刻获得物。"②

决策上的负担（decisional burden）是伊德所分析的第二个与图像技术相关的生活世界的现象，即有关良心决策方面的。借助这一现象他主要向我们描述了我们处在一个悖论处境中：由技术所构筑的决策处境和由道德所决定的决策处境的碰撞给我们带来了选择上的困难。在这个分析中，他借助了萨特式情境这一概念描述了当前的处境：我们必须要在技术与道德处境中做出抉择，但是这一点很难。为了说明这一点，他举出了很多我们熟知的现象来说明我们的处境，如时间被简化为数字刻度、医疗中的生命开始和终结技术。在医疗技术方面，他给我们描述了自己家人的处境。伊德在父母病重之际，他要做出选择：是采取医生建议用生命延续技术延缓病重父母的生命？还是听从道德的呼唤让父母在平静和家人的陪伴中离去？有意思的是，荷兰的维贝克也分析过医疗中 B 超技术让人类置身于一种道德决策中，而这一决策的实施基础很大程度上依赖于技术而非仅仅是道德意志。在时间现象中，时间被完全简化为钟表盘上跳动的指针数字或者电脑屏幕上的数字，我们完全无法理解"一袋烟的工夫""一炷香时间"等生存论的时间描述。可以说，很大程度上，表盘上的数字被看做离散时间流的表征，尽管时间的绵延性得以体现，但是也构建出客观时间的概念，在这样的构建中，时间与事件逐步分离。所以对这样一些现象的分析，他所思考的是生命本身如何被技术度量这样一个现象。但是从总体上看，伊德对这块内容的分析和图像技术并没有直接的关系，他只是从伦理决策的角度谈到了医疗技术所产生的影响，更进一步强调技术给生活世界带来的非中立性，技术在某种程度上塑造着人类自身的伦理决策。

第三个是出现在科学领域中的将概念物质化现象。他从数学的发展展示了数学如何从概念发展到实验科学，展示了计算机图形学如何借助计算机发展自身，还展示了艺术科学如何借助技术实现自身。最后他分析了这

① Don Ihde, *Technology and the Lifeworld : From Garden to Earth*, Bloomington : Indiana University Press, 1990, p. 177.

② Ibid. .

些科学与图像技术的关联。"图像技术在类似于多元文化性表象的科学和艺术中起到了作用。这是选择的增殖；存在着走向可知觉性的回归。在新的具身形式中也存在着物质化。"①

第四个是体现为社会运动的震荡现象（oscillatory phenomena）。他主要从 1968 年发生在世界各地的学生运动以及自身的情况展示了大众媒体所产生的作用。"震荡现象是对关于技术社会意识到的图景的一部分，是出于技术社会的结果。有效获得、有效利用和控制图像技术的那些人产生了大部分的结果。"② 社会运动通过社会传媒从而实现了自身的传播，实现了某种话语权及其有效性的确立。这部分内容直接关系到对传媒图像技术的解读，即塑造了某种社会意识形态，这部分分析直接显示了传媒图像技术的非中立性。事实上这一点是非常明显的，传统的图像技术如电视、报纸上的图片等都是单向的，传递了某一类群体的文化价值观念以及存在的东西，这在某种程度上是客观性的残存，以权威的形式出现，但是在当前微博技术中，图像、视频已经开始解构着权威形式，一种多元性的文化形式开始形成，图像技术的非中立性情况大大增强。

所以，在这短短一章节内容中，伊德以图像技术为切入口，从社会文化、道德选择、科学领域以及社会运动等诸多现象分析了图像技术自身所体现出的生产和再生产的能力，在这一生产过程中，逐步打破了客观的、中立的技术世界的常规观念，从而为我们塑造了可变的、多样性的生活世界。

二 其他文本中的图像技术

从我们目前所看到的资料中，伊德对图像技术及其图像现象的主要关注体现在 20 世纪 90 年代以后。"图像"是一个含糊的词。伊德所指的图像主要是指以客观图像形式存在的对象，即客观图像。但是如果我们借助现象学的规定：图像还有以想象为载体的内图像，则会发现 70 年代中期他曾无意识地触及图像问题。这段时期他集中关注声音现象，在分析听觉现象的时候已经触及与现象相关的内图像，但是由于自身的缘故其注意力

---

① Don Ihde, *Technology and the Lifeworld : From Garden to Earth*, Bloomington : Indiana University Press, 1990, p. 187.

② Ibid. , p. 190.

没有离开声音现象。70 年代后期到 90 年代，他重点关注技术和科学解释等问题。关注如何阐述人—技术的意向关系及其表现，关注如何借助解释学资源来获得理解科学的全新视角。所以在这些问题的背景下，对于他而言，图像技术只是新科学发展的一个分支而已，所以由于这一宏大问题自身的需要，作为分支的图像技术并没有进入伊德的关注视野中。只有在具体阐述人—技术的解释学关系的时候，图像技术才有了其价值。这些主要思想都是体现在《扩展的解释学：科学中的视觉主义》（1998）一书中，后来所发表的作品都是对于其中思想的成熟扩展。

罗森博格（2012）指出：在《扩展的解释学：科学中的视觉主义》中伊德对图像技术的关注做出了贡献。"更特殊的是，这本书为图像解释哲学中许多前沿项目提供了灵感和概念框架。"① 罗森博格看到了伊德对图像技术的关注，并且加以发挥。"中心洞见：更多的科学图像实践活动能够借助技术与人类身体性知觉的术语创造性地加以理解。也就是说，不是把科学中的图像解释理解为解码数据或者表征的过程，甚至也不是理解为语言翻译的形式，图像解释应该被看做与人工物的身体性遭遇，能够在视觉格式塔中传递它自身的信息。"② 所以，罗森博格从人—技术的关系中理解图像解释。"一个问题是在图像解释过程中科学家身体性地位的关键作用。"③ 这一认识基本上与伊德本人的观点是吻合的。他的这一观点主要来自伊德这本书的内容编排。伊德将《这不是一个"文本"或者我们是否"读"图像?》（1996）编入了该书第二部分的第 7 节。而这一文本主要是围绕图像技术而来的。为了更好地把握伊德在这本书中所提及的线索，我们需要从文本本身入手。

在文本中，伊德首先注意到图像技术如何成为 20 世纪末期的显著现象。"20 世纪末期一个高度繁殖的技术发展形式是作为图像技术类别出现的，这一技术遍及整个社会和文化世界，从最流行的图像形式如 MTV，到最令人激动的科学研究前沿领域，其中医学影像技术中的典型进步与在地球和空间科学中的新图像技术进步相匹配。简而言之，包括从最微观的

---

① Robert Rosenberger, "The Body as Image Interpreter", *Philosophy of Technology*, Vol. 25, 2012, p. 257.

② Robert Rosenberger, "Book Symposium on Don Ihde's Expanding Hermeneutics: Visualism in Science", *Philosophy of Technology*, Vol. 25, 2012, p. 258.

③ Ibid. .

到最宏观的科学事业现象。"① 应该说这一认识是比较客观的，80 年代左右兴起的图像学、视觉文化、传媒研究等相关学科的发展都验证了当时伊德的认识。当然，这一时期的图像技术更多是和传媒技术相关，而在日常生活世界中凸显出来主要则是与后来手机的视频传输、3D 显示等技术的成熟相联系在一起的图像技术。在这一前提之上，伊德为我们勾勒的图像类型，主要是以下三类客观图像。

1. 流行的、非科学的图像形式，MTV。"这意味着被表象的东西以完全不同于日常或者活生生的空间形式通过图像表象的限制的有选择的框架形式被表现出来。"② MTV 所提供的图像完全与事实、真理及其指称物无关。"注意这儿没有任何科学意义上的'真理—功能'问题或者指称实在的问题。"③

2. 注明所有大的图像技术缺乏深度。"电视和电影领域中的光学技术为视觉产生一个明显的透视范围，如 MRI 这样的医学技术、CT、超声波和其他图像扫描，一个仅仅切下或者穿过图像对象的某部分（如大脑）。"④"在科学图像的多种使用中，存在着一个变化幅度：从部分同构到同构变更，在变更中，它们从文字或者复制形式朝着某种特定类别的虚构式、技术式的加强变更形式转变。"⑤ "返回到科学语境，非同构变更包括这样的过程：明显超出通常的身体感官能力的光或者热增强技术，但是这些技术显示了事物的真实方面。"⑥

3. 位于虚构和科学构成之间的图像技术"政治图像"，问题是如何识别其中的真实？这类图像与他在 1990 年对社会震荡现象的分析有些关系，即传媒图像形式。

对于这三类客观图像的描述并没有超出他在 1990 年的文本中所提出来的范围，只是他的分析有了一些变化。在 1990 年的文本中主要偏重揭

---

① Don Ihde, *Expanding Hermeneutics*：*Visualism in Science*, Evanston：Northwestern University Press, 1998, p. 90.

② Ibid. , p. 91.

③ Don Ihde, "This is not a Text or, Do We Read Images?" *Philosophy Today*, Vol. 40, 1996, p. 126.

④ Don Ihde, *Expanding Hermeneutics*：*Visualism in Science*, Evanston：Northwestern University Press, 1998, p. 90.

⑤ Ibid. .

⑥ Ibid. .

示图像技术如何构造着多元的生活世界；而在 1996 年的文本开始强调如何解释图像技术与人的关系。"在虚拟极端（MTV），不存在朝向真理或者指称的伪装，知觉仅仅是没有寻求结构的想象变更。在中间例如福柯领域或者政治图像，意识到仅仅通过原始的但是强有力'眼见为实'的身体知觉信仰的被描绘的东西在一些权力统治或者话语或者指示中变得多样化，因此社会构成是一类权力知识。"① 对于伊德来说，这个时候主要关心的是科学图像，尤其是图像技术—人的意向关系。所以在《扩展的解释学：科学中的视觉主义》中，他主要是阐述了具身关系在理解科学图像中的作用问题。这与前期的观点是有些不同的。"在我早期作品中，大多数图像技术更适合解释学关系而不是具身关系图式。也就是说，知觉的焦点在显示屏幕，是通过存在着预先的指称物而实现的。"② 通过对图像技术的分析，他主要在指称性、可感知性和身体之间做出了自身的分析。"指称性主要是在使用不同研究的受过专门训练的共同体中来自关键的、社会建构的结果；可感知性是多样态的、身体的和文化性的——没有无身体性的知觉/没有无解释学语境的身体性；身体属于一个以上维度的，比喻意义上的生物学的维度，还有比喻意义上的社会维度。"③

另外，在《海德格尔的技术：后现象学视角》（2010）中他从空间压缩的现象对图像技术进行了分析。"即刻的、空间压缩的东西是媒体体验的方面之一。它是近。但是还是保持着距离，尽管是赛博距离。"④ 应该说，与前面相比，这段时间所提出来的问题更加能够抓住生存论问题的根本。空间性是此在生存论根本的结构，所以阐述图像技术与空间性之间的关系是必要的，伊德则抓住了这一根本问题。当然在我们看来，这一文本呈现出他更为重要的关注点，这一点也成为我们后来问题的出处，他指出海德格尔所关注的媒体技术是非交互式的。"当然，海德格尔所描述的媒

①　Don Ihde, *Expanding Hermeneutics*: *Visualism in Science*, Evanston: Northwestern University Press, 1998, p. 94.

②　Ibid. , p. 96.

③　Don Ihde, "This is not a Text or, do we Read Images?" *Philosophy Today*, Vol. 40, 1996, p. 130.

④　Don Ihde, *Heidegger's Technologies*: *Postphenomenological Perspectives*, New York: Fordham University Press, 2010, p. 138.

介不是交互式的，现代更多的交互性仍然不是当时情景中的常规部分。"①

2012 年，伊德在一篇评论文章中对自己关于图像技术的研究做了说明。② 他指出，他已经完成了一部关于图像技术的书稿，题目为"图像技术：颠倒过来的柏拉图"，其中试图解决图像技术哲学的相关问题，如建模与仿真的问题。当然这并非专门性研究著作，而是论文集性质的著作，其中选录了《技术中的身体》（2002）部分文字。"但是更多的是，我长期从事图像技术的研究，尤其是关于这些技术的科学使用。不幸的是，我的这本大篇幅的、系统化的著作还没有完成，尽管很多发表论文散落在其他文本中。"③

从上述文本分析基本上明了一个问题：伊德并没有忽略图像技术所带来的诸多问题，尽管他已经触及其与生活世界、与此在空间性、与人自身的意向关系等问题。但是我们必须要对这现象加以更深入的分析，即图像技术何以会成为其所关注的对象？是一种偶然还是一种必然呢？

第二节　图像技术何以成为对象

从上述文本的梳理中，我们认为伊德关注到图像技术是没有问题的，这一点也被他的博士生罗森博格揭示出来。接下来需要分析另外一个问题：伊德为什么会关注到图像技术？如何理解这一现象？伊德对图像技术的关注并非是偶然的，而是与其对视觉主义的批判有关，与人—技术意向关系分析的路向有关，与其对新技术形式的关注有关。

一　视觉主义批判与图像

伊德对图像技术及其科学图像的关注是与其视觉主义的反思分不开的。这主要从以下两个方面表现出来。

1. 伊德对图像技术及其图像的关注来自其视觉主义的情结。我们知道，视觉的对象可以是物体，也可以是图像。这一点也成为伊德的一个思

①　Don Ihde, *Heidegger's Technologies: Postphenomenological Perspectives*, New York: Fordham University Press, 2010, p. 138.

②　Don Ihde, "Postphenomenological Re-embodiment", *Foundations of Science*, Vol. 17, 2012, pp. 373 – 377.

③　Ibid. , p. 375.

想特点，正如他自己所表达的。"我想以个体的忏悔来结束——我对科学
的视觉解释学研究得越多，我越着迷于所'看'到的东西。"① 如此，图
像技术及其图像现象正是其对科学视觉理解过程中必然会遭遇的对象。
"从解释学角度看，这儿所强调的解释的知觉主义风格，正如被称为'解
释学的触觉转换装置'的程序，图像技术是显著的视觉主义者。这些装
置使得不可见的资源变成可见的。通过内部的视觉探测器，从 X 射线到
MRI 扫描，到超声波（视觉形式）和 PET 过程，允许医疗科学处理变得
透明的身体。"② 在这一观念之下，相关的作为图像与图像指称物之间的
关系也成为伊德所关注的问题。

2. 伊德对图像技术及其科学图像的关注是反思视觉主义的根本要求。
我们在《含义与意义》《聆听与声音：声音现象学》的分析中多次展示了
伊德对哲学史的反思聚焦在视觉主义，即便是反思现象学家如胡塞尔、海
德格尔、梅洛—庞蒂等人的思想时，也毫不客气地将他们都概括为视觉主
义者。这一观点在《扩展的解释学：科学中的视觉主义》中得到了系统
化处理。可以说，通过这些作品可以对伊德如何阐述视觉主义及其批判有
一个比较明晰的把握。在批判视觉主义的问题上，他在面对现代科学发展
到一定阶段所出现的图像技术如 VR 时敏锐地意识到这类图像技术给我们
所带来并非纯粹视觉体验，还包含了更多的其他体验，如触觉和动觉体
验，而且对这些体验形式的揭示将身体维度逐渐展示了出来。"不像写作
的其他所有形式，这种解释学是技术性具身化在当前科学的工具化中，但
是主要是聚焦在视觉机器或者图像技术的发展中。我反思性地概括主要是
在更加典型的技术语境中做出的。仿真艺术和虚拟现实技术指向与现象学
家建构知识的身体性—知觉性活动有关的可能性，并指向不同种类的解释
性活动。是否可能存在整体身体的解释学？问题是要超越视觉主义。"③
所以，如何实现对视觉主义的超越就成为他在批判维度下所需要面对的问
题，他恰恰从虚拟技术来实现这一步的。"当前，广受公众评论的体现在
多感官的尝试是从虚拟技术发展中明显表现出来的。借助历史的轨迹，我

---

① Don Ihde, *Expanding Hermeneutics: Visualism in Science*, Evanston: Northwestern University Press, 1998, p. 198.

② Ibid., p. 160.

③ Ibid., p. 138.

将转到超越视觉的沉思上。"①

伊德在阐述了视觉主义的哲学史根据后转入了相应的反思中。"我必须概括一下：通过研究图像技术我所要提示的是指称物、知觉和身体的地位并不是没有重要性，但是必须通过不同于早期知识论的古典情况的语境加以认识。指称物的结论仅仅正确地来自训练有素地使用变更研究的共同体所批判和社会建构的结果。知觉是多样态的总是表现为身体性的和文化性的——没有物身体的知觉，没有无解释学语境的身体。"②

伊德所提出的这两点是非常重要的：如何解释图像与图像指称物之间的关系？如何理解图像技术所带来的其他具体体验，如触觉、动觉体验和身体体验？纵观其文本，这些问题并没有被有效地加以解决，而是被他忽略，因为他随后就转入了扩展的解释学的事业中。在他看来如何借助图像技术阐述人—技术的解释学关系才是根本的问题。正是这一急切的转向使得他错失了很重要的东西：人与图像之间的超越视觉的体验形式。当然这一体验也并非由他所揭示的单向的非视觉体验——如来自触觉、听觉和动觉，而是只有借助他者关系才能够把握的交互体验形式。如手机技术发展过程中的智能触屏技术就开启了技术交互的形式，而后 siri 的出现使得人机交互进入一个前所未有的水平。对交互体验本质的揭示并非解释学关系所能够完成的，而伊德的他者关系由于过度地荒废也丧失了有效的解释力，面对交互体验，唯有交互主体和交互意向的现象学才能够提供有效的思想资源。而这并没有为伊德所关注。

但是，科学图像受到关注并非单纯是视觉主义自身发展的结果，更为重要的是与伊德发现图像技术与人之间所存在解释学关系有关。这一发现激励着他继续走在扩展解释学的路上。

二　双重关系与图像解释

对于伊德来说，技术—人的关系问题是一个重要的问题。在早期作品中他所揭示的人—技术的四重关系说中不同关系的地位有着一些变化。"在我早期关于技术的许多作品中，我在人—技术关系的不同类别做出了

---

① Don Ihde, *Expanding Hermeneutics*：*Visualism in Science*, Evanston：Northwestern University Press, 1998, p. 190.

② Ibid. , p. 97.

区分，有时候宣布所认为的具身关系通常优于其他关系。"① 具身关系的结构是"（人—技术）→世界"②。在《技术与实践》中他并没有专门去触及图像技术，只是举了一些图像技术的例子，而且把它们放到具身关系的框架中。"第二个重要的公共领域是追问例如电视、电影和收音机等媒介工具。这儿也存在着这样或那样的转化体验，尽管在再生产的例子中，我们更接近视觉—听觉文本，其中在即时的透明性和再生产之间存在着鸿沟。"③ 他通过图像技术和望远镜这两个例子来说明"裸眼知觉和机器中介体验之间的差异"，而这一说明就完全放在了具身关系的框架中。但是后来随着扩展解释学的需要，人与技术的解释学关系开始成为重点，由于这种变迁，他在阐述图像技术与人的关系时出现了在具身关系和解释关系上的摇摆。

20 世纪 70 年代左右在当时他并没有关注到图像技术，所以谈不上对图像技术中所蕴含的解释学关系的关注，他更多的是从具身关系的角度来理解图像技术。随着后来他自身扩展解释学的需要以及他对科学中图像技术的关注使得二者有效结合起来，他开始利用解释学关系来诠释图像技术与人的关系。"就我早期的区分而言，图像技术可能被看做解释学相关的技术，尽管在特定的例子中会和具身关系相关。解释学关系是从身体同构（包括空间和时间因素）到更多的类似于'文本'或者'语言'而不是'类似于身体'的变化。"④ 体现在图像技术中的结构图式是"我→（技术—世界）"⑤。这一点在后来 2007 年的文章和 2011 年的文章之间有着很大的重合性，都触及图像技术及其图像。

2000 年以后，他借助两个科学革命的对比来诠释图像技术—人的解释学关系。这一诠释是在对科学技术发展做出一定把握的基础上完成的。

所谓第一个革命，就是由其他技术所带来在身体体验内揭示超越视域

①　Don Ihde, *Expanding Hermeneutics*：*Visualism in Science*, Evanston：Northwestern University Press, 1998, p. 95.

②　Ibid. .

③　Don Ihde, *Technology and Praxis*, Dordrech：D. Reidel pub. Co, 1979, p. 11.

④　Don Ihde, *Expanding Hermeneutics*：*Visualism in Science*, Evanston：Northwestern University Press, 1998, p. 95.

⑤　Ibid. , p. 96.

限制的体验。"在第一个革命中，就像‘声音超过声音’① 的例子，具身的一感知的人在更为广泛的身体体验内发现声音超过声音。对正在减弱的振动的感觉以类似的方式是直接的，可感知的……我将把这称为在更为广泛的整体身体体验内的视域限制的识别。"②

在他看来，图像技术带来了科学自身的第二个革命。"我现在已经勾勒出图像技术最明显的一些特征，它们能够产生第二个科学革命，我将这一革命的特征概括为：除了更加典型的扩展的具身之外，还有作为决定性的解释学。"③ 那么什么是第二个科学革命呢？"就我们的第二个革命的后人类工具性而言，识别更紧密地与由工具呈现的知觉联系在一起……在这个例子中我命名了一种决定性的解释学的解释来理解现象。为了读出这个例子中的图像，既需要感知图像格式塔，还需要在他的界限外——体验语境、它的转移中介——解码或者翻译它。"④

他这里所举出的例子有天文学中的伦琴实验，即如何解释伦琴实验中的现象。"命名决定性的解释学解释来理解现象。"⑤还有蟹状星云的 X 射线图像、太阳系外行星的图像。他还主要集中在图像中的格式塔，这有利于识别具身变换。"一种完全不同类别的图像，清楚地显示了工具中介的解释学维度。"⑥

后来，他对图像技术的分析逐渐和具身关联在一起。在《后现象学与再具身》（2012）一文中，他再次总结阐述了科学图像技术与具身的关系。"科学图像技术提出了不同的问题，但是他也与具身、再具身相关。当前图像技术所做的成像——直到 19 世纪末期，图像技术才能做到——成像超出人类知觉范围之外的现象。"⑦ 当前图像技术的任务是"将不可

---

① 2010 年 9 月，伊德在日本京都的一个古老佛教寺庙中第一次体验到这一现象。在寺庙里有大铜锣，一个和尚拿着锤敲击铜锣，让铜锣发出响声，这个响声会持续一段时间，最后声音会消失而且人听不到这个声音，但是如果把手放在铜锣上还是会感觉到铜锣还要继续振动一段时间，但是后面这段时间是听不到声音的。伊德把这种现象称为"声音超越声音"现象。

② Don Ihde, "Stretching the In-between: Embodiment and Beyond", *Foundations of Science*, Vol. 16, 2011, p. 115.

③ Ibid., p. 114.

④ Ibid., p. 115.

⑤ Ibid..

⑥ Ibid., p. 115.

⑦ Don Ihde, "Postphenomenological Re-embodiment", *Foundations of Science*, Vol. 17, p. 376.

知觉的或尚未知觉的对象翻译成人类可知觉的对象……这是知觉的扩展性，也是从无法知觉到可知觉的转变"。

所以，通过上述分析，我们发现伊德在理解图像技术—人的意向关系时所完成的平衡巧妙构建：一种存在于具身关系和解释学关系中的平衡。一方面，图像技术首先是人类知觉的延伸，更准确地说是人类眼睛的延伸。通过20世纪的图像技术，人类知觉到以前无法知觉到的范围，如微观世界中的各种粒子、高速运动中的对象，如子弹穿过牛奶、草莓的状态，这些都可以通过图像加以呈现。另一方面，图像如同文本，呈现表征着世界的状态。如图5—1所示。

图5—1　子弹穿过气泡的照片①

图5—1给我们呈现了一个我们肉眼无法看到的世界。当然，因为我们对照相技术存在的设定是照片是现实的表征，所以我们认为图5—1所展示的图像是对高速运动的子弹穿过气泡时状态的真实反映。所以，伊德对于图像技术的关注并非偶然，他需要借助更多的经验技术来验证其所提出的四重关系，这一点在他后来的学生中都有所表现，如罗森博格对手机

---

① 照片来源：http://tech.qq.com/a/20100823/000074_1.htm，德国业余摄影爱好者莱克斯·奥古施泰因酷爱高速摄影。

技术、图像技术继续给予更细致的分析。这一路向恰恰说明图像技术为其所关注绝非一种简单的偶然性。当然也不排除图像技术出现的偶然性，从新技术角度看，尤其是从通信技术角度看，触屏技术和交互技术的发展越来越将图像和视频的传输凸显出来，这一点也使得图像技术能够呈现出来，而这显然是一个偶然的事件。

第三节　图像现象及其相关问题

伊德对图像技术进行分析的时候已经触及图像哲学。但是由于他偏重技术层面所以并未对图像研究中的若干成果加以研究。事实上，在他的图像研究中，我们可以看到二者的问题的交叉。

一　图像—指称物之间的同构—异构关系

"同构"来自同构理论（isomorphic theorem），是一个数学概念，1927年由艾米·纳瑟（Emmy Noether）提出。在数学上，同构图形是指如果两个图形能够符合某种特定规定，可以说二者是同构图形。抽象代数中，同态是两个代数结构（例如群、环，或者向量空间）之间的保持结构不变的映射。如图5—2所示。

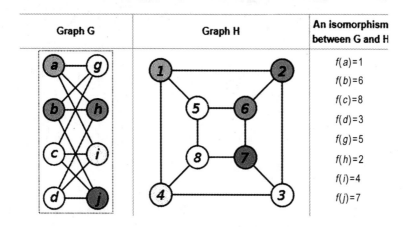

图5—2　数学上的同构图形①

———————

① Graph isomorphism，http：//en. wikipedia. org/wiki/Graph_ isomorphism.

　　图 G 和图 H 二者是同构图形，其对应的同构关系如图 5—2 右边的公式所示。

　　在设计上，同构图形则是指多个同样的图形组合而成新的图形，如图 5—3 所示。

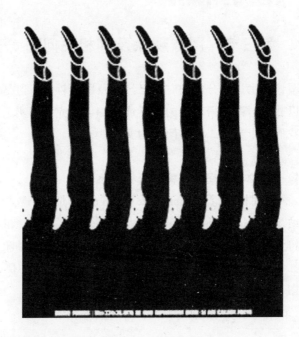

图 5—3　同构图形：日本京王百货设计的宣传海报（1975）①

　　图 5—3 是日本设计师福田繁雄②的作品，其体现了同构图像，它是由 14 个同样的腿形图像构成，7 个朝上，7 个朝下。

　　伊德在图像技术描述中，常常使用"同构—异构"图像的概念。那么他所说的同构图像是什么呢？"我把先前的'类似图像'或者知觉格式塔叫做同构图像，因为在指称物与图像之间保留着明显的类似性。一个更

---

　　① 在 1975 年为日本京王百货设计的宣传海报中，福田繁雄就开始利用"图""底"间的互生互存的关系来探究错视原理。作品巧妙利用黑白、正负形成男女的腿，上下重复并置，黑色"底"上白色的女性的腿与白色"底"上黑色男性的腿，虚实互补，互生互存，创造出简洁而有趣的效果，其手法为"正倒位图底反转"。

　　② 福田繁雄（1932—2009）是日本的一位教授，1932 年生于日本东京，毕业于东京国家艺术大学，在美术界有一定的影响力，2009 年 1 月 11 日在东京病逝。

加明显的解释学风格的图像我称作非同构图像。"[1] "类似性" 是图像研究
中的相似性，这是一个非常重要的概念。很显然，伊德所说的同构图像或
图形主要是指图像与其指称物之间具有相似性关系的图像，具体表现为机
械复制技术时代下的各种图像；而非同构图像（异构图像）主要是指二
者之间不存在相似性关系的图像。比如光谱学的无穷类型和 DNA-RNA 染
色体字符串。在我们身边最多的主要是超市中经常看到的商品条形码。条
形码与所指物之间没有任何相似关系。"注意这些条形码并不类似于他们
的指称物，但是需要高度专业地读取或者决定性的解释学技巧来理解。"[2]
今天这个微信普遍应用的时代，二维码图像也是一种异构图像，因为这一
图像与其所指物之间没有任何关系。[3]

　　2008 年，罗森博格在《科学争论传统的哲学》一书中提到了这个概
念。他将伊德的图像分类看做三分法，"他识别了三种图像类别：同构图
像、非同构图像和建构性图像。伊德所识别的第一个图像技术范畴是处理
与外部世界相似的图像。他把这些技术称为同构成像"[4]。他认为在伊德
那里同构装置最好的例子是 "照相机暗室" （camera obscura）。[5] 在这一
描述中，所谓同构图像范围是比较广的，如日常生活中的图像、医学图
像、历史图像等。这些图像与所指物之间存在着相似关系，其图像就被称
为同构图形。有时候这种相似关系从表征角度加以说明，如图像是对某种
存在物的表述。从罗森博格的描述中可以看出，所谓的同构图像是图像与
指称物具有某种相似性的图像，如照相机暗室中所出现的倒立图像和现实
的物体之间的相似性，那么异构图像是不具备上述特性的图像。这一说法
有些简化，而且不准确。"照相机暗室原理最先在 11 世纪的时候被正确
分析，当他为 Alhazen 勾勒出来以后……在 16 世纪，达·芬奇在《关于

---

①　Don Ihde, "Stretching the In-between: Embodiment and Beyond", *Foundations of Science*, Vol. 16, 2011, p. 115.

②　Ibid. .

③　从技术史角度看，条形码发明于 1973 年，需要借助专门的扫码器进行读取；而二维码
出现于 2002 年，需要借助智能手机上的扫描软件来读取。尽管前后差了 40 年，但是我们认为这
两种技术的相关图形都是伊德所说的异构图形，即图形与指称物之间没有任何的相似关联。

④　Don Ihde, "Stretching the In-between: Embodiment and Beyond", *Foundations of Science*, Vol. 16, 2011, p. 115.

⑤　在 17 世纪的心理学，通常在眼睛和照相机暗室之间做出类比，借此来认识眼睛认识事
物的过程，如霍姆海兹、孔德等人。

眼睛》一书中将照相机暗室与眼镜做出类比（Strong, 1967）。"① 这一情况与伊德的研究比较相近。的确，这个比喻在理解知识产生、认识眼睛的功能起到重要作用，但是以此来解释同构图像却存在着诸多问题。

如果从数学上的标准看，伊德所说的同构图形—异构图形仅仅是指某类与其所指物具有相似关系的图像，即图像与图像指称物之间存在某种关系。所以很明显他对这一概念的使用是存在一定问题的，忽略了同构概念的数学本质。因为在数学上，同构图形是指两个图形之间所具有的特定关系，而并非指某一类图形。但是，他们所提到的这一问题——图像与所指物之间的关系——则是非常重要的，成为图像研究和图像现象学所关心的重要问题。

二　图像—图像对象的关系问题

尽管伊德用同构—异构的概念来解释图像—指称物之间的关系不符合数学上的理解，但是我们必须看到他所注意到的这一问题的重要性。为了理解其重要性，我们可以结合图像研究的三条路径——人类学研究、语义学研究和现象学研究中共同的问题展开剖析。人类学研究将图像看做人类的作品；语义学研究将图像看做符号；而现象学则将图像看做知觉对象来处理。这三者所共同关心的问题都是关于图像与图像对象的关系问题。

图像—图像对象的关系问题是图像研究中的重要问题，图像学、语义学的阐述也主要是围绕图像对象而展开的。在一般的视觉知觉中，知觉的对象，也就是外界的事物，对于主体来说是在场的。这一点也是自明的。但是一旦知觉对象从真实的对象成为图像的时候，问题就出现了。如何解释图像指称物—对象之间的关系就成为图像研究中不可回避的问题。② 但是，在一般的分析中往往忽略了一些问题，比如图像意义与图像指称物之间的区别。要理解这一区别，必须结合意义与指称物之间的区分来进行。

---

① Nicholas J. Wade, *Perception and Illusion: Historical Perspectives*, New York: Springer, 2005, p. 75.

② 这个问题相对复杂。图像—对象之间可能会存在两种关系：其一是图像所描绘的对象是真实存在的，如一座山的照片、一个风景的照片，风景、山都是现实的存在物；其二是图像所描绘的对象是非真实存在的，如菩萨的绘画、神话图像等，菩萨、神话都不属于现实存在物。第一种关系是相似的、表征的；第二种关系并不是表征的，而且是非相似的。但对宗教徒来说，看宗教图像的时候，这种图像更多的是指向信仰，一种基于想象体验、相信体验而确立起来的对象。该对象并非表征某种特定的存在物，而是为意义寻找一种根基。科学图像属于前者。

在现象学中，这一点是符号、语言分析中尤其关键的区分。胡塞尔认为，语言意义主要是用 meaning 来表示，而诸如图像意义则用 sense 来表示。"在观念 I 的 &124 中，他将含义（Bedeutung）仅仅限制到语言意义上，更广泛地使用意义（Sinn）到所有意义，包括非概念内容（如知觉意义）。"① 那么，何谓意义呢？"意义是体验理念意义上的意向内容。"② 所谓的图像指称物则是指图像对象。所以这二者的区分表现为意向内容与心理内容的差异。带着这种区分我们就容易理解下面所出现的一些问题。

首先，存在着一个本体论的区分是必须面对的。比如我们看到一个人 A 的证件照片 A'，此时就会出现一个本体论区分：A 与 A'。在柏拉图看来，这二者之间是对象与模本的关系，即二者之间存在着模本关系，也就是相似关系。这一观点为后来很多学者所接受，比如图像研究者沃尔海姆等人。在本体论区分中隐含着一个非常重要的问题，即如何获得对象 A'。这一获得过程实际上就是图像体验的实现过程。通常的观点是将其看做不同于直接看物的视觉过程。"沃尔海姆认为图像不但允许而且需要 seeing-in，因此在图像中看到一个对象总是不同于现象学的面对面看这个对象。"③这一观点为许多图像研究者所接受，如 Robert T. Hopkins。他指出："我们在图像中所看到的东西就是那些无法面对面看到的东西。"④ 还有现象学家胡塞尔、萨特，就对图像对象做出了专门的论述。⑤ 当然，在不同学者那里所使用的概念是完全不一样的。比如伊德使用图像指称物（image referent），而德国的图像研究者兰姆·维兴（Lambert Wiesing）则使用图像承载者（image carrier），胡塞尔使用图像对象（image object）指向图像所描述之物。但是这些都指向同一个问题：如何解释图像对象的问题。在解释这一问题上主要是体验论的路径。

这一路径强调图像体验是"从中看到"（Seeing-in）这样一种体验。

① Dermont Moran and Joseph Cohen, *The Husserl Dictionary*, London: Continuum International Publishing Group, 2012, p. 296. Bedeutung 和 Sinn 的中文翻译参考倪梁康教授的译法。
② Ibid..
③ Catharine Abell, Katerina Bantinaki ed., *Philosophical Perspectives on Depiction*, Oxford: Oxford University Press, 2010, p. 15.
④ Ibid., p. 151.
⑤ 萨特认为图像意识所创造的对象是无，这类似于英国分析美学家冈布里奇所认为的图像对象是幻觉，都是与真实存在物相对而言的观点。但是萨特往往用"图像"（image）这个词来描述意识的某一种特殊类型，也就是我们通常所说的图像意识。

有学者把它翻译成"看见"①或"看进"。我们则愿意把它翻译成"从中看到"。霍普斯（Robert Hopkins，2010）指出"seeing-in 是图像所提供给我们的特殊的体验形式。以这种方式体验图像，我们可以掌握他们所描述的东西"②。那么在图像体验中我们看到了什么？在这一问题上争论颇多，主要是围绕一元论和二元论展开。

沃尔海姆将 seeing-in 看做单一的知觉行为，这一知觉行为整合了两个不同的但是不能分离的意识方面：一个方面与被标记的表面有关，另一个方面与被描述的对象有关。他的这一描述存在的难题是无法解释每一个意识行为如何与它的对象联系起来。后来 Lopes（2005）试图解决这一难题，但是他的解释是不成功的。

这一体验存在的问题是：两个不同的、无法通约的意识对象如何在观者体验中被整合成一个整体成为一个难题。"这些不同的解释都无法解释两个不同的、在某些方面不可通约的意识对象（他们其中的一个实际上是不在观者视野中出现的）是如何在观者体验中整合成一个融合的整体的。没有对这个问题做出回答，seeing-in 的概念还是不容易得到理解。"③所以 seeing-in 体验的本质还是无法得到有效说明。

Robert Hopkins（1998）尝试着解决这一问题，他的方法是消除了两个对象，而是用一个对象的方法。在他看来，唯一存在的对象是被标记的图像表面。

在大多数图像研究者看来，我们从图像中看到两个对象或者内容这一点是没有争议的，焦点主要是二者的关系。"正如上文已经表明，'从中看到'有两个关乎到内容的维度，关键的分歧是关心它如何显示了两个不同维度以及每个维度所包含的内容，还有两个维度是否必需。"④所谓二元论的观点也就是从这里延伸出来的，在他们看来，两种体验行为"一个表征表面，另一个表征所描述的对象"。"'从中看到'因此就有了

---

① 如彭峰（2012）将这个词翻译为"看见，因为他将 seeing-in 与 seeing as 作为一对概念来使用，后者翻译为"看做"，参见《艺术为何物——20 世纪的艺术本体论研究》，《文艺研究》2011 年第 3 期；张辉（2012）将这个词翻译为"看进"，参见《分析美学及其问题域》，《甘肃社会科学》2012 年第 4 期。这两种翻译都无法表达这个词本身所要描述的含义，所以值得商榷。

② Catharine Abell, Katerina Bantinaki ed., *Philosophical Perspectives on Depiction*, Oxford：Oxford University Press, 2010, p. 151.

③ Ibid., p. 13.

④ Ibid., p. 152.

双重内容，因为它由两个部分体验构成，每一个都具有不同的内容。"那么这二者是如何整合在一起的呢？在冈布里奇（1961）看来，这二者是连续的，一个体验接一个；在沃尔海姆（1968）和卢普斯（2005）看来，二者是同时发生的。

在德国哲学家兰姆·维兴看来，图像体验也关涉两个对象，他用了另外现象学式的概念来描述这两个存在对象：在场和缺席。在场就是由知觉所把握到的对象，如纸张、画布、岩石等；缺席的是人工在场，如图像对象所呈现的东西，就是描述他物的东西。

在上述观点中存在一个共同的问题：如何从在场的对象过渡到缺席的对象？一元论的观点来源于二元论的这个难题。在二元论看来，两个对象之前如何完成过渡是一个超验性的问题，或者同时发生或者连续发生，这成为一个难以解决的问题。所以，为了克服这一问题，一元论观点得以产生。这一观点认为图像体验只关系一个对象：从图像中所看到的东西才是真实的，其他的是可以忽略不计的。

除了上述两个立场，还有第三个立场就是三元论的观点。这主要是在胡塞尔现象学那里表现出来的。在胡塞尔那里有物理图像对象、图像客体对象和图像主体对象，当然这些论述都与图像意识相关。此外海德格尔在他的艺术作品的分析中，也是三个对象依次呈现，如从作品的载体到素材再到主题。他对梵高《鞋子》的分析就是典型例子，从画布到鞋子再到农夫的世界，就是三个对象依次呈现。我们依然看到，在三元论中所存在的根本问题与在二元论中的是相同的，就是不同对象之间的过渡是如何为主体所把握到的？从这里，我们开始反思图像研究者所倚重的概念——从中看到——这一概念的核心是"看"，是视觉主导的行为；但是正如我们上述所分析的那样，审美行为不仅仅是一个视觉行为，它还包含着非视觉的行为；此外，从对象呈现给我们的方式看，所有的知觉行为都是单向的，是由观看者投射到图像的过程。在这一过程中，主体的体验保持着恒定，没有任何改变。但是，图像体验并非如此简单。交互体验开始改变着这种传统的观点。

纵观伊德，他也触及图像对象的问题，只是他用指称物这一概念来描述。比如他在分析 MTV 图像的时候就做出了相应描述。"这意味着被表象的东西通过限制的或者挑选的图像表象框架的方式表征成区别于通常的或者活着的身体性空间的东西。"① 他对图像对象的研究主要还是与身体、知识问题相关。"我通过考察图像技术想展示的是指称性、知觉和身体的地位必须放在完全不同于以往古典知识论的语境中考察。"② 他所指的图像更多的是外部世界的客观图像，而较少对精神图像进行阐述，他曾经有一种可能，在阐述听觉想象的时候触及这一点，但是很快丢失了。而且他并没有认真去考虑图像体验这一问题，只是更多地去寻求如何去看待客观图像中的同构与异构、图像与指称物之间的关系。③ 可以说，他从来没有进入图像研究的语境中，没有对上述两个问题做出回应。此外，从图像理论发展过程看，胡塞尔、萨特等人在 20 世纪 40 年代左右对图像体验做出的理论描述并没有影响到伊德，所以他的分析缺少了这一块。④

第四节 交互体验的意向结构及其技术实现

知觉研究的目的是帮助我们理解自身与世界的交互作用。在进入感知研究领域之前有一个本体论的问题：交互与感知的关系。如果要对其进行现象学的分析，我们确定其作为意向体验的这一特点。所以，我们首先要面对的是交互与感知的关系。将交互体验纳入感知范围中加以考察是一个新课题。以往的感知研究主要集中在以下几个问题上。

1. 主要关注感知的过程研究。这是感知心理学所关心的主要问题，在基于"刺激—反应"的二元论框架中，重在阐述心理过程的机制。在这一过程中，生理载体主要有大脑、心和身体。将大脑看做感觉的中心在古希腊时期就已经形成。如西奥弗拉斯塔（Theophrastus）指出了类似的观点。"在一些方面所有的感觉都与大脑连接；因此如果大脑被搅乱或者

① Don Ihde, "This is not a Text or, do we Read Images?" *Philosophy Today*, Vol. 40, 1996, p. 126.

② Ibid., p. 40, p. 130.

③ 比如图像意识研究中"相似"是一个非常重要的问题，胡塞尔还有萨特等人都描述过"相似的本质"，但是伊德只是用"同构"这样一个简单概念来概括，这多少显得过于简单化。

④ 1900 年以后胡塞尔对图像意识的描述，还有 1936 年、1940 年萨特出版的《想象》和《想象物》，都是涉及了图像体验的理论描述，并没有对伊德产生明显的影响。他主要是在自身的语境中阐述图像技术及其相关问题。所以，他的图像研究更加技术化，而缺乏哲学反思性。萨特曾对图像反思的特性做出过描述：（1）图像意识是意识的一种；（2）图像意识是一种准观察的现象；（3）图像意识将它的对象看做无；（4）图像意识具有自发性。总体上来说，图像意识应该被看做"功能性态度"。

改变位置，它们将无法行动，因为这个器官停止感觉行为经过的通道连通作用，它所告诉我们的触觉既不是它运作的方式也不是方法。"① 将感觉看做与心相关的观点主要来自亚里士多德。因为上述历史原因，触觉因为缺乏足够的器官基础很少被谈及。

2. 主要关注感知的本质、感知意向结构分析和感知的身体基础等问题。哲学的研究主要指向这些问题，尤其是现象学注重对感知意向分析，如胡塞尔、梅洛—庞蒂对身体感知的分析，当然萨特对恐惧、舍勒对怨恨的分析都属于此列。因为这些被称为情绪的对象都有其自然主义的基础。另外，感知研究，主要关注真实的感知，而对错觉或者幻觉的研究并不多见，仅胡塞尔的现象学对想象式幻觉加以研究。此外，还有学者从图像对象角度对幻觉感知加以研究。

3. 主要关心感知的性质。客观主义将感知看做被给予的事实，而心理学则将感知看做与感觉有关的体验。当然表现出来的知识论传统——感知是纯粹意识的——最后为梅洛—庞蒂所批判。

在上述感知研究过程中，我们可以看到感知意向性研究是比较贴近当前技术发展所需要的东西。当我们面对一种特殊的存在物——技术物——的时候，我们更希望面对"人"一样的对象。当我们看它、听它、摸它的时候都希望得到我们希望的那种反应。目前设计、计算机等领域异常关注这个问题。当前感知意向性研究偏重单向性，即从人指向技术的过程，比如认知意向性就是其中一种代表；但是目前技术发展越来越强调这种反意向性的作用，即从技术指向人的过程。所以，我们这里的出发点是考察交互体验。

一　交互关系：第五种意向关系

目前对交互体验的研究主要从三个层面表现出来。

第一是从技术层面对交互体验进行探讨，这意味着探讨交互体验现象具备成熟的技术条件。与现代技术相关交互体验研究（IXR）主要表现在诸多计算机技术、工业设计技术中，英特尔实验室的 Genevieve Bell（2010）从如何定义用户的体验与计算平台的角度开拓了这一研究分支。

---

① Nicholas J. Wade, *Perception and Illusion: Historical Perspectives*, London: Springer, 2005, p. 19.

Van Schaik（2012）与 Geraldine Burke（2010）更多地探讨了虚拟技术与在线环境条件下的交互体验。Bart J. B. Ormel（2012）梳理了设计理论中的交互概念；Casper Harteveld（2011）分析了指向参与体验与社会交互的设计问题。相关理论主要探讨交互体验如何在技术上加以实现。

第二是从身体层面对交互体验展开探讨，提出了身体交互现象，并引出多种交互现象。Mads Hobye 和 Jonas Löwgren（2011）探讨了身体交互如何在参与式设计中得以实现；Dongyoung Sohn（2011）区分了感官、语义学和行为维度的交互活动；Tom Froese 和 Thomas Fuchs（2012）从神经现象学的角度研究了社会交互与身体之间的关联，这一途径有效地探讨了感官交互与身体交互的本质及特征。

第三是从意识层面展开探讨，为交互体验的理解奠定了意识基础。如胡塞尔（1905）对图像意识的立义过程进行了比较系统的现象学分析，主要关注图像体验如何指向对象构成这一方向，他提出视域概念为主体交互问题的探讨奠定了基础。受其影响梅洛—庞蒂（1960）从身体知觉角度对图像意识问题给予了探讨，对主体与图像对象之间的交融关系有了一定的揭示。伽达默尔从融合角度探讨了不同先验视域之间的理解上的交互现象，这些研究都是偏重先验意识层面的交互体验，而伊德、维贝克（2010）改变了现象学关注先验意识层面的方向，开始探讨技术活动中的交互体验，并对交互意识活动的结构给予了分析。他在 1990 年的《技术与生活世界：从花园到地球》中的第 1 项目就人—技术的交互关系进行分析的时候开始提及这一问题，但是却无意识地从交互体验中滑落，进入更具体的经验化的形式中。

交互体验与伊德所建构起来的四重关系之间有着一定的关系。一般学者只注意到他详加论述的人与技术关系的理论，但是却忽略了在论述过程中伊德提出问题的方式。"开始主要是各种方式中作为身体的我借助技术与我的环境发生交互作用。"① 伊德在这里使用了"与……交互"（interact with）这一概念表述以身体形式存在的我如何通过技术实现与环境之间的关联。在伊德看来，四种关系都是在交互之中衍生出来的。所以，我们说在伊德这里也存在着交互作用的基本论述。但是交互体验的意义却不仅仅

————————

① Don Ihde, *Technology and the Lifeworld: From Garden to Earth*, Bloomington: Indiana University Press, 1990, p. 72.

是引出其他四种关系，因为在我们看来，交互体验完全超越了其他四种关系，甚至可以成为四种关系的综合形式，但是能否被称为第五种形式则需要斟酌，毕竟交互体验并非与其他四种体验关系并列在一起，而是源头的作用，需要重新加以认识。

二　交互体验的地位

另外一个问题是交互体验是否是与其他感知并列的行为？围绕这一问题产生过很多争论。但是，我们还无法找到支持它们是并列的行为这一观点的依据，更多的感觉是交互体验是被遮蔽的状态。

西方历史上关于感觉的观点主要来自古希腊时期的亚里士多德，他的观点一直影响到了近代科学。"亚里士多德的五种感觉统治了近 2000 年，但是正面临挑战。"① 后来科学家对亚里士多德的观点给予了补充。"顺着古希腊哲学家亚里士多德（384BC—322BC），存在着区分出五种感觉的传统（Everson，1997）：视觉、触觉、听觉、味觉和嗅觉（Gonzalez-Crussi，1990）。然而，最近的研究显示在人类自身还有一些其他的感觉：例如温度、痛苦或者平衡和进一步地能够在动物中发现的感觉如红外视觉、超声、磁或电的感觉。"② 这一观点是不同学科发展综合的结果。直到 17—19 世纪，新的科学方法被使用到关于感知的研究中。"从 19 世纪中叶，新的方法被用来研究将心理学和哲学、生物学区别开的感知和作用。"③ 20 世纪以后，感知认识逐渐发展成交叉学科的对象。"20 世纪感知的认识沿着很多路径：它甚至比 19 世纪更加属于多学科。由生理学和计算机科学取得的进展影响到观察、实验和理论。"④ 1900 年胡塞尔注意到自然科学中关于动觉的（kinaesthetic）的研究。这个概念最早出现在 1888 年。"术语'动觉'由 Bastian 在 1888 年发明出来，主要是指感觉我们四肢和躯干位置和运动的能力。与其他通常的感觉如视觉和听觉相比，

---

① Nicholas J. Wade, *Perception and Illusion*: *Historical Perspectives*, London: Springer, 2005, p. 160.

② Johannes M. Zanker, *Sensation*, *Perception and Action*: *An Evolutionary Prespective*, Basingstoke: Palgrave Macmillan, 2010, p. 12. 这本书将触觉看做体感知觉，将闻与尝看做嗅觉和味觉知觉。

③ Nicholas J. Wade, *Perception and Illusion*: *Historical Perspectives*, London: Springer, 2005, p. 73.

④ Ibid. , p. 184.

这是一种神秘的感觉，因为我们大部分时间没有意识到它。缺乏视觉的情况下，我们知道我们的四肢在哪里但是却没有明确定义的我们能够识别的感觉。"① 胡塞尔从这一体验角度对人类的空间体验进行了细致研究。所以到此，我们可以看到六种感觉的存在。

在心理学②中，在人类感知上主要延续了亚里士多德的五种感官的说法，后来又将动物的感觉加以研究，从而充实了有机体的感觉分类观点。但是心理学家并不关心本体论层面的感觉分类，他们直接进入如何研究感知的问题，在此基础上形成了如下路径：格式塔心理学路径（Wertheimer，1923；Koffka，1935；Kohler，1947；Van Hateren et al.，1990）、建构主义者的路径（Helmholtz，1924；Neisser，1968；Gregorg，1998）、直接感知的生态学路径（Gibson，1950；Norman，2002）和感觉生态学的路径（Endler，1992；Siebeck，2004）。心理学所有的感知分析都是建立在"输入—输出"模式之上，即作用在机体上的刺激导致机体的行为，"在这些所有例子中，输出的某些方面或者用心理学的语言看，机体的行为与输入的某些方面有关或者与作品在机体上的刺激有关"③。如此，感觉就是外界刺激（如光、点）作用到有机体（如人、动物）上所产生的结果。这是基于因果关系而产生的结果。在一定程度上，生物学对于人体器官的研究决定了感知的认知。

当然在这里，我们没有必要追溯这一复杂历史，但是我们从上述简单的描述中可以看到，在自然科学甚至最与自然科学相近的心理学中，主要是五感说的观点。感觉器官是眼、耳、鼻、舌与皮肤，与此对应的感觉是视觉、听觉、嗅觉、味觉和触觉。这一观点一直到康德那里都被延续下来，只有后来的研究才慢慢补充其他感觉，如动物的超声感、红外感等。在这些认识历史中，我们可以概括出两种不同观点，而这两种观点影响着

① Uwe Proske and Simon C. Gandevia，"The Kinaesthetic Senses"，*The Journal of Physiology*，Vol. 587，September 1，2009，pp. 4139 – 4146，http：//jp. physoc. org/content/587/17/4139. full#ref – 3.

② 心理学主要从"刺激—反应"这样一个生物学过程来研究各种感觉，从而为感知研究确立基础。在研究过程中主要关心二者的关系，比如感知强度的测量，所采取的方法是实验方法，如阈值测量技术、相似度测量等方法。19 世纪的心理学被看做科学与哲学的界面，他的方法主要来自物理学和生物学。19 世纪的时候，主要刺激是物理性的，如光、声、电。

③ William N. Dember，*The Psychology of Perception*，New York：Henry Holt and Company，1960，p. 3.

交互体验的认识。

1. 并列说。这样一个基本假设：交互感与视觉、听觉、触觉、味觉、嗅觉、动觉是并列在一起的。这样可以形成"七感说"。这种看法就是一种并列的体现。在虚拟技术的研究中，有些自然科学家就是坚持这种看法。但是，这种观点存在着比较大的问题。因为在其他六种感觉中，都有其物质器官载体，而且能够符合输入—输出原理。但是对于"交互感"来说，无法找到有效的物质载体，更无法找到产生交互感的源泉。所以这种并列说的观点存在着很明显的缺陷。因此，另外一种观点就登场了。这就是功能说。

2. 功能说。功能说认为，人类与外部环境相互作用的过程本身就是交互过程，而这一过程就具体化为上述五种感觉形式，或者说上述器官成为人与外部环境交互作用的通道。"用进化论的术语描述，感知的功能是让我们与我们周围世界中的对象发生相互作用。"① 这一观点有一定的道理。的确，我们是通过多感觉及其器官与外界实现作用，如视觉交互实现、听觉的交互实现、触觉的交互实现。所以表现在技术实现上，只有能够通过此种途径实现与机器的交互作用就可以。这一观点相比上述观点具有一定的可信度。在这样的技术研究中，交互体验显然没有被作为单独的一类加以处理。比如 Intel 于 2010 年成立的"交互与体验研究中心"（IXR）就是从这样一种角度研究人与各类计算机设备的交互体验，在这一交互过程中是调动了人自身所有的感官来完成这一交互的。

但是，自然科学中交互体验的概念是含混不清的，需要加以梳理。因为人与外部环境的关系被等同为交互作用，这种等同性是值得追问的。如此，我们必须借助哲学中的一些观点来对交互体验加以定位，为其技术实现奠定一定的哲学基础。

在哲学中，交互体验明确为交互主体之间的相互作用。这不同于传统感知，而是从其他方面表现出来，如移情就是一种特殊的途径。在现象学中，与交互体验最接近的体验是移情（empathy）。艾迪·斯泰因（Edith Stein）认为："移情主要是处理外部主体和他们的体验呈现给我们的问题。思想家主要处理这类被给予的发生、效果和合法性。"② 在对这一行为的分

① Nicholas J. Wade, *Perception and Illusion: Historical Perspectives*, London: Springer, 2005, p. 3.

② Edith Stein, *On the Problem of Empathy*, Translated by Waltraut Stein, Washington, D. C.: ICS Publications, 1989, p. 3.

析中，她将移情与其他感知并列在一起处理。在分析利普斯①的移情理论时，她指出了他们的共同之处是"移情与记忆和期待有着亲缘关系"②。"移情具有和许多行为类别相似的品质。不但是反思，还是对反思的反思。""移情是知觉的一类形式。它是一般外部意识的体验，无关是体验的主体抑或是它的意识被体验的主体。一个我因此有了另一个看起来像它的我的体验，这是人们如何理解他们同伴的心理生活。"③尽管在这里我们没有直接看到移情与各类外部知觉之间的并列关系，但是我们可以推断出二者的相似之处。对"外部体验"的把握，更多的是通过内在体验完成的。

所以，通过上述简单的分析，我们发现无论是在自然科学领域还是哲学领域，交互体验的地位仍然是一个不清楚的概念。但是这一问题却与交互主体问题密切相联系。只是在哲学中，主要关心交互意向的合法性和自明性。这一问题值得深入探究。

三 交互体验的本质及其感知基础

对交互体验本质的研究，我们直接得益于艾迪·斯泰因的研究。这一著作为我们提供了移情研究的其他情况。如她指出，马克斯·舍勒（Marx Scheler）和姆森伯格（Munsterberg）都试图解释移情的本质。在艾迪看来，舍勒是通过区分"外部体验"和"中心体验"来实现这一任务的，舍勒将移情放入后者来认识。但是艾迪本人并不赞同，她不同意把移情放入内部知觉来理解。而对于姆森伯格，艾迪反对他从外部意志的角度来研究移情。"我们必须把移情问题作为构成问题对待，以及回答通过理论例如心理—生理学个体、人格中，意识内部对象如何生成的问题。"④"我愿意从利普斯的描述——作为反思性的移情——中得到另外一个概念：移情的重复，更准确地说，重复的特殊例子。"⑤比如在谈到这种重复性的时候，她就类别了和表征行为的相似处。如对反思的反思、对意愿的意愿、对喜欢的喜欢、回忆回忆本身、期望期待行为本身、想象想象行为本身，

---

① 利普斯（Lipps）提出来的移情理论得到了很多学者的认可，但是他的分析是强调"移情环境的因果——生成假设、内部模仿理论"。

② Edith Stein, *On the Problem of Empathy*, Translated by Waltraut Stein, Washington, D. C. : ICS Publications, 1989, p. 12.

③ Ibid. , p. 11.

④ Ibid. , p. 37.

⑤ Ibid. , p. 18.

"我也可以移情所移情之物。在另一个人的行为中，我移情式地理解了可能在其他人理解另一个行为中存在移情行为"①。

我们必须要对交互意向做出本质把握，否则在下一个问题——交互意向的技术实现上，就会碰到无法解决的问题。

为了更好理解这一点，我们从去远意向入手。去远意向是与人类空间意向有关的形式，并非空间知觉——对空间距离的感觉，而是对空间距离消失的一种诉求。那么在这一意向中，我们就可以找到其空间性的哲学根基。在对这一意向结构做出把握的基础上，对其进行技术实现就成为可能的事情了。

纵观当前技术交互发展，其感知基础主要是触觉、视觉、听觉、动觉四种。在人类知觉史上，视觉优先一直具有一种统治地位，相比之下，触觉并不受到太多的关注。如此，多少和其物质载体有关系。视觉集中在眼睛上，是人类感知事物的最佳方式；而触觉的载体似乎是手指，又更多是皮肤还有舌头等，没有一个集中的器官。此外，从人自身的成长史上看，幼儿时期触觉最为发达，刚出生的婴儿会用手触摸周围世界，喜欢用嘴咬各种东西，通过触觉来感知这个世界，随着年龄的增长，感受世界的方式逐渐从触觉依赖转为视觉依赖或者听觉依赖。但是，从技术发展角度看，当前交互形式中触觉交互反而显示出其独特的优先性。以手机技术为例，手机的键盘经历了从实体键盘到虚拟键盘的变迁，此外按钮数量也从多个向一个转化。其他的功能都借助一种触觉方式实现了。如 iPhone 采取的触屏技术，关机采取触摸滑屏方式，并且申请了专利。受苹果影响，更多的智能手机都采取了这种方式。这种技术发展的感觉支撑就是触觉逐渐占据了主导地位。但是，为什么是从触觉优先的确是令人比较难以理解的问题。② 毕竟在这里，我们会碰到与触觉相关的文化因素。"因为触觉的感受性并没有定位在特定的感觉器官，所以触觉提出了更为复杂的问题，而

---

① Edith Stein, *On the Problem of Empathy*, Translated by Waltraut Stein, Washington, D. C.: ICS Publications, 1989, p. 18.

② 一种简单的解释是：在西方历史上，理智被看做最为尊贵的，所以作为理智家园的大脑就成为尊贵的源头，而与之相联系的视觉自然而然也就成为整个文化现象中被重视的感知形式，而非大脑有关的触觉因此滑落受关注之外，但是在技术实现过程中，情况正好反过来，因为大脑的复杂性，科学很难对之进行解释，所以其感知的技术实现也比较落后。但是触觉仅仅是与皮肤的感知有关，其机制极其简单，所以技术实现反而早于视觉交互等形式。

且来自皮肤的体验很多而且是多样式的。"①

四　交互体验的技术实现形式

（一）虚拟交互技术

在《扩展的解释学：科学中的视觉主义》中伊德提到了虚拟技术，这应该说是一个很好的迹象。20世纪60年代，科学领域中的虚拟概念产生，随后虚拟技术在科学领域、艺术领域都产生了极大的影响，这一技术已经极大影响到了我们自身。如查尔·戴维斯（Char Davies）针对虚拟技术对艺术的影响进行了探讨，并创造了虚拟艺术形式。这一形式为后来很多学者所关注，如劳瑞·麦克罗伯特（Laurie McRobert）就在《查尔·戴维斯的沉浸虚拟艺术和空间性本质》（2007）一书中探讨了虚拟艺术对人类空间性的影响。这本书在前言、正文和后记都体现出一个主要线索：虚拟艺术冲击着人类空间性的本质。如前言的核心观点：例如戴维斯的沉浸式虚拟艺术对人类心理产生了正面而积极的影响，让我们与时间/空间的体验面对面，而这种体验直到当前也只是直观地感受到（如康德，时间—空间是先天直观形式；胡塞尔、海德格尔，时间—先验意识构成），而且沉浸到虚拟3D的空间性允许我们掌握和理解无意识的力量。例如作者认为戴维斯所带来的沉浸式虚拟艺术是一种让我们感受到数学式的思维时空体验，得到关于时空的古老的外在空间/时间的内在意义。这本书的后记主要观点：戴维斯的沉浸式虚拟艺术所展现的是这样一个结论，在原始意识中获得本质的空间性可以正面地、创造性地影响我们。这也为当前的关于"上帝"基因（a God gene）发现的科学结论所支持。此外，戴维斯的艺术体验揭示了即便是海德格尔都不能相信的东西，它把我们带到了技术本质的核心地带。所以，总结起来看，这本书传达了这样一个观点：戴维斯的沉浸式虚拟艺术所产生的空间体验让我们摆脱了以往时间/空间只是直观才能够把握对象的观点，让我们摆脱了笛卡儿式空间的限制，为我们体验到非欧几何空间/古老的空间/内在空间提供了可能性。这一观点未免过于夸大了技术给我们带来的空间体验；但是，毫无疑问，让我们更走近了空间体验，也确认了"现代技术与空间体验"这样一个题目所具有的可能性。

但是对于伊德来说，他只是把虚拟技术（VT）看做多维感官与世界

---

① Nicholas J. Wade, *Perception and Illusion: Historical Perspectives*, London: Springer, 2005, p. 18.

发生关联的表现，看做他反思科学视觉主义的一个绝佳例子。"但是当前在多感官高度大众化的尝试明显表现在虚拟现实（VT）技术的发展中。借助历史上的跳跃，我将转到超越视觉的关注点上。"① 所以，这种反视觉主义的出发点使得伊德只是将虚拟技术理解为多感官的技术形式，如在虚拟技术中，我们可以体现出听觉、触觉和动觉，还有身体运动也在其中。比如在查尔·戴维斯的沉浸式虚拟艺术中，体验者就表现出多重感官上的全新体验。这一点没有问题。但是却失去了与图像技术的交汇点。在某种意义上，虚拟技术所创造的图像是全新的、虚拟的形式，所带来的是交互体验这一问题。②

　　但是，由于虚拟技术本身的技术限制使得交互体验在传统的虚拟技术中并未被关注到。我们知道要体验虚拟环境需要体验装置。这一装置是头戴式显示器（HMD）。1968 年，美国 ARPA 信息处理技术办公室主任 Ivan Sutherland 建立了"达摩克利斯之剑"头盔显示器，它被认为是世界上第一个头盔显示器，能显现二维图像；1985 年第一代三维 HMD 问世，形体比较庞大，而且有很多连线，后来生产出的 V8，如图 5—4 所示。

图 5—4　虚拟现实装置 V8

---

① Don Ihde, *Expanding Hermeneutics：Visualism in Science*, Evanston：Northwestern University Press, 1998, p. 190.
② 在虚拟技术研究领域中，通常认为虚拟现实是由至少 5 种感官体验构成：视觉、听觉、触觉、嗅觉和交互作用。这一观点有些不够全面，实际上，在康德人类学中，已经为我们揭示出前面四种体验形式，而在胡塞尔那里，后来将动觉也揭示出来。所以综合上述观点我们认为，虚拟现实产生的全新体验至少有 7 种，除此以外还有味觉。此外交互作用能否作为单独的触觉独立是成问题的，因为它更多体现在其他感官形式之中。

2012 年，ST1080 问世，如图 5—5 所示。

图 5—5　ST1080①

2013 年在同一方向上我们看到了新的同类产品即与互联网连接的眼镜（internet-connected glasses）问世。2013 年，微软和谷歌分别推出了相同的可穿戴技术（wearable computers），与互联网连接的眼镜，这一技术的推出被看做 2014 年的技术发展趋势之一。那么这项技术会带来怎样的革新呢？

首先，这一技术是可穿戴技术的形式之一，除此之外，还有 iwatchiringiradio 等技术形式。苹果公司主席比尔·凯姆贝尔（Bill Campbell）将可戴式技术看做技术方面下一个重要突破。"凯姆贝尔给出了谷歌眼镜的例子，研究巨人的可戴式计算设备采取了 HMD 的形式。他把这个系统称为'显著的突破'"②，这项技术其实就是早期头盔式显示器的小型化。早期用于虚拟现实的头盔式显示器（HMD）是比较庞大的，而且戴上后会让人感到不舒服。但是这款谷歌眼镜给人的体验是如同戴上一副眼镜那样轻松。但是这副眼镜不只是眼镜，它是一个电脑，如同智能手机一样，有拍照、云计算等多种功能。

其次，这项技术的主要功能是，"戴上谷歌眼镜，用户能够完成声音驱动的活动例如发送短信或者应答来电。位于用户右眼上方的整体的显示屏能够显示必要的信息来操控这个设备"。

---

① ST1080 由一家名为 Silicon Micro Display 的公司于 2012 年生产制造，http：//jeffreyvanbinsbergen. nl/2/ST1080 + Review +（Part + 1）。除此以外还有 Sony 公司生产的 HMZ – T1。

② http：//appleinsider. com/articles/13/04/12/apple-board-member-bill-campbell-expects-hightech-intimate-device-era-hints-at-iwatch.

图 5—6 戴着谷歌眼镜的谷歌合作创始人 Sergey Brin①

　　这项技术的主要功能丰富。② 从这里我们感受到伊德所描述的技术的多功能化和小型化的整体趋势。计算机自身的小型化，以 HMD 为例，小型化趋势异常明显；以可穿戴式技术为例，一个看起来类似眼镜的东西却整合了很多功能。当然因为技术本身的问题，某些体验是无法被呈现出来的，比如在 V8 中，类似于触觉、嗅觉体验根本无法呈现，更多的是视觉和听觉体验形式被呈现出来；随着谷歌眼镜和苹果眼镜的推出，这项技术克服原有的技术障碍，能够将更多的虚拟体验形式呈现出来。所以，交互体验的呈现也成为可能。但是，我们所要刻画的一个基本观点是：交互体验并非属于与视觉、听觉、嗅觉等并列的经验体验形式，它是贯穿于其中的综合体验形式。

　　（二）触觉交互技术

　　要完成交互体验的技术实现，其基础是对于感觉的生理基础加以认识把握。而在这个过程中，图像技术越来越显示出其重要性。大脑成像技术就是最重要的表现。"从 20 世纪早期开始使用外部电子或者电磁活动装

---

　　①　http：//appleinsider. com/articles/13/04/04/rumor-microsoft-to-introduce-google-glass-compet-itor-in-2014.

　　②　主要功能包括：（1）拍摄面前的即时录像；（2）外形看上去很酷；（3）当佩戴者遭遇车祸或者撞击，能够准确定位并呼叫寻求最近的救援；（4）不可去除；（5）允许佩戴者在玩耍时轻松进行无须使用手操作的拍照；（6）要比一般的手提电脑更容易使用；（7）允许谷歌进行调研；（8）当佩戴者将要受到伤害的时候可以轻松摘掉眼镜；（9）能够轻松输入文本信息。

置来测量人类大脑活动。"[1] 如后来出现的 EEG、ERPs、TMS、PET、fM-RI 等技术就是其中一个标志。这些技术能够给大脑成像。当然这是否意味着我们对感知产生的过程有真正的把握还很难说,但是至少在技术实现上具备了更进一步的可能。除此以来,还有人脸图像成为自然图像的最佳方式,最近智能手机发展中出现的人脸识别系统也体现出这一技术实现形式。

但是这一技术方式并不是我们最终关心的事情。我们最终所关心的是如何通过技术来实现交互体验。如果按照这样一种观点来看:不同感知与世界相互作用的方式就是交互体验本身的构成部分,那么,技术实现就会通过其他多种感觉来实现,这一点随着神经生物学、计算机科学、技术科学的发展已经越来越变得可能。当我们使用新一代智能手机的时候,触觉交互、声音交互、视觉交互、动觉交互都已经为技术本身所实现。

从技术史角度看,触觉技术出现在 20 世纪 60 年代。触屏技术主要是和屏幕显示器技术相关。最早的触屏技术是由 E. A. Johnson 于 1965—1967 年发明,主要用于飞行器控制,相关文章在 1968 年发表。1971 年美国人 Sam Hurst 制造了触觉感受器,其名字叫 Elograph,并申请到专利,这一技术被看做触屏技术发展的里程碑,在 1973 年当选为 100 项最有影响的新技术产品。[2] 1974—1977 年,这项技术成功申请专利,成为后来触屏技术的先驱,一直使用到今天。1977 年,西门子公司资助了相关研究,而且是在 Elographics 的名义下进行的。这一名称一直使用到 1994 年,改换为 Elo TouchSystems。1983 年,具有触屏的家用计算机出现;1990 年以后具有触屏技术的智能设备大量出现,苹果公司的 PDA、IBM 首款名为 Simon 的智能手机等引起关注;2002 年以后微软也进入这一领域。2007 年苹果智能手机 iPhone 领先于此。随后几年其他公司在智能手机领域都使用着这一成熟技术。

2008 年,苹果申请了一项专利,即指向 iMac 触觉显示的专利技术。

---

① Nicholas J. Wade, *Perception and Illusion*: *Historical Perspectives*, New York: Springer, 2005, p. 194.

② 该项技术的专利情况如下。US3662105: Electrical Sensor Of Plane Coordinates Inventor (s) Hurst; George S., Lexington, KY-Parks; James E., Lexington, KY, Issued/Filed Dates: May 9, 1972 / May 21, 1970. US3798370: Electrographic Sensor For Determining Planar Coordinates Inventor (s) Hurst; George S., Oak Ridge, TN, Issued/Filed Dates: March 19, 1974 / April 17, 1972.

如图 5—7 所示。

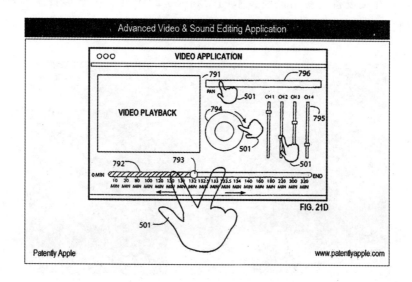

图 5—7　苹果触觉显示专利技术①

　　图 5—7 表明，操作者可以用手指来完成录像播放的时间控制、音量调节和音质选择等功能。这一专利技术所实现的就是通过触觉来控制电脑软件。在这份专利说明中，特别指出了一件事情：触觉技术正在走向苹果台式机和笔记本/掌上电脑。其主要说明如下：

　　"为响应来自计算机系统的命令，苹果专利之一即探测与敏感设备（如触觉/敏感显示）有关的手势。需要特别说明的是，在触觉/紧密敏感设备上的人类手势的输入能够用来控制和管理图像用户界面对象，如打开、移动和观看图像用户界面对象。在平面敏感计算机平台应用显示上的手势输入能够用来影响常规鼠标的动作，例如选定、选择、点击右键、滚动等。手势输入也能够触发 UI 元素的激活。之后与被激活的 UI 元素的手势交互能够影响进一步的功能。"②

　　对苹果触屏显示的专利做一统计会发现：2008 年相关专利条目为 1

────────────

　　①　《苹果专利指向未来 iMac 触觉显示》，http：//www. patentlyapple. com/patently-apple/2008/07/apple-patents-point-to-future-imac-touch-display. html。

　　②　同上。

条；2010 年相关条目增至多条，并且在这一年，苹果打败了其他竞争者获得了相关设备上使用该项技术的专利权；2012 年，多触屏技术专利申请到；2013 年触觉指纹身份识别专利技术开始出现。

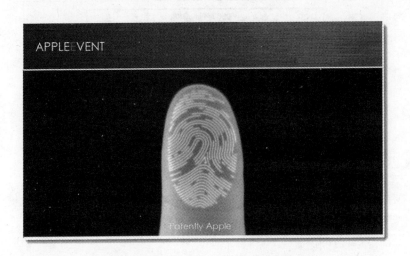

图 5—8　苹果触觉指纹识别技术①

当然，这项技术更多地应该看做触觉交互的应用。在整个技术实现和应用过程中，触觉得到了很好的实现。当前的交互体验或者是基于感知层面谈论的，或者是基于技术层面来谈论的。前者提出了与感知器官有关的交互形式，交互体验在这些具体的形式中加以经验化。

（三）视觉交互技术

"眼睛是心灵的窗户"，这句在日常生活中经常听到的话有一定的道理。当前心理学便受益于眼球追踪研究。"主流心理学研究受益于眼球追踪研究，因为他们能够为解决问题、推理、心灵想象和研究策略提供洞见（Ball, Lucas, Mill, & Gale, 2003；Just & Canpenter, 1976；Yoon & Narayanan, 2004；Zelinsky & Sheinberg, 1995）。"② 随着 HCI 研究的成

---

①　《苹果专利指向未来 iMac 触觉显示》，http：//www. patentlyapple. com/patently-apple/2013/09/apples-touch-id-an-invisibly-seamless-security-feature. html。

②　Alex Poole, Linda J. Ball, *Eye Tracking in Human-Computer Interaction and Usability Research：Current Status and Future and Propects*, http：//www. alexpoole. info/blog/wp-content/uploads/2010/02/PooleBall-EyeTracking. pdf。

熟，眼球追踪研究成为新兴的热点。目前，人—机器视觉交互形式更多地体现为眼球追踪（eye tracking）技术发展和应用。所谓眼球追踪即"这样一种技术，通过测量一个人眼球的运动，研究者既可以知道一个人在特定的时间看哪儿也可以知道他们的眼睛从一个位置转移到另外一个位置的序列"[①]。19世纪初人们开始对眼球运动进行研究。20世纪50年代，这项研究在阿尔弗雷德·雅博思（Alfred L. Yarbus）的推动下取得了很大进展。一直到80年代，这一研究主要集中在与阅读有关的眼球运动上。80年代后，关于眼球追踪的研究主要集中在人与技术的互动上，这一研究正在催生操作界面的改变。在实现眼球追踪的技术上，主要是基于录像的眼球追踪。其重要原理如下：

"今天大多数可获得的商用眼球追踪系统通过'角膜—反射/瞳孔—中心'方法来测量反射点（Goldberg & Wichansky, 2003）。这一追踪器通常是由标准桌上电脑和一个在显示控制器底下（或者旁边）的红外照相机构成，其中图像处理软件可以定位和识别被追踪眼球的特征。在操作中，来自嵌在照相机中的红外LED灯发出的红外光直接进入眼睛在目标眼球上产生很强的反射使得他们容易被追踪（使用红外线可以避免眼睛遇到可见光产生失明）。光线进入视网膜，很大一部分光线会被反射回来，使得瞳孔看起来很明亮，被定义为'盘'（众所周知的明亮瞳孔效应）。红外线也会产生角膜反射，看上去小，但是非常亮、闪烁的。"[②] 如图5—9所示。

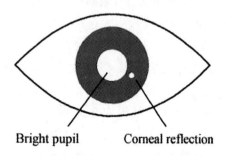

Bright pupil　　　Corneal reflection

图5—9　红外照相机图像上所见的角膜反射和明亮瞳孔

① Alex Poole, Linda J. Ball, *Eye Tracking in Human-Computer Interaction and Usability Research: Current Status and Future and Propects*, http://www.alexpoole.info/blog/wp-content/uploads/2010/02/PooleBall-EyeTracking.pdf.

② Ibid..

通过这两个因素就可以确定近似的聚焦点（point-of-regard）。所谓聚焦点就是指当我视线聚焦在某一个对象时，来自这个对象的光线在视网膜上形成的点。2013 年 11 月致力于研发眼控设备的 Tobii 公司已经推出了一款名为 "Eye Mobile" 的为平板电脑打造的眼球追踪设备，不过同时也可用于笔记本和台式机，最佳匹配的设备为 7—13 英寸的运行 Windows 8 或 Windows 8.1 系统的平板电脑。如图 5—10 所示。

图 5—10 首款平板眼球追踪器（Tobil）①

借助这款追踪器，用户可以通过眼睛来进行多种操作：如身份识别、操作机器等。到目前为止这种互动方式存在着很大难题。如如何解释眼球追踪结果，是否有必要分析大量的相关数据。

相比之下，触觉交互更容易技术实现。因为人们手指很容易做出细微的动作，可以通过点击显示屏幕来完成与机器的交互，从而实现自身的目的；但是视觉交互的技术实现路程更为长久。首先是受到各种干扰，如物理的干扰、情绪的干扰等，眼球不容易集中在某一个点上，识别器很难捕捉到眼球的运动；其次从眼球的动力学角度看，稳态注视过程中，也会出现运动，如震颤、微扫射和慢漂移等。这些细微的运动会产生不同的数据，而对这些数据进行分析的确是很难的

---

① 《高达 3200 美元 首款平板眼球追踪器发布》，http：//tech. sina. com. cn/n/pad/2013 - 11 - 19/09028926821. shtml。

事情。

暂时悬置这些技术难题，我们认为，在人与技术的交互过程中，尤其是在操作使用行为中，物理接触是交互的第一步，而触觉就在这个过程中承担着很重要的作用，但是在这一过程演变中，非物理接触将成为交互行为的预期形式，比如眼球追踪技术所实现的就是通过眼睛来实现对机器的控制和交互，当然这一步目前碰到了多种难题；而在非物理接触交互行为中，最为复杂的形式应该属于基于意识的交互行为。

（四）意识交互技术

交互体验绝非仅仅是感知层面的，这是西方技术科学在发展过程中所极力完善的一个方面，上升到心理层面，这一问题就显得扑朔迷离；而且如果放置在中国文化语境中，面对心与情的世界，交互体验更是令人难以把握的领域。一个基本的问题是：技术正在将感知层面的交互体验加以实现完善，而且这一点做得非常到位。但是作为人自身而言，更高级的交互体验，那种超越感知层面的如何加以实现？又是否能够基于技术实现？目前科学技术的发展已经在这个方向上走出了一步，获得了一定的成功。这些技术的发展得益于脑科学的发展。

2011年，美国科学家研究出一种技术，即通过意识来拨打手机。这一技术是让某人佩戴某个设备，如蓝牙或者其他头盔装置，然后通过扫描脑电波（EEG），确定人正在想什么。研究者表示，只要稍作练习，操作准确度就能达到100%。

2013年11月，一条关于照相机的新闻引起了世界的关注。日本庆应义塾大学Mitsukura教授最新设计一种头载智能相机系统，基于苹果手机装置，可监控脑电波活动将佩戴者平时所看到感兴趣的事物都拍摄记录下来。这个相机被称为神经相机（Neurocam）。如图5—11所示。

图 5—11　神经相机扫描你的大脑，记录你感兴趣的①

　　从技术原理角度看，这项技术是由两大部分组成：iPhone 和头部设备（含 EEG 感应器）。iPhone 是用来拍照的；头部设备是用来扫描大脑活动然后启动相机的。应该说整个技术是一个组装式的整体。其原理是扫描脑电图数据的值。它首先建立一个 1—100 的区间；如果数据达到了 60，那么就意味着兴趣点的确立，就会激发相机，从而拍照。比如图 5—10 显示的值为 40，所以就不会成像。

　　这项技术的价值之处在于能够自动搜索人类感兴趣的点并且加以记录。我们在日常生活中经常会有这样的体会：我们坐火车、飞机旅行的时候，看到某一个景，很感兴趣，但是可能速度太快没有拍下来。而这项技术就弥补了这一缺憾。在整个技术实现过程中，我们发现它是基于情绪、认知来实现与技术的交互的，在这个过程中，手被完全解放了出来，或者说是通过情绪实现了对机器的控制。

　　上述两个基础的共同之处在于通过扫描大脑获得脑电波图像，从而对图像的兴趣点进行分析，然后产生相应的信号。如在手机拨号的交互中，识别大脑所产生的数字；在照相技术中，识别大脑的兴趣点等。从而激发控制器完成拨号或者拍照等行为。这样的假设被称为"眼—心假设"。所谓"眼—心假设"意味着"关于视觉显示，眼球运动记录能够提供某人'注意力'指向位置的动力追踪。测量眼球运动的其他方面例如定格（当眼球相对静止的时刻，吸收或者解码信息）也能够显示应用于固定点对象过程的量"[1]。但是尽管如此，我们还会发现，这一意识交互技术更多的是和视觉交互技术密切相联系，如上述 Neurocam 是通过人们用眼睛看，然后测量脑部电波情况，然后激发机器拍照。整个过程，尽管没有对眼球进行直接追踪，但是离不开这一根本的载体。

交互技术正在逐渐成熟。从未来交互形式看，物理交互为非物理交互形式取代的可能性非常大。这一技术实现也日趋推进。但是这一技术实现背后的哲学根基却存在着问题：还原主义和表征主义。

首先是还原主义。在人机交互行为中的还原主义主要表现为将人的情绪或者意识或者注意力还原成能够为机器识别的大脑信号。那么人的情绪意志能否完全被还原为大脑的物理反应，这是存在很大争议的。而与此同时，表征主义也成为一个最为重要的哲学基础：某一脑电波图像表征了某一情绪。如在上述拍照行为中，某个人看到某一个感兴趣的景物，然后脑电波测量值为 80，于是相机启动。在整个过程中，"80"表征了"对某物的兴趣"。

所以，这两个假设是当前自然科学人机交互研究中的重要假设。还原主义保证了我们可以通过对大脑的研究来掌握人的行为；表征主义保证了大脑某一运动状态代表了某一特定意识状态。前者是整个研究的合法性基础；后者是整个研究分析的逻辑起点。于是在这两个哲学假设之上，我们正在目睹着交互体验技术的不断实现。但是，事情远非这么简单：意识层面的交互对技术发展提出了非常高的要求。另外，"意识"这个概念所包含的维度是非常丰富的，目前自然科学所实现的只是更多地和感知联系在一起，而其他维度如情绪等还远未能被揭示出来。

---

① Alex Poole，Linda J. Ball，*Eye Tracking in Human-Computer Interaction and Usability Research：Current Status and Future and Propects*，http：//www.alexpoole.info/blog/wp-content/uploads/2010/02/PooleBall-EyeTracking.pdf.

第六章 伊德技术意向性内在缺陷
及其发展

20世纪现象学发展最为决定性的发现就是意向性。在意向性的历史阐述上，对心灵或意识的意向性诠释形成了压倒性的胜利，并且形成了稳定的研究纲领。相比之下，因事物本身的琐碎、被动性使得学界对事物意向性的诠释极为落后。近年来，随着后现象学方法逐渐成熟，技术意向性的诠释使得事物意向性有了复兴的可能性。伊德（2000）首次确立了技术意向性概念，并从中介的角度论证了隐含在技术物种的四种意向性关系；后来，荷兰学者维贝克（2011）从调节关系角度发展伊德的中介调节理论，增加了赛博格和增强两种意向性形式；韩连庆（2012）从功能角度弥补了原先注重含义意向的缺陷。这些关于事物意向性的诠释中存在着根本缺陷：将技术意向性建立在人与技术之间关系的自然主义理解基础上。要理解这一缺陷，必须借助意向性的研究纲领。所以，对事物意向性的讨论必须借助意向性研究纲领才能充分说明事物意向性的实质、构成以及演变。

一 不同意向性研究纲领中的内核与保护带

美国学者乌瑞·克里格（Uriah Kriegel）对意向性研究中存在的研究纲领的描述颇有参考价值。在他看来，心灵哲学中意向性研究纲领发展经历了两个主要阶段。"过去四十年来①分析的心灵哲学内关于意向性的作品被这样的理念统治着：当一种特定类型的追踪关系出现时，意向性在世界中形成自身。然而，近10年来，另外一种方法获得了其势头，它显示

---

① 克里格所指的"过去四十年来"是1970年之后的时期；接下来的"近十年"是指2000年之后的时期。

了意向性更是一种特定的将意向性投入世界中的现象特质类型的表象。从这一新方法以及围绕这一新方法，形成了一大群的观察、辩论和争议，激活了关于心灵的哲学讨论，让哲学家采取新的视角看待意向性现象。"① 他的这一论断勾勒了心灵意向性不同研究纲领的主要内核概念以及研究纲领的简史。两种纲领的内核概念分别是：基于追踪关系的意向性和基于现象特质表象的意向性。基于"追踪关系"这一核心概念形成的意向性研究纲领就是"自然主义者—外在主义者研究纲领"（Naturalist-Externalist Research Program，NERP）；基于"现象特质的表象"这一核心概念形成的意向性研究纲领就是"现象的意向性研究纲领"（Phenomenal Intentionality Research Program，PIRP）。

那么，如何理解这两个纲领呢？根据拉卡托斯对研究纲领的解释，一个研究纲领应该是由内核概念和假设保护带构成。简单来说，NERP 和 PIRP 的内核概念不同，但是享有共同的假设保护带。

对 NERP 来说，其内核概念是"追踪关系"（tracking relation）。"追踪"是由诺齐克（R. Nozick）通过 1981 年的《哲学解释》一书而引入的，最先出现在心灵哲学关于真理与真实信念之间关系的讨论中，后来扩展到意向性概念的讨论中。克里格从分析哲学对"追踪和追踪关系"加以界定。在他看来，所谓追踪即这样一个观念："如果 A 中的状态某个方面系统地依靠 B 中的状态，那么可以说 A 追踪 B。"② 而 A 与 B 之间存在追踪关系仅仅是在这样一种可能性上："存在追踪关系 T，对于任何一种精神状态 X 和属性 F 来说，当且仅当 X 产生 T 和 E 时，F 出现在 X 的表征语境中。"③他的这种分析式的解释并不利于这一关系的直观性理解。但是，在其他地方对此概念做出的补充说明却更容易理解。追踪关系是用来描述不同事件之间的多种关系的，而且能够以自然主义的方式加以解释。这种关系具体说来是"存在于大脑状态与物理环境状态之间的关系"④。可以说，大部分心灵哲学家对这一概念形成了比较一致的看法。不同的哲学家用不同的表现形式论述了追踪关系，因而形成了这一纲领中的不同具体研究方法。在这一基础上形成主要五条研究方法，分别是：以科学哲学

---

① Uriah Kriegel, *Phenomenal Intentionality*, Oxford：Oxford University Press, 2013, p. 20.
② Uriah Kriegel, *The Sources of Intentionality*, Oxford：Oxford University Press, 2011, p. 70.
③ Ibid. .
④ Ibid. .

家奎因、达米特等人为代表的工具主义路径、以福多为代表的表征主义路径、以 Ruth Garrett Millikan、Colin McGinn 为代表的目的论路径、以 Fred Dretske 为代表的信息处理路径和以 Gilbert Harman 为代表的纯粹功能主义路径①。当然，这一概念不仅仅是纲领的内核概念，也是整个意向性形成的源泉和理解整个意向性本质的关键。从意向性的源头看，意向性是"相关跟踪关系的种类"的不同表现形式②。在意向性的本质看，这一纲领认为，"通过辨别大脑内在状态和世界外部状态（当且仅当前者表征后者）之间所持有的自然关系来自然化意向性的尝试"③。作为 NERP 的内核概念，它会让我们置身于笛卡儿和斯宾诺莎所面临的难题：如何理解物理现象与心灵现象之间的关系？这种追踪关系与平行论、交感论有着怎样的区分，这些都是难以解答的问题。

对 PIRP 来说，内核概念完全不同，是"现象性的特质"（phenomenal character）。所谓现象性特质，是某种原发性的现象性特质，是无法采用自然主义方式加以解释的一种整体性的原发现象的投射。相比"追踪关系"而言，这一概念更具模糊性和争议性，在克里格看来，现象性特质是第一人称视角所导致的结果；而弗瑞德瑞克·克鲁（Frederick Kroon）认为是"一个人的体验和思想中的内在的、非关系性的种类，独立于那些体验和思想的实际指称物的一类指向性"④。目前在现象特质的实质、种类表现上存在着较大的争议性。比如这一关系是先验的还是经验的。克里格认为这一关系有着经验起源，但是其他心灵学者并不完全接受这一看法。同样，这一概念不仅仅是 PIPR 的内核概念，也是被看做意向性的源头和理解整个意向性任务的关键。从意向性的源头看，意向性是"相关的现象特质"⑤ 的结果。从意向性的任务看，"意向性是将现象的特质正确种类的表象投射到世界中的东西。现象意向性理论的基本任务是识别现象特征的种类，其中现象性的表象将意向性投入世界中"⑥。相比 NEPR，PIRP 重在取消 NERP 中的二元分离。比如克里格指出，PIRP 的六大原则

① William Lyons, *Approaches to Intentionality*, Oxford：Clarendon Press, 1995, p. 1.
② Uriah Kriegel, *Phenomenal Intentionality*, Oxford：Oxford University Press, 2013, p. 2.
③ Ibid., p. 1.
④ Frederick Kroon, "Phenomenal Intentionality and the Role of Intentional Objects", from Uriah Kriegel, *Phenomenal Intentionality*, Oxford：Oxford University Press, 2013, p. 138.
⑤ Uriah Kriegel, *Phenomenal Intentionality*, Oxford：Oxford University Press, 2013, p. 3.
⑥ Ibid., p. 17.

之一是不可分离性（inseparatism），这一原则将传统的把心灵看做分离两部分领域——感觉领域和认知领域——的观点加以批判，此外，还对物理与心灵的二元分离加以批判。

此外，两个纲领中还存在着一致的假设保护带。他们存在着至少两个共同的假设保护带：其一，意向性是心理现象、心灵现象的内在特性；其二，意向性结构是"关于"（aboutness）的关系。

第一个假设来自意向性研究的历史，并且随着当代心灵哲学研究逐渐变得强化。中世纪将意向性视作与精神存在和意向存在有关的本质特征，15—19 世纪末，哲学家将意向性看做心理现象的特性。布伦塔诺在分析心理现象的时候提出将意向性当作区分物理现象与心理现象的标志。20世纪以来，现象学家尤其是胡塞尔现象学将意向性概念提升到了先验层次，意向性成为意识（自我我思）如知觉、情感等的先天属性。胡塞尔对知觉意识、图像意识、想象意识、回忆意识等现象的意向性结构给予了深入分析，尤其是在 1898—1925 年重点对图像意识、想象意识和回忆意识做了细致分析。胡塞尔的学生及继承者如斯泰因、盖伦、萨特、梅洛—庞蒂等人更是深入地对移情、审美体验、想象、知觉等体验的意向性结构给予阐述。他们的研究成果无疑更强化了上述对意向性的看法，即意向性属于意识体验现象的本质。随着弗洛伊德、荣格等人对无意识现象的发现，无意识的意向性问题也成为意向研究的一个重要问题。在这一阶段，随着当代心灵哲学的发展，意向性属于心灵现象的看法日趋加强。"意向性含精神活动的那些特性，因为这些活动既拥有包含超越内容和活动的信息这样的内容，又包含了特定的对于内容的态度。"① 尤其是从 NERP 研究纲领向 PIRP 纲领的发展更是将这一假设细化为无数的心灵哲学的问题。

第二个假设与意向性本质有关，"意识是关于某物的意识"被普遍接受。这是现象学所揭示出来的意识现象的本质，尤其是"关于"更成为心灵哲学所关注的对象。在这一意向性现象解释上，存在着不同的看法。丹麦现象学家丹·扎哈维指出，意向性是行为与对象之间的关系。"在行为与对象之间的意向关系准确地说是意向性的，而不是真实的，更准确地说，指向—朝向属于行为自身的存在。这一点胡塞尔反复强调。这

---

① William Lyons, *Approaches to Intentionality*, Oxford: Clarendon Press, 1995, p. 1.

意味着暗含着两类不同东西的存在——对象和指向对象的意向行为。"①
在意向性本质的分析上，存在着两种完全不同的路径：第一种是描述路
径，这一路径旨在描述意向性结构如何呈现为自明的以及如何将这种呈现
过程描述出来。"任何的意向性理论必须解释行为与对象的关系，正如我
们已经指出的那样，胡塞尔——与布伦塔诺相反——声称意向对象绝不是
本质地、内在地包含在行为中。如果行为与对象之间的范畴区分被支持，
那么意向对象必须被理解为超验于行为的东西。"②第二种是解释路径，旨
在揭示意向性是如何形成的。这就是当代心灵哲学所采取的主要方法。

对于 NEPR 和 PIRP 来说，内核概念是其存在的合理性基础；假设保
护带则构成了对内核概念的保护。对于上述两种不同研究纲领来说，指向
性成为阐述意向性的核心，如何解释指向性的产生及其实质成为两种纲领
之间争论的焦点。

二　整体与交互：事物意向性的实质

在两种纲领下，符号、图像中所蕴含的意向性都可以获得解释。当
然，本书关注的意向性并非语言意向性，而是事物意向性讨论③。首要的
一点是，事物不能采用二元论的观念来对待，即将其看做心灵的对立极。
当前，技术哲学领域中，已经形成了一个明显的支持事物意向性的趋势：
对技术意向性概念的讨论。伊德的"四种关系理论"与维贝克的"两种
关系理论"无疑是对技术意向性讨论的极大发展。但是，后现象学方法
所发展出来的六种关系理论最根本的特点是从外在的、自然的角度来解释
人与技术之间所形成的这种关系，可以说，自然主义—外在主义是后现象
学关于技术意向性解释存在的最大问题。这一问题之所以会产生与其提倡
技术研究之经验转向有密切的关系。当他们从强调技术研究的经验转向关
注当前的信息技术、图像技术等现代技术的时候，人与技术之间的本体论
关联就逐渐断裂，失去了联结力。所以说，必须要克服隐含在这些分析中
的自然主义——外在主义的特点。"人—技术—世界"这一指向性关系是

---

① Dan Zahavi, *Husserl and Transcendental Intersubjectivity: A Response to The Linguistic-Pragmatic Critique*, Translated by Elizabeth A. Behnke, Athens: Ohio University Press, 2001, p. 6.

② Ibid., p. 30.

③ 物的意向性主要是讨论事物的指向性问题，如图像表征某物、温度计代表着温度。大多
数技术意向性的讨论也是基于这一点进行的。

怎样的关联？问题的重点并非这种指向性关系的自然形成，而是这一关系的本体论地位的继续巩固，重点放在本体论关系的结构及其演变。为了更好地了解事物意向性的实质，需要对其他几种解释加以说明。

1. 事物意向性将自身表现为整体性的意向性，这一点可以借助自然主义者以及先验意向论者的整体规定性获得。

尽管大多数人看重自然主义的意向性解释，从自然科学的角度解释人使用桌子写字或者人看到山，这些关系都是自然的、经验的和后天形成的，但是更为重要的是自然主义也从经验角度论证了整体意向性的源泉。在生活中会有这样的视觉体验：当一个人长时间通过某一个网格窗户看东西之后，就会出现网格作为对象背景存在的视觉体验；当拿掉网格窗户继续看同样的景物，即便没有透过网格窗户看，但好像依然是通过网格窗户看东西一样。在这种经验体验中，网格窗户已经不存在，但是其作为视觉印象却保留了下来。如果运用意向性语言来解释的话，上述感知意向性中，已经形成了"观看者—观看行为—带有网格背景图案的景物"的意向模式。这是一种来自经验的整体模式。此外，还有一种特殊的听觉体验也是如此。比如深夜熟睡的时候听到电话振动声，会形成振动听觉体验，但是这种振动印象并没有随着对方挂断电话而停止，而是要延续一段时间。在这一体验中，真实的电话振动结束但是振动听觉印象却没有结束，所以这一听觉体验中"听者—听到振动声—振动印象"也是类似的来自经验的整体模式。所以，在上述两种自然体验中，可以找到整体意向性的经验源泉——真实的感知。技术哲学中也可以看到类似的观点，即从经验技术角度理解上述意向性的整体性。维贝克指出了技术物有着意向的特征（intentional character）。"但是技术的作用到达了远比调节人与现实关系的地方——它有着自身的意向特征，将离开人—技术—世界关系存在。"①自然主义的做法也存在着局限，就是极易将这种整体性还原到心理体验的滞留印象中，事实上，意向性的整体性不完全是心理的东西，理解这一点需要借助现象学关于意向整体的描述。

此外，先验意向性中的整体论规定性也值得借鉴。胡塞尔确立了先验意向性这样一种关系本体论：我思—思维—我思客体。这一确立是革命性

---

①　Peter-Paul Verbeek, *Moralizing Technology*, Chicago: The University of Chicago Press, 2011, p. 149.

的，意向关系的本体论地位被基本上勾勒出来。但他的意向关系只是停留在先验思维领域，事物仅仅作为超越的东西存在。海德格尔为物的意向本体论地位确立了以形式指引为特征的意向性：事物被纳入此在的生存论结构中，在世存在取代了我思存在。他们给予的意向结构是先验整体性的，而非经验的、外在的和自然的。

2. 事物意向性将自身表现为交互的而非单向性的形式，即克服自然主义——外在主义"单向指向"和吸收先验意向性理解中的"翻转指向"缺陷，将"交互指向"考虑在内。

NEPR 和 PIPR 中的意向性无疑是从意识指向对象的单向指向性。在自然主义—外在主义者那里，这一点非常明显。比如符号意向性中我们就可以看到这种表现，以符号的名称来说，它指向它所表征的对象。如"数""绿色"指向外界的"数"和"绿色"这样的东西。在数学符号中，"1"表征自然现象中的某一个单独的物体。所以在这些客体上，我们非常明显地感受到这种单向指向性，而且这种指向关系的建立是非常随意的。反过来，每一个物都可能有一个比较固定的名称，这种指向很难说是随意的；在先验意向性者那里，指向性的单向性更是如此。胡塞尔确立了从我思朝向我思对象的指向性；海德格尔确立了从此在指向在世之物的指向性；梅洛—庞蒂确立了从身体指向事物的指向性。这种单向指向是先验哲学内在的特质，否则就会丧失先验哲学根本的规定性从而走向唯物论立场。但是，随着现象学翻转意向性理论（inverted intentionality）的挖掘，先验意向性中交互指向的确立具备了可能。韦斯特法尔（Merold Westphal）在《翻转意向性：被看的存在和被提问的存在》①中指出："但是与这一主题有着辩证张力的是翻转意向性的概念，其中意义箭头指向自我而不是从自我出来的东西。这一主题为萨特、莱维纳斯和德里达以及其他人所发展。"② 翻转意向性主要是表现在宗教体验领域，从上帝指向自我的意向。如在信仰体验中确立指向信仰对象如上帝、超验者，但是在这种体验确立过程中，上帝会返回信仰者，让其有所依赖。在这一信仰体验行为中，并非单纯信仰对象，而是反指信仰者，从而充实信仰体验本

---

① 武汉大学的郝长墀教授将这一文章题目翻译为《逆意向性：论被观视与被言说》。

② Merold Westphal, "Inverted Intentionality: On Being Seen and Being Addressed", *Faith and Philosophy*, Vol. 26, 2009, pp. 233 –252.

身。如果悬置萨特、莱维纳斯、德里达和韦斯法尔将翻转意向性放置在宗教体验领域的观念，则会发现某些先验哲学家那里翻转意向性的观念为事物意向性的论证提供了可能。在"拜物教"这一词语所描述的事物体验中，不单单是主体通过使用行为指向物的过程，还有物的魔力诱惑人们产生崇拜行为。这一点和宗教系体验没有太大差异。所以翻转意向性非常明显地存在着。至此，交互指向——从体验行为指向体验对象以及从体验对象反指体验行为——成为事物意向的一个必不可少的规定性。

三　功能与意义：事物意向性的结构

事物意向性是建立在意义和功能两个极点之间的意向性。事物意向性演变的逻辑是基于功能和意义两个端点完成的，所以事物意向是由功能意向与意义意向构成的。对于事物来说，通常可以将其区分为三个层次：事物之名、事物之功能和事物之意义。

事物之名是事物的名称，比如这个可以让我们趴着写字的东西叫"桌子"，每样东西都有自己的专名。"名称"是意义的一种形式，可以纳入事物意义层面加以考虑，与名称有关的意义属于语义学的内容。法国哲学家罗兰·巴特用物体语义学对基本原则给予了勾勒；当然，历史领域还有无名之物，即没有记载的东西或者有关文字记载无法解读或完全损坏的东西。之所以出现这种情况，或者是因为所有文献记载已经损坏或者是无法对其命名。对于这些事物来说，缺乏了事物之名这样一个层次。

事物之功能，即基于事物的属性或者某一功能而产生的东西。比如石头是硬的，可以用来砸东西，"砸"成为石头的功能；后来出现的"锤子"也是延续了这一属性。

从图6—1中锤子的形状来看，1—8主要是基于石头的坚硬属性；9—14可以说基于某一功能来实现的。1—14贯穿着某种固定的原型：与器物的功能密切相关。"功能需求总是对于先前物品的选择有着强烈影响，因为功能可能超越了已经确立的技术边界线，先前物品可能不会作为最初的最显著的那一个出现。"① 在这个层面，技术物的功能性意义是非常重要的一个层面。

---

① Merold Westphal, "Inverted Intentionality: On Being Seen and Being Addressed", *Faith and Philosophy*, Vol. 26, 2009, p. 60.

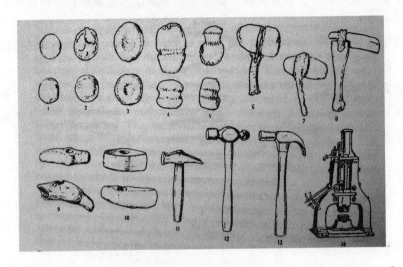

图6—1　锤子的进化史，从早期粗糙形状的砍砸石头（1）到蒸汽锤（14）①

　　事物之意义是指超越功能、名称而存在的一种意义。比如兵马俑就是如此，它的意义已经远远超越了其驻守皇陵的功能。鲍德里亚在其博士论文《物体系》中对物的意义与功能之间的关联给予了充分论述，他的这一分析继承了巴特的语义学方法，但他意识到了物体功能在意义构成中的作用。事实上，语义学方法能够为事物意向性的描述提供意义意向的勾勒，但是这里的意义仅仅是基于含义的意义，或者说基于事物名称所产生的意义。这一方法存在的局限在于忽略了历史语境中的无名之物。

　　为了更好地理解事物之中的意向性，本章借助一个实例来说明。古代希腊的设计师希罗设计了自动门，这一物件的原理主要是利用蒸汽动力。美国技术史学家罗伯特·史瑞克·布鲁姆巴夫（Robert Sherrick Brumbaugh）阐述了这一物件使用者的情况："敬神者是首个利用机器来达到省力目的的群体之一。"② 如图6—2所示。

---

　　① George Basalla, *The Evolution of Technology*, New York：Cambridge University Press, 1988, p. 20.

　　② Robert Sherrick Brumbaugh, *Ancient Greek Gadgets and Machines*, Santa Brtbara：Greed word Press, 1975, p. 7.

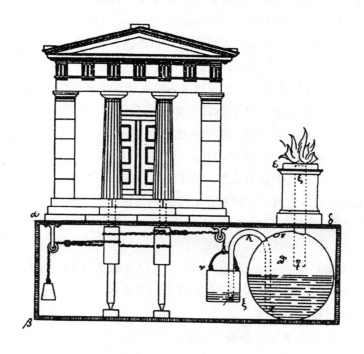

图 6—2　自动打开的庙门①

根据技术史料记载："关于建造一个庙，当点着火把的时候庙门会自动打开，而当熄灭火把的时候庙门会自动关上。"② 那么如何阐述与这一物件有关的意向呢？这一物件中的意向性表现为如下几个层次。

1. 由"自动门"名称所表达的意向性，这是意义意向，基于水动力原理而形成。

2. 对希罗来说，其机械意志的能力的意向，与设计者的设计原理相关。他在《气动工具 1.38》中做出了细致描述："将庙建在底座 abd 上，底座上还有一个小的祭坛 ed。通过祭坛插入一根管子 xh，一端开口 x 在祭坛中，另一端开口 h 在圆形球体 q 内，几乎到达中间的位置。必须将管子焊接到球体内，此外还要安装一个弯曲的吸虹管 kln。让门的铰链向下

───────────

① John W. Humphrey, John P. Oleson, Andrew N. Sherwood, *Greek and Roman Technology*: *A Sourcebook*, London：Routledge, 1997, p. 69.

② Ibid. , p. 68.

延伸并能够在底座 abd 内的支点上自由转动。通过铰链将两根铁链连接到一个悬挂在可以拉动的空心容器 uz 上,与第一对相反的方向转动的两个另外相连的铰链通过可以拉动的重力锤相连,当重力锤下落的时候可以关上门。将吸虹管 kln 外部部分放到悬空的空心容器内,通过一个可以密封向后关闭的洞 p,将足够的水吸到球体中装满一半多。然后会发现当火变热的时候,祭坛内的空气变热以及膨胀充满大部分空间,接着通过导管 hx 进入球体,它将压动里面的液体通过吸虹管 kln 进入悬空的容器中。当重力锤下降的时候,它将拉动链条打开庙门。接下来,当火被熄灭的时候,空气将从容器中抽离出来,为了充满冷却水蒸气产生的真空,空气压缩,吸虹管会吸走容器里的液体。当容器变轻,悬空的重力锤失去平衡然后关闭门。有人会用液体水银取代水,因为它比水重而且容易被火气化。"①

3. 对神庙里的僧侣来说,使用自动门有双重目的:一是实现省力,此为功能意向;二是实现诱导意向或者欺骗意向,即让世俗认为是神的能力,从而对神产生敬仰。

4. 对世俗人来说,目睹门自动打开,会产生对神的敬仰,从而导致敬畏意向乃至信仰意向的产生。从这四个层面来看,由自动门这一事物所表现出来的意向包含了意义意向、功能意向及其他多种意向;这些意向的主要指向是从设计者/使用者指向自动门,但也包含着从自动门指向世俗人这一逆指向,这一指向诱导人们产生敬畏和信仰体验(意向)。

事物意向构成是时间性的、演变性的,但是这一演变并非"功能→意义"或者"意义→功能"的单向过程,而是对于不同的物而言,这种演变有着不同的结果,简单来说,可以划分为如下五种类型。

1. 物的意向性完全起于功能意向而终于功能意向(功能→功能)。

这是最简单的物之意向性的类型之一,也是很多物所表现出来的意向性,即基于某一物之属性所形成的意义。比如我们通常用水银作为温度计的计量液体。在这一器具中,水银的物理属性——热胀冷缩——表现为功能意向,所以这一功能被用于表达温度的微小变化。而水银的颜色、体积则与此无关。所以温度计的意向性就表现为起于功能意向而终于功能意

---

① John W. Humphrey, John P. Oleson, Andrew N. Sherwood, *Greek and Roman Technology: A Sourcebook*, London: Routledge, 1997, p. 68.

向，这是一个完全静态的过程。现代消费社会中的商品物也更多表现出此种意向性，物的有效期的设定规定了这一过程的长短时限，超出这一功能实现，物本身随之失去了价值，这一意向性也告一段落。

2. 物的意向性完全起于意义意向而终于意义意向（意义→意义）。

这也是最简洁的物之意向的类型之一，却是专门领域中表现出来的意向性，它完全脱离了物的功能意向，而只是担负起一种意义指向。比如宗教领域中的各种器物就是如此。这一领域的器物被创造出来只是承载某种超验的意义世界。同物之功能意向一样，纯粹的意义意向也是静态的。

3. 物的意向起于功能意向而终于意义意向（功能→意义）。

一种物最初被创造出来，功能属性是最为重要的，而意义属性隐藏不现，但是随着历史的延续以及社会条件的变化，这种功能属性逐渐消失，最终停滞在意义意向上。比如中国的长城，历史上不同朝代建长城的最终目的是通过抵御外民族入侵从而更有效地维护自身统治，其实用价值非常明确；但是，进入近代、现代社会，由于进入火器时期，长城无法阻碍飞机的飞跃、无法阻挡威力极大的导弹袭击，这种使用功能逐渐退却，长城的意义意向逐渐涌现，并且在不同的历史背景下获得了丰富，逐渐形成一种独特的意向世界。当然，在这个指向过程中，有的物的功能意向并没有完全消失，它伴随着意义意向而存在。比如韩国的泡菜，其食用价值并没有丧失，但是同时也承担着韩国独特文化表达。

4. 物的意向起于意义意向而终于功能意向（意义/功能→功能）。

这一演变方向是多数技术史的主要方向。比如汽车就是这样一个很好的例子。最初汽车被设计出来的时候并非满足人们的出行，它更多是设计师的智慧的体现，完全是一种意义价值，在最初推行的时候，成为身份的意义象征；但是，经过不到 50 年的时间，汽车的功能意向开始超越意义意向，成为人们普遍出行的工具。此外，像电话、飞机等也都是如此。这些物品最初出现的时候其意向性更多表现为意义意向而非功能意向，这些功能非常容易出问题，也存在着多种弊端，但是在意义表达上却非同一般，随着后来技术本身的成熟，功能表达获得了保证，则转化才顺利完成。所以，技术物的意向性是上述所描述的方向。

5. 还有一种情况：物本身是无价值的、无用的，但是意义意向却始终延续着。

事物意义的逻辑基础是有用与无用。① 一方面，物的价值建立在其使用价值之上，比如消费世界中的商品就是如此，这些物无用之后也就变得没有任何意义了，也就是说意义意向与功能意向同时消失。但是另一方面，无用也会成为物之意向性成立的逻辑基础。与消费世界的物不同，对于某些语境中的物而言，物本身没有用了，功能意向完全消失，但是其意义意向却始终保持着。比如"敝帚自珍"的成语中所表达的就是这样一种情况：扫帚的功能完全丧失，但是其承载某种意义世界的意向性被保留了下来。

四　事物意向性的逻辑演变

因此，在一演变中，当把焦点集中在身体而非意识与技术之间所确立的关系的时候，事物意向性的实质才逐渐清晰起来。它主要表现为以下两个方面。

1. 这一清晰过程表现为"主体"的演变，海德格尔将胡塞尔的"先验意识"转变为"生存论的此在"，此在与用具之间的"上手关系"成为工具意向性分析的最初原型。伯格曼只是从用具和关系角度具体化了这一分析。在这一点上，拉图尔完全属于现象学范式之外的行列，但是由于他对于科学家与非人因素的使用关系的关注使得人们注意到了他。在后来的演变中，"先验意识"和"生存论的此在"被伊德完全抛弃，他逐渐将"身体"确立为物之意向关系的一极，这一点在维贝克那里也没有例外，维贝克的赛博格关系无疑是新的主体的确立——身体与技术的融合实体。所以，在整个现象学向后现象学发展过程中，物之意向性向主体因素转移。在这一过程中，物（技术）并没有完全外在于主体，我们看到"赛博格"的出现就是一个奇特的例子。

2. 这一清晰过程表现为物与主体之间"关系自身"的演变。在这一过程中，相对主体的演变，物之意向性中关系自身的演变相对稳定。从关系描述上看，无论是海德格尔的"上手关系"还是后来伯格曼、伊德、维贝克所发展出来的诸多关系，"使用"成为与我们日常生活体验最为熟知和相近的一个概念。但是熟知并非真知。这一关系自身还需要加以解释。从关系指向上看，存在这样一个问题——这一关系是否是单向度的？

---

① 此观点见杨庆峰《有用与无用：事物意义的逻辑基础》，《南京社会科学》2009 年第 4 期。

比如海德格尔、伯格曼等人将这种关系看做主体指向物的单向度关系；而伊德补充了物指向人的这一向度关系，这一观点被维贝克从道德角度加以论证。从关系实质上看，这一关系是否是自然主义的？这一问题的回答存在很大的不确定性。当海德格尔从"上手—在手"的生存论角度展开此在与工具关系的分析时，他旨在通过此分析揭示此在的生存论结构。这一分析显然不是自然主义的，这完全是形而上学式的分析，伯格曼的分析显然也属于此列。但是后来工具分析中的自然主义因素越发明显，尤其是当分析对象指向现实生活中的技术创新、设计和使用时，这一点更加无法避免。这也是后来的技术哲学家所坚持的一点。从关系功能看，这种关系是否会改变构成关系的因素？在这一点上，人改变技术成为公认的事实，技术自身的创新过程、人类改变技术的形态等都是表现；但是在这种关系改变人的问题上，一般认为技术撼动主体的地位。当然维贝克及其同事开始关注到这种关系对于人的道德决策和行动的影响。我们也曾经讨论过技术本身对于人的审美情感和道德情感的影响。

如此，目前"关于"的结构认识上就会出现两大问题：其一，很容易将"关于"看做静态的结构，正如上述我们分析所表现的那样，在整个物之意向性演变过程中，关系自身基本上保持着恒定的"使用关系"。这一静态结构存在的结果就是不可避免地陷入如何将两个无关的对象联系在一起以及如何解释传统的存在的关系形式如因果关系等问题。在这样的思维中，物的意向性无法获得其有效的哲学论证。而现象学意向关系最终是构成的结果。其二，将"关于"看做单向的。诸多学者均将意向关系看做从主体意向体验指向对象的过程，比如在伊德的意向关系建立中，就充分表明了人通过技术中介指向世界的意向关系结构。此外，还有工具主义的倾向加强了这一认识：在这一认识中，主体被看做人，具有能动性；指向性也是因此而发出的，指向技术。幸运的是，随着现象学中"反转意向性"理论的揭示，这一点有望改变。此外伊德关于技术意向论述中已经提及"逆意向性"的特征，这一点也能够为克服这一认识问题提供可能。再者，荷兰学派对技术物道德性的强调也开启了这样一种改变意向性单向性的可能。

五　后现象学的技术意向性

前面对事物意向性的论述应该能够为理解和评判技术意向性提供理论

基础。在技术哲学中，伊德和维贝克提出了他们的技术意向性理论，引起了很多学者的兴趣。毕竟作为技术现象学的核心概念，如果不能将这一概念建立在牢靠的基础上，那么整个技术现象学就会失去根基。但是后现象学所提供的技术意向性论述存在诸多局限：偏向外在主义、偏向单向度。而这些局限只有借助意向性研究纲领才能够看得更为清楚。可以说，在事物意向性的阐述上，我们同样要面对争议：事物意向性的关系自身是自然主义—外在主义的，抑或是事物现象性自身的表达？目前由伊德和维贝克所论证的技术意向性理论存在着局限。

1. 技术意向性是单向指向的，即从人指向技术。伊德所确立起来的四种关系说——具身关系、解释学关系、背景关系和他者关系，无疑都是基于单向意向性基础：从使用者指向技术物。在伊德最为著名的温度计例子中，温度计表征着温度。使用者和温度计之间构成了解释学关系，通过读温度计上的刻度了解了温度。这一论述所表现出的意向性指向无疑是从使用者指向温度。荷兰的维贝克更进一步发展了技术意向性概念，比如复合关系是对具身关系的发展，赛博格关系是对解释学关系和他者的发展，"复合关系可以被看做解释学关系和他者关系的高级延续，尽管技术给予世界的表征或者技术提供的与我们行动的交互作用，现在包含了特定的技术意向性"①。他的这一发展开始关注到技术对人所具有的调节作用，但是存在着的问题是依然从单向的角度来解释技术意向性。

2. 技术意向性是模糊的、外在的人与技术之间的关系。技术意向性是外在的人与技术之间的关联还是物自身的内在现象特质的表现这一问题，伊德和维贝克并没有给出明确的解答。他们处在本体论关系和经验外在中间的灰色地带中。伊德在说明温度计中所出现的意向关系时，无疑有着自然主义和外在主义的设定：读取温度计刻度的行为无疑是一个自然行为，将温度计上的刻度与现实温度通过相似关联联系起来的行为是外在行为。维贝克在描述赛博格和深度植入技术的时候，也是如此，他面对技术物，通过道德这个维度保持了技术物自身作为道德主体的可能性，从而保留了技术物与人之间作为道德实体的整体性。

　　① Peter-Paul Verbeek, *Moralizing Technology*, Chicago：The University of Chicago Press, 2011, p. 150.

结　语

　　自然科学家力图研制或者构建出更新的技术产品或者理念，他们更多集中在横向层面的技术实现的环节上，缺乏对纵向的过去历史以及发展趋势的宏观把握，更缺乏对其背后呈现自身的事情本身的把握。要做到这一点纯然属于哲学所面临的任务。所以，面对技术现象，无论是各种繁多的经验技术形式，还是技术史现象、技术发展趋势，仅仅停留在解释的层面，试图获得因果关系的梳理远远不够。那么，面对技术现象，我们将何为？

　　在进入这一问题之前，我们需要回溯整个西方哲学史，看看众多现象何以为哲学所关注以及如何关注？看整个西方哲学史，由于辩证法的缘故，理念自身的演化表现诸多环节，这些环节生长出来就表现为各类现象，运用现象学术语来说，事情显现自身的过程，显现而出的现象被划分为两类：自然现象和非自然现象。基于自然现象的研究就产生了自然哲学，而基于非自然现象的研究就产生了非自然哲学。仅从德国古典哲学谢林至黑格尔这一段来看，二者的自然哲学与艺术哲学就是围绕自然界现象与艺术现象展开，其主要目的是从两类现象通达到显现自身。进入 20 世纪以后，政治哲学、技术哲学开始显示出自身的生命力。当然，并不是所有的分类哲学都有这样的特性，如生态哲学、伦理哲学，那些都是学科自身发展演化的现代现象，并非我们所关心的现象。我们所关心的是能够通达哲学本身的诸多现象，技术现象理应被归为这样一类现象。

　　所以，通过技术现象这一中介洞悉事情本身是哲学赋予技术哲学的必然使命。获得理解科学技术发展本身的知识，那是科学学或者科学社会学所能够做的事情，技术哲学并非仅仅如此，它要揭示更多的东西。海德格尔自然符合这一路径，我们不喜欢用"先验技术哲学家"这样的称号来概括他的技术思想，这是伊德的常用手法。我们更认为：海德格尔让我们从技术现象通达到此在的生存论的、开放式的、不断生成的、呈现某种指引的生存论结构。他的壶、桥等物的分析让我们通达了此在的空间性。从意向性角度看，壶指向天、地、神、人这样的东西，这远非心灵意向性所能够表达的。这是他令人满意的地方。那么伊德呢？他能否符合我们这里所提出来的要求呢？我们从他的身上看不到类似的因素。他没有专门对"技术"这个术语做出专门的解释，技术在他那里更多是以自明的方式存在。这多少令我们感到有些失望。如果看卡普，这位"技术哲学"最早的创始人之一也对技术提出了一种理解：技术是使得人与自然环境脱离开来的中介，在这个意义上技术更多的是文化的，以便与自然现象区分。尽管这一理解不那么令人满意，但是他还是提出了能够支撑起技术世界的基本规定。在伊德这里，技术更多的是表现为客观的、沟通人与世界的物质性的中介。"我朝着这一点发展的技术概念是尽可能广义概念，然而始终保持对它的物质性方面的强调。"①

他的技术哲学向我们所展示的是从哲学滑向技术性理解的过程，这恰恰是与我们所希望的技术哲学相反的方向。他所注重的是经验化、物质化、技术化的现象。从对他的上述研究中我们完全可以验证这一看法：早期他对现象学理论的研究集中在利科尔的解释学特性上，并在此基础上实现着扩展着的解释学的梦想，一下子让自身研究从分析语言滑落到具体的技术物现象，晚期对现象学的研究集中在后现象学概念之上，但是这一概念却是经验化转向的概括。在实践现象学阶段，他对声音的研究却是个例外，他展现了从声音通到寂静的生存论分析。但是这条通路却戛然而止，也滑落到了对声音呈现的媒介——工具中。在对技术现象研究中，他将这一方法运用到各类技术现象的分析中并取得很好的结论，尤其是人—技术意向四重关系的观念引发了很多学者的思考。但是，在这里他与科学的社会学研究、人类学研究走到了一起。所以，他提供给我们不再是通过技术现象显现自身的事情本身，而只是让我们看到了反抗知识论传统的努力，力图为这种反抗寻求到合适的武器——具身、物质化因素的呈现。所以，他还是徘徊在传统的二元论中。当然就当前的研究来说，需要检验三个方面的问题，看是否达到了应有的目的。

---

①　Don Ihde, *Technology and the Lifeworld*: *From Garden to Earth*, Bloomington: Indiana University Press, 1990, p. 21.

1. 是否对伊德的技术哲学思想有了总体上的把握？

在上述研究中，我们梳理了伊德技术哲学思想演变的总体脉络、特征、背景。应该说，我们从信天翁这样一个比喻入手，梳理了他与现象学之间的纠结情感，梳理了伊德所关注的对象演变的内在逻辑，也梳理了在这一对象演变背后的方法的演变逻辑。总体上来说，吻合了我们的总体想法，尽量用伊德的思路来研究伊德自身，从而完成了一个有趣的循环圈。

2. 是否获得了洞悉人—技术关系的钥匙？

可以说，伊德留给世界技术哲学界最突出的成果就是他对于人—技术意向关系的四论：具身关系、解释学关系、背景关系和他者关系。但是，在研究过程中也存在困惑，为什么是四种关系？当海德格尔言说与技术物相关的四方整体的时候，伊德是否无意识地受此影响，这将成为一个不解的谜。尽管如此，我们也不确定伊德为洞悉人—技术关系提供了合适的钥匙。在我们看来，人与技术的交互关系远未被揭示出来。在《技术与生活世界：从花园到地球》中，伊德将这四重关系看做人—技术交互关系的具体内涵。这一观点是有问题的。交互关系是被遮蔽的关系，是与空间性相关的关系。所以，对交互关系的阐述需要从交互主体和交互意向体验的角度深入进去才能够完成，伊德提到了这一问题，但是却丢失了这一钥匙。

3. 是否获得了洞悉技术发展趋势的理念？

伊德在批判海德格尔忽略了 20 世纪 90 年代以来的新技术时完全忘记了这个时候海德格尔已经回到了救赎人类的唯一上帝那里，这一批判是不着边际的。伊德给予了我们杂乱的经验技术现象，也对其做出了解释。除了电话之外，还有图像技术，这一技术是切入交互体验关系的非常好的途径。但是，伊德对于技术发展趋势背后的理念揭示并没有开始。而这关乎到的是技术的理解。

在我们看来，人类自身涌动的意向是技术发展的动力，这并非静态的、可表征的东西，作为动力它是生生不息的。科学技术自身都是在于意向自身的实现。当自然方式无法实现人类的某种意向时，技术就成为一种替代方式。所以，技术是意向实现自我的途径，在此意向之下，技术发展史及其趋势就是意向呈现自身的过程。回顾整个人类技术史，可以找寻到其所实现的意向形式与结构；展望人类技术发展趋势，从当下的意向中可以获得理解；比如谷歌眼镜和苹果 iWatch 的出现实际上就是省力意向的自我呈现，在这两个技术中，展现的是可戴式的意向。可戴式意向通过眼镜、手表这样的技术物形式展现出来，当然是计算机技术通过新的载体形式表达出来。但是，"可戴式"只是一种意向的经验形式，其背后是经济思维意向。对于我们而言，我们需要的是指向更普遍的、更具历史性的意向形式——交互意向，对之做出解释，并对其技术的实现形式——图像技术、交互技术等做出哲学反思。在这个问题上，伊德只是轻轻碰触，但是很快略过，对于他而言，经验技术才是最值得关注的。也正因如此，他的技术哲学是以经验技术及其最新形势为基础的技术哲学。这是远远不够的。而只有意向才是理解技术本质的最好方式，在这一点上，马克斯·舍勒关于技术的论述——内驱力——成为一个呼应。但是在他那里，内驱力是技术出现的根源；而对于我们而言，我们并非将意向看做技术的根源，而是将技术看做意向自我呈现的载体。

在某种程度上，伊德的技术现象学是不令人满意的：至少他没有给予技术一种清晰的定义。技术毕竟是一种经验现象，如何看待这种经验形式需要从此在的意向结构入手。伊德在理解技术现象上出现的一个明显的问题是他将人看做与技术这种经验形式相并列的一端，他的"人—技术交互关系"的框架就是最明显的表示，出发点的错误决定了后来所有分析的错误，甚至后来的分析越发精细，越远离问题的根本。对于技术哲学，我们必须回到传统本身，由黑格尔、谢林所给予我们的理解自然、艺术本身的理念依然可以用来分析技术。所以在这个意义上，我们确定了技术是一种经验现象，更准确地说是意向性的经验实现形式。伊德指出了"技术与物质性相连"这一观念，这是有其价值的，但是这种价值只能放在理念意向呈现自身的层面上加以理解，而并非是在与精神相对的二元论立场上加以理解。技术只是一种理念自身呈现的方式，如同黑格尔与谢林从自然、艺术通达了理念一般，我们必须从技术通达到某种超验的存在物。但是我们并不赞成回到理念，理念本身过于悬空，无法落实到地面。所以从这一点，我们更加确定从技术通达到某种意向性，我们的研究逐渐将空间性作为意向性的一种存在形式，而多种技术形式就是空间意向性的不断诠释和实现形式。如通信技术、网络技术、交通技术是空间拉近意向的实现形式。但是，空间拉近只是单向的，从主体角度而言，是外物逐步被拉近主体的过程；我们更要关注到主体间所呈现的空间性，这并非一种拉近体验，更是一种交互体验。而当前的技术正在逐步地实现这一意向结构形式。这正是当代技术给予我们的根本性的东西。也只有从这一点出发，我们才能够把握住不断变幻的经验技术形式。也只有这样，我们才能够避免由伊德所理解的"技术哲学必须不断追逐变化的经验技术形式"观念中所蕴含的悖论：哲学的恒定性在这种追逐中丧失。而当我们基于这样一种意向性的时候，我们终于握住了哲学的自身恒定性，而我们也终于走入了技术哲学中。所以，从根本上看，技术哲学并不是围绕经验技术展开自身的过程，而是意向自身不断呈现自身的过程。我们可以从此有效理解技术史，每一种经验技术都可以在这种呈现序列中找到自身的地位，而我们也可以从此预测技术趋势，当旧的经验技术无法满足意向自身的呈现时，新的技术形式就会出现。

参考文献

伊德本人原始著作（主要参考著作）

图书

Don Ihde, *Expanding Hermeneutics: Visualism in Science*, Evanston: Northwestern University Press, 1998.

Don Ihde, *Heidegger's Technologies: Postphenomenological Perspectives*, New York: Fordham University Press, 2010.

Don Ihde, *Hermeneutic Phenomenology: The Philosophy of Paul Ricoeur*, Evanston: Northwestern University Press, 1971.

Don Ihde, *Instrumental Realism: The Interface between Philosophy of Science and Philosophy of Technology*, Bloomington : Indian University Press, 1991.

Don Ihde, *Listening and Voice: Phenomenology of Sound*, Athens: Ohio University Press, 1976.

Don Ihde, *Listening and Voice: Phenomenologies of Sound*, New York: State University of New York Press, 2007.

Don Ihde, *Sense and Significance*, Pittsburgh: Duquesne University Press, 1973.

Don Ihde, *Technology and the Lifeworld: From Garden to Earth*, Bloomington: Indiana University Press, 1990.

Don Ihde, *Technology and Praxis*, Dordrech: D. Reidel Pub. Co. , 1979.

期刊

Don Ihde, " A Philosopher Listens ", *Journal of Aesthetic Education*,

Vol. 5, 1971.

Don Ihde, "Can Continental Philosophy Deal with the New Technologies?" *The Journal of Speculative Philosophy*, Vol. 26, 2012.

Don Ihde, "Epistemology Engines", *Nature*, Vol. 406, 2000.

Don Ihde, "From da Vinci to CAD and Beyond", *Synthese*, Vol. 168, 2009.

Don Ihde, "Stretching the In-between: Embodiment and Beyond", *Foundations of Science*, Vol. 16, 2011.

Don Ihde, "Husserl's Galileo Needed a Telescope", *Philosophy & Technology*, Vol. 24, 2011.

Don Ihde, "Herbert Spiegelberg Remembrances", *Human Studies*, Vol. 15, 1992.

Don Ihde, "Imaging Technologies: A Second Scientific Revolution", In *Proceedings of the Twenty-first World Congress of Philosophy*, Vol. 13, 2007.

Don Ihde, "Image Technologies and Traditional Culture", *Inquiry*, Vol. 35, 1992.

Don Ihde, "Merleau-Ponty and Epistemology Engines", *Human Studies*, Vol. 27, 2004.

Don Ihde, "Phenomenology and the Later Heidegger", *Philosophy Today*, Vol. 18, 1974.

Don Ihde, "Recent Hermeneutics in Gadamer and Ricoeur", *Semiotica*, Vol. 102, 1994.

Don Ihde, "Some Auditory Phenomena", *Philosophy Today*, Vol. 10, 1966.

Don Ihde, "This Is Not a Text, or, Do We Read Images? Phenomenological Approaches to Popular Culture", *Philosophy Today*, Vol. 40, 1996.

Don Ihde, "The Experiencing of Musical Sound: Prelude to the Phenomenology of Music", *The Journal of Aesthetics and Art Criticism*, Vol. 40, 1981.

Don Ihde, "Thingly Hermeneutics/Technoconstructions", *Continental Philosophy Review*, Vol. 30, 1997.

Don Ihde, "Echnics and Praxis: A Philosophy of Technology", *American Journal of Physics*, Vol. 48, 1980.

Don Ihde, "Whole Earth Measurements - How Many Phenomenologists does it Take to Detect a 'Greenhouse Effect'?" *Philosophy Today*, Vol. 41, 1997.

二手研究资料

图书

Catharine Abell, Katerina Bantinaki ed. , *Philosophical Perspectives on Depiction*, Oxford: Oxford University Press, 2010.

Dermont Moran and Joseph Cohen, *The Husserl Dictionary*, London: Continuum International Publishing Group, 2012.

Dan Zahavi, *Husserl and Transcendental Intersubjectivity : A Response to the Linguistic-pragmatic Critique* , Translated by Elizabeth A. Behnke, Athens: Ohio University Press, 2001.

E. H. Gombrich, (Ernst Hans), *The Image and the Eye : Further Studies in the Psychology of Pictorial Representation*, Ithaca: Cornell University Press, 1982.

Edith, Saint Stein, *On the Problem of Empathy* , Translated by Waltraut Stein, Washington, D. C. : ICS Publications, 1989.

Heiko Hecht, Robert Schwartz, Margaret Atherton edit. , *Looking into Pictures : An Interdisciplinary approach to Pictorial Space*, Cambridge: MIT Press, 2003.

John White, *The Birth and Rebirth of Pictorial Space* , Cambridge: Melknap Press, 1987.

Jan Kyrre Berg Olsen Friis & Larry A. Hickman & Robert Rosenberger & Robert C. Scharff & Don ihde, *Book Symposium on Don Ihde's Expanding Hermeneutics: Visualism in Science*, Evanston: Northwestern University Press, 1998.

Jean-Paul Sartre, *The Imaginary: A Phenomenological Psychology of the Imagination*, translation and philosophical introduction by Jonathan Webber, London: Routedge, 2004.

James R. Mensch, *Intersubjectivity and Transcendental Idealism*, Albany: State University of New York Press, 1988.

Kathleen M. Haney, *Intersubjectivity Revisited : Phenomenology and the other*, Athens: Ohio University Press, 1994.

Laurie McRobert, *Char Davies' Immersive Virtual Art and the Essence of Spati-*

ality, Toronto : University of Toronto Press, 2007.

Lambert Wiesing, *Artificial Presence : Philosophical Studies in Image Theory*, translated by Nils F. Schott, Stanford: Stanford University Press, 2010.

Lois Oppenheim, *Intentionality and Intersubjectivity : A Phenomenological Study of Butor's La Modification*, Lexington: French Forum, 1980.

Michael D. Barber, *The Intentional Spectrum and Intersubjectivity*, Athens : O-hio University Press, 2011.

Martin Heusser Ed. , *On Verbal/Visual Representation : Word & Image Interactions*, Amsterdam: Rodopi, 2005.

Maurice Nédoncelle, *The Personalist Challenge : Intersubjectivity and Ontology* , translated by Franöois C. Gérard and Francis F. , Burch Allison Park, Pa. : Pickwick Publications, 1984.

Michael J. Hyde, *Communication Philosophy and the Technological Age*, Tuscaloosa: University Alabama Press, 1982.

P. Galison, *Image and Logic* , Chicago: University of Chicago Press, 1997.

Peter R. Costello, *Layers in Husserl's Phenomenology on Meaning and Intersubjectivity*, Toronto: University of Toronto Press, 2013.

Peter-Paul Verbeek, *Moralizing Technology*, Chicago: The University of Chicago Press, 2011.

Robert Sherrick Brumbaugh, *Ancient Greek Gadgets and Machine*, Apollo Editions, 1975.

Robert T. Tally, *Spatiality*, New York: Routledge, 2013.

Uriah Kriegel, *The Sources of Intentionality*, Oxford: Oxford University press, 2011.

Uriah Kriegel, *Phenomenal Intentionality*, Oxford: Oxford University Press, 2013.

William Lyons, *Approaches to Intentionality*, Clarendon Press, 1999.

William V. Dunning, *Changing Images of Pictorial Space: A History of Spatial Illusion in Painting*, Syracuse: Syracuse University Press, 1991.

期刊

Adam Konopka, *The 'Inversions' of Intentionality in Levinas and the Later*

Heidegger, http：//www. phaenex. uwindsor. ca/ojs/leddy/index. php/phaenex/article/view/566/747.

Andrew Feenberg, "Heidegger's Technologies：Postphenomenological Perspectives", *Technology and Culture*, Vol. 52, 2011.

Eduardo Mendieta, Selinger, Evan, Don Ihde, "Don Ihde Bodies in Technology", *Journal of Applied Philosophy*, Vol. 20, 2003.

John Kulvicki, "Image Structure", *Journal of Aesthetics and Art Criticism*, Vol. 61, 2003.

John Kulvicki, "Pictorial Representation", *Philosophy Compass*, Vol. 6, 2006.

John Kulvicki, "Pictorial Realism as Verity", *Journal of Aesthetics and Art Criticism*, Vol. 3, 2006.

John Kulvicki, "Knowing with Images：Medium and Message", *Philosophy of Science*, Vol. 2, 2010.

L. Frolunde and T. Moser, "Bodies in Technology", *Human Studies*, Vol. 27, 2004.

Merold Westphal, "Inverted Intentionality：On Being Seen and Being Addressed", *Faith and Philosophy*, Vol. 26, 2009.

R. Takenaga, "Inverting Intentional Content", *Philosophical Studies*, Vol. 110, 2002.

V. A. Howard, "Listening and Voice：A Phenomenology of Sound", by Don Ihde, *Journal of Aesthetic Education*, Vol. 12, 1978.

中文文献

韩连庆：《技术意向性的含义与功能》，《哲学研究》2012 年第 10 期。

郝长墀：《逆意向性与现象学》，《武汉大学学报》2012 年第 5 期。

倪梁康：《图像意识的现象学》，《南京大学学报》2001 年第 1 期。

杨庆峰：《事物的构成及其空间表征》，《学术月刊》2012 年第 8 期。

杨庆峰：《有用与无用：事物意义的逻辑基础》，《南京社会科学》2009 年第 1 期。

杨庆峰：《技术现象学初探》，上海三联书店 2005 年版。

杨庆峰：《现代技术下的空间拉近体验反思》，中国社会科学出版社 2011 年版。

后　记

　　本著作的研究开始于 2004 年，断断续续持续十多年。在研究过程中，2010 年获得上海市哲学社会科学办公室规划课题"唐·伊德技术现象学研究"（2010FZX002）的支持；2014 年获得国家社科基金项目《基于图像技术的体验构成问题研究》（14BZX027）。有若干章节的内容已公开发表如第一章第三节"伊德与解释学的关系"（《扩展的解释学与文本的世界》，《自然辩证法研究》2005 年第 5 期）、第二章第三节"工具：后现象学衍生对象之一"（《伊德工具实在论理论内涵及悖论分析》，《东北大学学报》2009 年第 4 期）、第四节"身体：后现象学衍生对象之二"（《物质身体、文化身体与技术身体：唐·伊德三个身体理论之简析》，《上海大学学报》2007 年第 1 期）、第三章第二节"侧显方法与工具现象的现现"（《声音与形象：电话体验的现象学分析》，《洛阳师范学院学报》2009 年第 4 期）、第五章"伊德的盲区：交互经验的错失"（《伊德图像理论的特征、局限及其盲区》，《自然辩证法通讯》2015 年，属于国家社科基金《基于图像技术的体验构成问题研究》（14BZX027）阶段性成果）。

　　感谢身边的每一个人。从家人到朋友，从领导到同事。在他们的帮助下本书才能够问世。尤其是要感谢中国社会科学出版社的黄燕生、王琪及马明等诸位先生女士们，他们在本书的出版中给予了极大帮助，借此机会表示感谢。

　　感谢伊德教授，我们通过电邮、会面等方式围绕相关问题进行了探讨；他对本书的若干观点提出中肯的意见，在百忙之中为本书写序，达特茅斯学院（Dartmouth College）的 John Kulvicki 教授、荷兰特温特大学（Twente University）的 P. P. Verbeek 教授提供了很多有益的建议和帮助。在此一并致谢。

　　在技术现象学研究过程中，空间、事物、图像等维度逐渐展开自身，一些新的、模糊的东西闪耀着、吸引着作者前行，如在图像维度的展开中，记忆被带了出来，等待着彰显自身。面对这些，还是那句话，"路漫漫其修远兮，吾将上下而求索"。